AF606261

Tu cerebro es una máquina del tiempo

Dean Buonomano

Tu cerebro es una máquina del tiempo

La neurociencia y la física del tiempo

Pinolia

Título original: *Your Brain is a Time Machine*

© Editorial Pinolia, S. L., 2025
Calle de Cervantes, 26
28014 Madrid
www.editorialpinolia.es
info@editorialpinolia.es

Colección: Divulgación científica
Primera edición: febrero de 2025

Depósito legal: M-976-2025
ISBN: 979-13-87556-17-4

Corrección y maquetación: Palabra de apache
Diseño de cubierta: Óscar Álvarez
Impresión y encuadernación: Liberduplex, S. L.
Printed in Spain - Impreso en España

Para Ana

ÍNDICE

Parte I

El tiempo mental

Parte II

La naturaleza física y mental del tiempo

PARTE I

EL TIEMPO MENTAL

1:00

SABORES DEL TIEMPO

Lo único que realmente nos pertenece es el tiempo; incluso quien no tiene nada más lo tiene.

BALTASAR GRACIÁN

tiempo
persona
año
camino
día

Las palabras de la lista anterior, ¿qué tienen en común? Ciertamente, a uno se le perdonaría no reconocerlos como los cinco sustantivos más utilizados en la lengua inglesa.[1] Que la palabra *tiempo* encabece la lista, junto con otras dos que son unidades de tiempo, es consecuencia de la abrumadora importancia que el tiempo desempeña en nuestras vidas. Cuando no estamos preguntando por la hora, hablamos de ahorrar tiempo, matar el tiempo, registrar el tiempo, no tener tiempo, hacer tiempo, la hora de dormir, el tiempo muerto, comprar tiempo, los buenos tiempos, los viajes en el tiempo, las horas extras, el tiempo libre, y mi favorito personal, la hora de comer.

Por su parte, los científicos y los filósofos hablan de *tiempo subjetivo*, *tiempo objetivo*, *tiempo propio*, *tiempo coordinado*, *tiempo sideral*, *tiempo emergente*, *percepción del tiempo*, *tiempo de codificación*, *tiempo relativo*, *células del tiempo*, *dilatación del tiempo*, *tiempo de reacción*, *espacio-tiempo* y el más bien redundante *tiempo Zeitgeber* ('dador de tiempo o sincronizador').

Irónicamente, aunque el *tiempo* sea el sustantivo más común, no se ha alcanzado un consenso sobre cómo definirlo. Hace más de 1600 años, el filósofo cristiano san Agustín ya mencionó el reto que supone intentar definir el tiempo: «¿Qué es el tiempo? Si nadie me lo pregunta, sé lo que es. Si quiero explicárselo a quien me lo pregunta, no lo sé».

Pocas cuestiones son tan desconcertantes y profundas como las relacionadas con el tiempo. Los filósofos se preguntan qué es el tiempo y si se trata de un momento aislado o de una dimensión completa. Los físicos se preguntan por qué el tiempo parece fluir en una sola dirección, si es posible viajar en el tiempo e incluso si el tiempo existe. Los neurocientíficos y psicólogos, por su parte, luchan por entender qué significa «sentir» el paso del tiempo, cómo es capaz el cerebro de registrar el tiempo y por qué los humanos somos las únicas criaturas capaces de proyectarnos mentalmente en el futuro. Además, el tiempo está en el centro de la cuestión del libre albedrío: ¿es el futuro un camino abierto o está predeterminado por el pasado?

El objetivo de este libro es explorar y, en la medida de lo posible, responder a estas preguntas. Sin embargo, antes de empezar, debemos reconocer que nuestra capacidad para responder a preguntas relacionadas con el tiempo está limitada por la naturaleza del órgano que las formula. Aunque la masa gelatinosa de 100 000 millones de células cerebrales que alberga tu cráneo es el dispositivo más sofisticado del universo conocido, no fue «diseñado» para comprender la naturaleza del tiempo, como tampoco tu ordenador portátil fue diseñado para escribir su propio software. Así pues, cuando exploremos las cuestiones relacionadas con el tiempo, aprenderemos que nuestras intuiciones y teorías sobre el tiempo revelan tanto sobre la naturaleza del propio tiempo como sobre la arquitectura y las limitaciones de nuestro cerebro.

El descubrimiento del tiempo

El *tiempo* es bastante más complicado que el *espacio*.

Sí, es cierto que el espacio tiene más dimensiones que el tiempo: se necesitan tres valores para señalar una ubicación en el espacio (por ejemplo, latitud, longitud y altitud), mientras que solo se necesita un número para marcar un momento en el tiempo. Así que, en cierto sentido, el espacio es más complejo, pero lo que quiero decir es que al cerebro humano le resulta mucho más difícil comprender el tiempo que el espacio.

Pensemos en nuestros congéneres vertebrados, con los que compartimos gran parte de nuestro *hardware* neuronal. Los animales vertebrados son capaces de navegar por el espacio, crear un mapa interno de su entorno y, en cierto sentido, «entender» el concepto de espacio. Los animales migran grandes distancias con un objetivo claro de hacia dónde se dirigen en el espacio, recuerdan dónde han guardado la comida, e incluso un cachorro sabe que, si una golosina cae detrás del sofá, puede intentar rodearlo y acceder a ella por la izquierda, la derecha, abajo o arriba. Sabemos que los cerebros de los mamíferos tienen un mapa interno del espacio muy sofisticado porque los neurocientíficos llevan más de cuatro décadas registrando las llamadas *células de lugar* en el hipocampo. Las células de lugar son neuronas que se activan cuando un animal se encuentra en un lugar específico de una habitación, es decir, en un punto concreto del espacio. Estas células forman una red que crea un mapa espacial del mundo exterior parecido a un sistema GPS, pero mucho más flexible; por ejemplo, nuestros mapas espaciales internos parecen actualizarse instantáneamente cuando se modifican los límites de una habitación o se mueven objetos.

Los animales no solo pueden navegar por el espacio, sino que también pueden «verlo».[2] Desde lo alto de una montaña, podemos ver el cielo, el bosque y un río serpenteante que desemboca en el océano, cada elemento ocupa su lugar en el espacio. También podemos «oír» el espacio, es decir, localizar el punto del espacio del que procede un sonido. Nuestro sentido del tacto (sistema somatosensorial) nos informa no solo de la posición y la forma de los objetos, sino de la ubicación en el espacio de nuestras posesiones más importantes: los miembros de nuestro cuerpo.

El tiempo es diferente. Los animales, por supuesto, no pueden navegar físicamente por el tiempo. El tiempo es una carretera sin bifurcaciones, intersecciones, salidas ni giros. Tal vez por esta razón, la presión evolutiva para que los animales trazaran, representaran y comprendieran el tiempo con la misma fluidez que el espacio fue relativamente escasa. Como veremos en este libro, los animales ciertamente pueden contar el tiempo y anticipar cuándo tendrá lugar un acontecimiento, pero parece poco probable que nuestros parientes vertebrados entiendan las diferencias entre pasado, presente y futuro del mismo modo que su cerebro capta las diferencias entre arriba, abajo, izquierda y derecha. Nuestros órganos sensoriales no detectan directamente el paso del tiempo.[3] A diferencia de los tralfamadorianos de la novela de Kurt Vonnegut *Matadero cinco*, no podemos ver a través del tiempo y abarcar el pasado, el presente y el futuro de un solo vistazo.

Los cerebros de todos los animales, incluidos los humanos, están mejor equipados para navegar, percibir, representar y comprender el espacio que el tiempo. De hecho, una de las teorías sobre cómo los humanos llegaron a comprender el concepto de tiempo es que el cerebro se apropió de los circuitos ya existentes para representar y comprender el espacio (capítulo 10). Como veremos, esta puede ser una de las razones por las que todas las culturas parecen utilizar metáforas espaciales para hablar del tiempo («ha sido un día muy largo», «se acerca el día del eclipse», «mirando hacia atrás, no debería haber dicho eso»).

El tiempo es más complicado que el espacio también para los científicos. Las disciplinas científicas, como los seres humanos, pasan por distintas etapas en su desarrollo: maduran y cambian a medida que crecen. Y en muchas disciplinas, una de las características de este proceso de maduración es la progresiva aceptación del tiempo.

Podría decirse que el primer campo verdadero de la ciencia moderna fue la geometría, formalizada por Euclides en el siglo III a. C. La geometría suele definirse como «la rama de las matemáticas que se ocupa de las propiedades y relaciones de los puntos, las líneas, los planos y las figuras».[4] La geometría euclidiana destaca por ser una de las teorías más elegantes y transformadoras de la historia de la ciencia, a pesar de su total desprecio por el tiempo. La geometría podría haberse llamado también *espaciometría*: el estudio de las cosas que están congeladas en el tiempo y nunca cambian. La geometría fue uno de los primeros campos científicos por una razón: la ciencia es mucho más sencilla si se ignora el tiempo.

Las matemáticas de las que disponían los filósofos y científicos griegos no eran adecuadas para estudiar cómo cambian las cosas con el tiempo. Además, en la Antigüedad era mucho más fácil medir la distancia que el tiempo; hoy ocurre lo contrario, ya que podemos medir el tiempo con mucha más precisión que el espacio (capítulo 7). Tuvieron que pasar cerca de dos mil años desde Euclides para que se empezara a incorporar plenamente el tiempo a las matemáticas y la física. Un paso importante en esta dirección tuvo lugar a finales del siglo XVI cuando, según una historia probablemente apócrifa, un aburrido Galileo Galilei observó que el tiempo que tardaba una lámpara oscilante de la catedral de Pisa en completar un ciclo completo era independiente de la amplitud de la oscilación, es decir, que el periodo de la oscilación era el mismo tanto si se trataba de una oscilación amplia como estrecha (más tarde se determinó que el periodo aumenta ligeramente con la amplitud).[5] Al estudiar el movimiento, es decir, cómo cambia la posición de los objetos a lo largo del tiempo, Galileo contribuyó al nacimiento de la dinámica. Pero, al igual que los griegos, Galileo carecía de las herramientas necesarias para definir matemáticamente las relaciones entre fuerzas, movimiento, velocidad y aceleración. Newton y Leibniz inventaron la herramienta matemática definitiva para captar cómo cambian las cosas con el tiempo: el *cálculo*.[6] Gracias al cálculo, Newton pudo describir las leyes que rigen el movimiento de las manzanas que caen y de los planetas que orbitan.

Newton creía en el tiempo absoluto, aquel que «por su propia naturaleza fluye equitativamente sin tener en cuenta nada externo». Para él existía un tiempo verdadero y universal que se aplicaba inequívocamente a todos los puntos del espacio. El universo de Newton parecía determinista: todo el tiempo, pasado y futuro, podía determinarse en principio a partir del presente. Pero había muchos más avances científicos por delante. Dos son especialmente relevantes para nosotros. En primer lugar, poco a poco, los científicos llegaron a la descorazonadora (para algunos) constatación de que, incluso en un universo que obedeciera plenamente las bellas leyes de Newton, no era posible en la práctica predecir el futuro (o retrodictaminar el pasado). El trabajo de muchos científicos, entre ellos el matemático francés Henri Poincaré y el meteorólogo estadounidense Edward Lorenz, reveló que pequeñas diferencias en el estado de un sistema pueden conducir a resultados futuros muy distintos (el ejemplo más famoso es el *efecto mariposa* en la predicción meteorológica). Es lo que se llama *caos*, y veremos que asoma la cabeza cuando estudiemos el sistema dinámico más complejo que conocemos: nuestro cerebro (capítulo 6). El segundo avance se produjo cuando Albert Einstein barrió la noción de tiempo absoluto y universal de Newton. Contra toda intuición, Einstein estableció que el tiempo era relativo (capítulo 9). Discutiremos este tema en detalle, pero por ahora la cuestión es que, a medida que el campo de la física maduraba, el problema del tiempo se hizo progresivamente arraigado y fundamental. Hasta cierto punto. Irónicamente, desde algunas esferas se está presionando para eliminar por completo el tiempo de la física,[7] y devolvernos a un universo geométrico estático, al que el físico Julian Barbour se refiere como Platonia —una alusión a la noción de Platón de que las formas geométricas ideales son entidades reales que existen en un reino atemporal—.

Tiempo y neurociencia

Muchas otras disciplinas científicas también experimentaron un proceso de maduración similar. Por ejemplo, la biología moderna comenzó en el siglo XVIII como una taxonomía bastante descriptiva y estática de las formas de vida, pero creció hasta incorporar el tiempo en forma de evolución y dinámica. Darwin desempeñó el papel de Galileo: observó que las especies del planeta Tierra estaban en constante «movimiento»: mutaban, desaparecían y evolucionaban.

Los campos de la neurociencia y de la psicología evolucionaron para incorporar progresivamente el problema del tiempo. A pesar de que la frenología fue considerada una pseudociencia, al menos los frenólogos reconocieron la importancia de nuestro sentido del tiempo. Asignaron nuestro sentido del tiempo a una zona de los lóbulos frontales convenientemente situada entre la *melodía* y el *espacio* («localidad») (figura 1.1). Según un texto de frenología, «el oficio de esta facultad es marcar el paso del tiempo, la duración, la sucesión de acontecimientos, etc. También recuerda fechas, mantiene el tiempo correcto en la música y el baile, e induce a la puntualidad en el cumplimiento de los compromisos».[8]

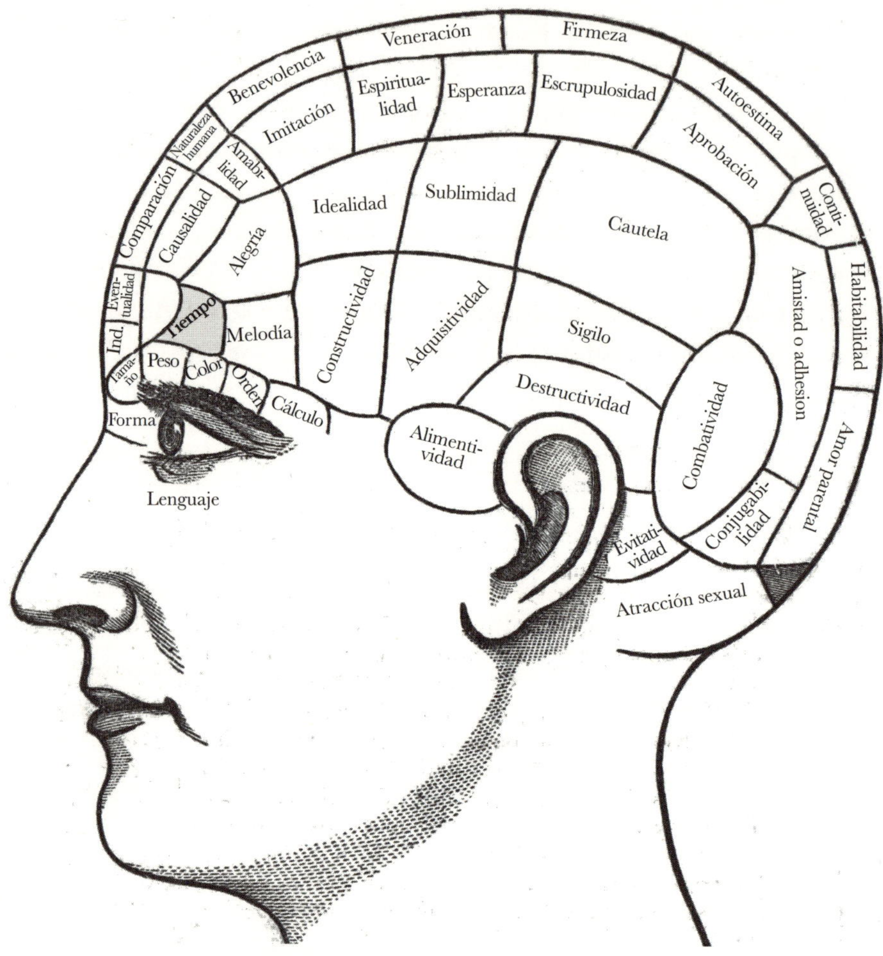

Figura 1.1. Esquema frenológico del siglo XIX.

William James, uno de los padres de la psicología moderna, también reconoció la importancia del tiempo para comprender la mente. De hecho, dedicó un capítulo de su obra magna, *Principios de psicología* (publicada en 1890), a la percepción del tiempo. Curiosamente, desde entonces pocos libros de referencia en psicología o neurociencia han hecho lo mismo.[9] De hecho, durante la mayor parte del siglo XX, el problema del tiempo se descuidó en cierta medida y se omitió en la mayoría de los libros de texto.

No obstante, estoy simplificando demasiado las cosas. En primer lugar, el problema del tiempo en neurociencia y psicología no es un problema único, sino un conjunto de problemas interconectados relacionados con la forma en que el cerebro cuenta el tiempo, genera patrones temporales complejos, percibe conscientemente el paso del tiempo, recuerda el pasado y piensa en el futuro. En segundo lugar, se han logrado avances significativos en muchos subcampos relacionados con la psicología y la neurociencia del tiempo. Por ejemplo, la *cronobiología*, el estudio de los ritmos biológicos, sobre todo los ciclos de sueño-vigilia, floreció a lo largo del siglo XX (capítulo 3). Además, durante ese mismo siglo, muchos científicos pioneros avanzaron en la comprensión de la forma en que el cerebro cuenta y percibe el tiempo. Pero, en términos relativos, los problemas relacionados con el tiempo se han pasado por alto. Por ejemplo, si buscas en el índice del que es considerado como la biblia de la neurociencia moderna, el libro de texto *Principios de neurociencia*, la palabra *tiempo*, no la encontrarás. En cambio, si buscas la palabra *espacio*, la encontrarás representada en múltiples entradas.[10]

La psicología y la neurociencia son campos científicos recién nacidos, que apenas empiezan a comprender plenamente la importancia del tiempo y la dinámica. Como escribió en 2008 el psicólogo Richard Ivry, de la Universidad de California en Berkeley, «hace una generación, la investigación sobre el tiempo era limitada y se centraba en el estudio de comportamientos marcados por regularidades temporales. Más recientemente, se ha producido un renacimiento en el estudio de la percepción del tiempo, con investigadores que abordan una amplia gama de fenómenos temporales».[11]

Como ejemplo de este cambio, consideremos una de las cuestiones sagradas de la psicología y la neurociencia: «¿cómo almacena el cerebro los recuerdos?». Como los recuerdos se refieren a experiencias pasadas, la memoria está intrínsecamente ligada al tiempo. Pero, incluso en este caso, a menudo los científicos no han situado el problema de la memoria en su contexto temporal correcto. No ha sido hasta el siglo XXI cuando los científicos han empezado a aceptar plenamente que «la información sobre el pasado solo es útil en la medida en que nos permite anticipar lo que puede ocurrir en el futuro».[12] La memoria no evolucionó para permitirnos rememorar el pasado. La única función evolutiva de la memoria es que los animales sean capaces de predecir lo que ocurrirá y cuándo ocurrirá para que puedan responder mejor cuando efectivamente ocurra. Gracias a los continuos cambios conceptuales, junto con multitud de avances metodológicos, la neurociencia y la psicología se han centrado cada vez más en el estudio del tiempo. Y, lo que es más importante, ambas disciplinas reconocen que sin comprender los mecanismos que utiliza el cerebro para contar, percibir y representar el tiempo, no resulta posible entender la mente humana.

Presentismo *vs.* eternalismo

Aunque el tema de este libro sea principalmente la neurociencia y la psicología del tiempo, también nos adentraremos en cuestiones relativas a la física del tiempo. Aquí el objetivo no es solo comprender algunas de las ideas fundamentales de la física sobre la naturaleza del tiempo, sino también explorar dónde se cruzan la neurociencia y la física del tiempo, o quizá sería mejor decir dónde *chocan* (capítulos 8 y 9). Para ello es necesario describir las dos teorías filosóficas más importantes sobre la naturaleza del tiempo: el *presentismo* y el *eternalismo.*

El presentismo, como su nombre indica, afirma que solo el presente es real. Según el presentismo, el pasado es una configuración del universo que existió una vez, y el futuro se refiere a una configuración aún por determinar. El eternalismo, por el contrario, afirma que el pasado y el futuro son tan reales como el presente. El presente no tiene nada de especial: en el eternalismo, el *ahora* es al tiempo lo que el *aquí* es al espacio. Aunque actualmente te encuentres en un punto del espacio, sabes que hay muchos otros puntos en el espacio —diferentes habitaciones, ciudades, planetas y galaxias— que son lugares igualmente válidos. Del mismo modo, aunque te percibas en un punto del tiempo que llamas *ahora*, hay momentos del tiempo pasados y futuros en los que se encuentran otros seres y otros *túes* más jóvenes y más viejos (figura 1.2).

Quizá la forma más sencilla de entender la distinción entre presentismo y eternalismo sea en el contexto del tema de los viajes en el tiempo.[13] En el presentismo, los verdaderos viajes en el tiempo (ir y venir entre el pasado y el futuro) no son posibles. Las consideraciones técnicas, como si es posible construir una máquina del tiempo o si las leyes de la física lo permiten, son irrelevantes; simplemente no se puede viajar a un tiempo que no existe, como tampoco se puede viajar a un lugar que no existe. Según el eternalismo, el tiempo es una dimensión muy parecida (pero no exactamente) al espacio, por lo que el universo es un «bloque» de cuatro dimensiones, en el que el pasado y el futuro son tan reales como los lugares al norte y al sur de una posición. Aunque el eternalismo es agnóstico en cuanto a la posibilidad de viajar en el tiempo, valida el debate porque habría «lugares» (momentos) en el tiempo a los que viajar.

Sin duda, el presentismo se ajusta a nuestra intuición de que, a medida que cada instante de nuestra vida se transforma en un momento pasado, este desaparece. Deje o no ese momento una huella en nuestra memoria, el momento en sí deja de existir. El presentismo también corrobora nuestra sensación de control: que nuestras decisiones y acciones dan forma a un futuro abierto. Los neurocientíficos rara vez tienen que lidiar con la cuestión del presentismo frente al eternalismo. Pero, en la práctica, los neurocientíficos son implícitamente presentistas. Consideran que el pasado, el presente y el futuro son fundamentalmente distintos, ya que el cerebro toma decisiones en el presente, basadas en recuerdos del pasado, para mejorar nuestro bienestar en el futuro. Pero, a pesar de su atractivo intuitivo, el presentismo es la teoría menos favorecida en física y filosofía.

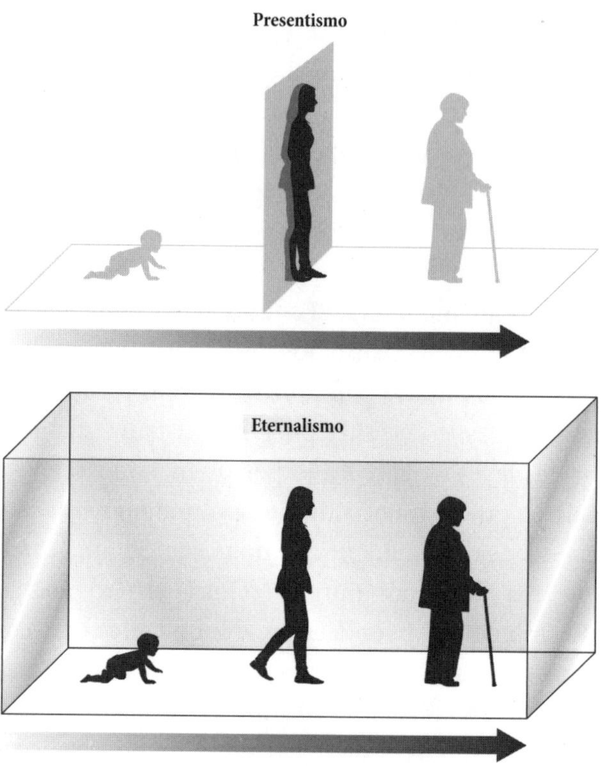

Figura 1.2. Dos visiones de la naturaleza del tiempo: presentismo frente a eternalismo.

Las versiones del eternalismo se remontan al menos dos milenios y medio atrás, hasta el filósofo griego Parménides, que creía que vivimos en un mundo atemporal en el que no hay cambios. Hoy en día, por muy buenas razones, la mayoría de los físicos y filósofos aceptan la postura eternalista de que todo el tiempo está en cierto sentido «ya» dispuesto dentro del universo bloque. No es que la noción de tiempo como cuarta dimensión sea una mera abstracción matemática, como representar el tiempo en el eje X de un gráfico, sino que el pasado, el presente y el futuro están realmente en igualdad de condiciones.

Ahí se produce el choque entre la neurociencia y la física: si todos los momentos del tiempo son igualmente reales y todos los acontecimientos de nuestro pasado y de nuestro futuro están eternamente inmersos en el universo de bloques, entonces nuestra percepción del *flujo del tiempo* debe ser una ilusión (capítulo 9). En otras palabras, si todo el tiempo ya está «ahí fuera», entonces el tiempo no *fluye* ni *transcurre* en el sentido habitual de esas palabras. Como dijo una vez el filósofo Jack Smart, «hablar del flujo del tiempo o del avance de la conciencia es una metáfora peligrosa que no debe tomarse al pie de la letra».[14] Así pues, parece que una de las experiencias subjetivas más inequívocas y universalmente compartidas —que el tiempo pasa— debe entenderse como una especie de truco de la mente consciente. De hecho, se trata de una opinión muy extendida. Por ejemplo, en su libro *Time's Arrow and Archimedes' Point*, el filósofo Huw Price escribe: «Los filósofos han tendido a dividirse en dos bandos en estas cuestiones. Por un lado, están los que tratan el flujo y el presente como características objetivas del mundo (presentismo); por otro, los que sostienen que estas cosas son meros artefactos de nuestra perspectiva subjetiva del mundo (eternalismo). Yo daré por sentado este último punto de vista».

El matemático y físico Herman Weyl captó de forma célebre el choque entre nuestra percepción del tiempo y la visión estándar del universo en bloques cuando afirmó: «El mundo objetivo simplemente es, no sucede. Solo ante la mirada de mi conciencia, que se arrastra hacia arriba a lo largo de la línea del mundo de mi cuerpo, una sección del mundo cobra vida como una imagen fugaz en el espacio que cambia continuamente en el tiempo».[15]

El plural del tiempo

Cualquier debate sobre el tiempo, ya sea en neurociencia, filosofía o física, se ve inevitablemente enturbiado por el hecho de que la palabra *tiempo* se utiliza para indicar muchas cosas diferentes. Una de las razones por las que es el sustantivo más utilizado en la lengua inglesa es porque en realidad se trata de varias palabras. De hecho, los diferentes usos de la palabra *tiempo* varían de un idioma a otro.

En inglés decimos *speed is distance divided by time* («la velocidad es la distancia dividida por el tiempo», y preguntamos *what time is it?* ('¿qué hora es?'). El portugués tiene dos palabras diferentes para estos contextos. La palabra *tempo* se utiliza para definir la velocidad, pero, para saber la hora, uno preguntaría: *que horas são?* ('¿qué hora es?'). Pero, a diferencia del inglés, en portugués se utiliza la palabra *tempo* para preguntar por el *clima.*

En nuestra vida cotidiana utilizamos a la perfección los distintos significados de la palabra *tiempo*, pero esa fluidez enturbia inevitablemente los intentos de explorar con rigor las cuestiones relacionadas con el tiempo. Por eso será útil, si no definir, al menos acotar algunos de los diferentes significados de la palabra. Consideremos la siguiente frase: «La charla de Minkowski sobre la naturaleza del tiempo terminó a tiempo, pero pareció alargarse mucho». Esta frase artificial intenta captar tres significados de la palabra *tiempo* que serán importantes para nuestros objetivos. Por orden, me referiré a ellos como *tiempo natural*, *tiempo del reloj* y *tiempo subjetivo.*

Intuitivamente, entendemos el tiempo como el medio en el que se desarrollan nuestras vidas. Utilizo el término *tiempo natural* (como en «la naturaleza del tiempo») para referirme al concepto de tiempo como este medio o «dimensión». El tiempo natural ocupa el centro del debate presentismo *versus* eternalismo. En la práctica, la mayoría de los científicos pueden ignorar las cuestiones relativas al tiempo natural, pero, en última instancia, ¿qué puede ser más interesante que saber si otras «versiones» de nosotros mismos están dispuestas a lo largo de la dimensión temporal del universo bloque o que determinar si nuestra sensación del paso del tiempo no es más que una de las muchas ilusiones que el cerebro confiere a la mente?

A efectos prácticos, a veces se define el tiempo como «lo que marcan los relojes». Por circular que pueda parecer, esta definición es extremadamente importante. Resulta inevitable preguntarse «qué es exactamente un reloj». En el sentido más general, un reloj es un dispositivo que experimenta cambios de alguna manera reproducible, y ofrece una forma de cuantificar estos cambios. Los cambios pueden representarse en las oscilaciones de un péndulo, las vibraciones de un cristal de cuarzo o incluso en la cantidad de radioisótopos de carbono en una muestra fósil. El tiempo del reloj es el sentido más utilizado de la palabra *tiempo* en ciencia. Sin embargo, Einstein subrayó que «tal definición es satisfactoria cuando nos ocupamos de definir un tiempo exclusivamente para el lugar donde se encuentra el reloj; pero deja de serlo cuando tenemos que conectar en el tiempo series de acontecimientos que ocurren en lugares diferentes».[16] El tiempo del reloj es una medida local del cambio, ni absoluta ni universal. Sin embargo, la hora del reloj es, en última instancia, la que rige nuestras vidas: no solo nos dice cuándo levantarnos, trabajar y dormir, sino que, dado que el propio cuerpo es un reloj, la hora del reloj rige cuándo envejecemos y expiramos.

El *tiempo subjetivo* se refiere a nuestro sentido consciente del tiempo: la sensación subjetiva tanto del paso del tiempo como de cuánto tiempo ha transcurrido. Como todas las experiencias subjetivas, el tiempo subjetivo es una construcción creada por el cerebro: no existe fuera de los confines del cráneo. Al igual que nuestra percepción subjetiva del color nos permite experimentar una propiedad física de la luz visible (la longitud de onda), nuestro sentido subjetivo del tiempo es una construcción mental que nos permite, en cierto sentido, «sentir» tanto el *tiempo natural* como la *hora del reloj*.

* * *

Tanto los filósofos como los científicos han reflexionado sobre los misterios del tiempo durante milenios. Y, sin embargo, mil seiscientos años después de que san Agustín expresara su dificultad a la hora de definir el tiempo, seguimos sin conocer la respuesta a preguntas tan fundamentales como si el pasado, el presente y el futuro son igualmente reales, o si nuestra percepción del paso del tiempo es una ilusión.

Antes de responder a estas preguntas, el campo de la neurociencia tendrá que seguir madurando y aceptar el hecho de que no será posible comprender la mente humana sin describir el proceso por el cual el cerebro cuenta, representa y conceptualiza el tiempo. Y es que, como sostengo en el capítulo siguiente, el cerebro es una máquina del tiempo: una máquina que no solo cuenta el tiempo y predice el futuro, sino que nos permite proyectarnos mentalmente hacia delante en el tiempo. Es muy fácil pasar por alto el hecho de que, sin la capacidad de viajar mentalmente al futuro, nuestra especie nunca habría convertido una piedra de obsidiana en una herramienta, ni habría comprendido que sembrando semillas hoy podemos asegurar nuestra supervivencia futura.

Sin embargo, nuestra capacidad única para comprender el concepto del tiempo y vislumbrar el futuro lejano es a la vez un don y una maldición. A lo largo de la evolución, hemos pasado de estar sometidos a los caprichos impredecibles de la naturaleza, a dominar a la propia madre naturaleza: manipulando el presente para asegurar la supervivencia en el futuro. Pero nuestras capacidades clarividentes también nos llevaron a la inevitable comprensión de que nuestro propio tiempo es finito y fugaz. Don o maldición, ahora nos enfrentamos a un misterio maravilloso y desconcertante: «¿Qué es el tiempo?».

2:00

LA MEJOR MÁQUINA DEL TIEMPO QUE JAMÁS TENDRÁS

> *Cualquier cuerpo real debe tener extensión en cuatro direcciones: debe tener longitud, anchura, altura y duración. Pero por enfermedad natural de la carne, que os explicaré dentro de un momento, nos inclinamos a pasar por alto este hecho. Hay realmente cuatro dimensiones, tres que llamamos los tres planos del Espacio, y una cuarta, el Tiempo.*
>
> H. G. WELLS, 1895

Hollywood se ha asegurado de que todos estemos familiarizados con el concepto de los viajes en el tiempo. *Terminator*, *El día de la marmota*, *Regreso al futuro*, *La mujer del viajero en el tiempo*, *Looper*, *Medianoche en París*, *Interstellar* y una cuantas películas de la saga de *Star Trek* representan tan solo algunas de las ficciones que nos han expuesto a las alucinantes paradojas que surgen al saltar hacia atrás y hacia delante en el tiempo, como, por ejemplo, viajar al pasado y matar accidentalmente a tu abuelo.

A pesar de su omnipresencia actual en el cine, los libros y la televisión, e incluso como tema de estudio serio en física, la idea de los viajes en el tiempo brilla por su ausencia en la mayor parte de la historia de la humanidad. La Biblia, junto con otros textos religiosos y cuentos populares transmitidos oralmente, están llenos de historias de animales parlantes, dioses y otros seres sobrenaturales. Hablan de animales que se transforman en humanos y viceversa, de viajes épicos a través de vastas distancias espaciales, de seres humanos parecidos a Matusalén, cuyas vidas han durado siglos, de magia y de resurrecciones. Pero, curiosamente, apenas hay viajes en el tiempo. Ni siquiera Shakespeare, que parece haber anticipado las tramas y los giros de casi todas las películas modernas, tocó nunca el tema de los viajes en el tiempo. Por ejemplo, el Mahabharata, un antiguo poema hindú de alrededor del año 800 a. C., cuenta la historia de un rey y su hija que visitan al dios Brahma para buscar un novio digno. Más tarde se enteran de que, durante su visita, han pasado por la Tierra cientos de generaciones. Se trata, pues, de historias relativistas al estilo de «Rip van Winkle», en las que el tiempo transcurre a ritmos diferentes, pero sin saltos adelante y atrás en el tiempo. *Cuento de Navidad*, de Charles Dickens, escrita a mediados del siglo XIX, fue pionera en las historias de viajes en el tiempo. En la novela, los fantasmas llevan a Ebenezer Scrooge hasta las Navidades pasadas y futuras, pero el viaje es onírico y pasivo: no hay interacción entre personajes de distintos momentos. No fue hasta finales del siglo XIX cuando surgió la idea de un verdadero viaje en el tiempo, sobre todo en *La máquina del tiempo*, de H. G. Wells, en la que el protagonista viaja al futuro, interactúa con los descendientes atrofiados de la humanidad y regresa a su tiempo presente.[1]

¿Por qué los verdaderos viajes en el tiempo estuvieron ausentes de la ficción hasta finales del siglo XIX? Tal vez porque los seres humanos somos presentistas innatos: pocas cosas son tan obvias como el hecho de que el pasado se ha ido irrevocablemente y, por tanto, es inmutable, y que el futuro aún no existe. Tal vez la idea de que el pasado y el futuro son tan reales como el presente y, por tanto, destinos potenciales de viaje, era demasiado contraintuitiva y fantástica para incorporarla incluso a la ficción. Entonces, ¿qué cambió a finales del siglo XIX para que se abrieran las puertas del viaje en el tiempo en nuestra imaginación? Es difícil responder a esta pregunta, pero sin duda se estaba gestando una revolución científica.

Un acontecimiento clave en esta revolución culminó con la publicación de la teoría de la relatividad especial de Einstein en 1905, que trastocó para siempre nuestras intuiciones sobre la naturaleza del tiempo. Einstein estableció que los relojes marcaban ritmos diferentes en función de la velocidad a la que viajaban. Dos años después, el profesor de Matemáticas de Einstein, Hermann Minkowski, demostró que, matemáticamente hablando, la teoría de Einstein podía situarse elegantemente en el marco de un universo de cuatro dimensiones, es decir, un universo en el que el tiempo fuera literalmente otra dimensión, como el espacio.

Exploraremos la teoría que llevó a la aceptación del universo de cuatro dimensiones en el capítulo 9, pero, por ahora, la cuestión es que, en el siglo XX, poco a poco, el viaje en el tiempo se convirtió en un tema de estudio aceptable en física. No tanto porque la mayoría de los físicos creyeran que el verdadero viaje en el tiempo al pasado o al futuro era realmente posible, sino porque nadie era capaz de demostrar que no lo fuera. Muchos físicos aceptan que, en principio, existen «lugares» en el tiempo a los que viajar; sin embargo, creen que, por razones prácticas o teóricas, las leyes de la física prohíben saltar de un lugar a otro.[2] Esto se debe a que el viaje en el tiempo tiene unos requisitos bastante exóticos. Los agujeros de gusano son quizá el modo menos inverosímil de viajar en el tiempo. Imaginemos la superficie de la Tierra como una lámina de espacio y tiempo sobre la que podemos construir un túnel como atajo entre Washington y Pekín. Aunque cumplen las leyes actuales de la física, los agujeros de gusano son entidades hipotéticas. Viajar en el tiempo requeriría no solo crear o encontrar uno, sino desplazar una de sus aberturas a velocidades muy altas. Y luego esperar que el agujero de gusano sea estable y transitable, es decir, que quien entre en él no sea —por utilizar el término científico— *espaguetizado*.

No obstante, todo esto es una divagación, puesto que mi objetivo en este capítulo no es discutir la verosimilitud o inverosimilitud de los verdaderos viajes en el tiempo, sino convencerte de que tu cerebro es la mejor máquina del tiempo que jamás tendrás. O, dicho de otro modo, tú eres la mejor máquina del tiempo que jamás se ha construido.

El cerebro es una máquina del tiempo

Por supuesto, el cerebro no nos permite viajar físicamente en el tiempo, pero es una especie de máquina del tiempo por cuatro razones interrelacionadas:

1. **El cerebro es una máquina que recuerda el pasado para predecir el futuro.** Durante cientos de millones de años, los animales han participado en una carrera para predecir el futuro. Los animales prevén las acciones de sus presas, depredadores y parejas; se preparan para el futuro almacenando comida y construyendo nidos, y anticipan el amanecer y el anochecer, la primavera y el invierno. El nivel de predicción de los animales se traduce en la moneda evolutiva de la supervivencia y la reproducción. En consecuencia, el cerebro es, en esencia, una máquina de predicción o anticipación.[3] Aunque no te des cuenta, a cada momento tu cerebro intenta automáticamente adivinar lo que está a punto de suceder. Estas predicciones a corto plazo, hasta unos pocos segundos en el futuro, son totalmente automáticas e inconscientes. Si una pelota se cae de la mesa, ajustamos automáticamente nuestros movimientos para cogerla cuando rebote, cosa que no hacemos cuando lo que se cae es una magdalena.

   Los seres humanos y otros animales también intentan continuamente hacer pronósticos a largo plazo. El simple hecho de que un animal observe su entorno es un intento de atisbar los minutos y las horas que le esperan: cuando un lobo se detiene a observar el ambiente, los sonidos y los olores que lo rodean, busca pistas que lo ayuden a evitar posibles riesgos y a encontrar presas y pareja. Para predecir el futuro, el cerebro almacena una gran cantidad de información sobre el pasado y, al igual que el *software* de copia de seguridad Time Machine de Apple, a veces añade etiquetas temporales (fechas) a estos recuerdos, lo que nos permite repasar episodios de nuestra vida organizados en una línea de tiempo.

2. **El cerebro es una máquina que cuenta el tiempo.** El cerebro realiza una amplia gama de cálculos, incluidos los necesarios para reconocer una cara o elegir la siguiente jugada en ajedrez. Contar el tiempo es otro tipo de cálculo que realiza el cerebro: no se limita a medir los segundos, las horas y los días de nuestra vida, sino que reconoce y genera patrones temporales, como los intrincados ritmos de una canción o la secuencia de movimientos cuidadosamente cronometrada que permite a un gimnasta realizar una voltereta hacia atrás.

Medir el tiempo es un componente fundamental de la predicción del futuro. Como sabe cualquier meteorólogo, no basta con anunciar que va a llover; también hay que predecir *cuándo* lloverá. Cuando un gato se lanza al aire para atrapar un pájaro en vuelo, debe augurar dónde estará el pájaro un segundo en el futuro. Por su parte, las aves polinizadoras saben si una planta determinada ha tenido tiempo de reponer el néctar desde su última visita.[4] Desde la capacidad de lanzar un dardo a un blanco móvil, calcular el momento adecuado para contar un chiste o tocar al piano el *Claro de luna* de Beethoven hasta la capacidad de regular los ciclos diarios de sueño y vigilia y los ciclos reproductivos mensuales, prácticamente todos los aspectos del comportamiento y la cognición de los animales precisan de la capacidad de medir el tiempo.

3. **El cerebro es una máquina que crea el sentido del tiempo.** A diferencia de la vista o el oído, no tenemos un órgano sensorial que detecte el tiempo. El tiempo no es una forma de energía ni una propiedad fundamental de la materia que pueda detectarse mediante mediciones físicas. Sin embargo, del mismo modo que observamos conscientemente el color de los objetos (las longitudes de onda de la radiación electromagnética reflejada), percibimos conscientemente el paso del tiempo. El cerebro genera la sensación del paso del tiempo. Como la mayoría de las experiencias subjetivas, nuestra sensación del tiempo sufre muchas ilusiones y distorsiones. La misma duración —medida por un reloj externo— puede parecer que pasa volando o que se eterniza en función de multitud de factores. Pero, distorsionada o no, la percepción consciente del paso del tiempo y de que el mundo que nos rodea está en continuo flujo es una de las experiencias más familiares e innegables de todas. Sin embargo, esta sensación de paso del tiempo se opone radicalmente al concepto de tiempo de muchos físicos y filósofos.
4. **El cerebro nos permite viajar mentalmente hacia atrás y hacia delante en el tiempo.** La carrera por predecir el futuro la ganaron, sin duda, nuestros antepasados homínidos cuando desarrollaron la capacidad de comprender el concepto de tiempo y proyectarse mentalmente hacia atrás en el pasado y hacia delante en el futuro, es decir, de hacer *viajes mentales en el tiempo* (capítulo 11). Como dijo Abraham Lincoln: «La mejor forma de predecir el futuro es crearlo», y eso es exactamente lo que nos permitió hacer el viaje mental en el tiempo. Pasamos de predecir los caprichos de la naturaleza a crear el futuro tras anular a la propia naturaleza.

   En palabras del influyente psicólogo canadiense Endel Tulving: «Las primeras expresiones de pensamiento y planificación orientados hacia el futuro consistieron en aprender a usar, proteger y, después, hacer fuego, a fabricar herramientas y, después, a almacenarlas y llevarlas consigo.

Señalar las tumbas de los muertos, cultivar sus propias cosechas de frutas y verduras, domesticar animales como fuente de alimento y vestido... todos estos elementos son desarrollos relativamente recientes en la evolución humana. Cada uno de ellos se basa en la conciencia del futuro».[5]

Todos hemos vuelto a experimentar mentalmente la alegría o la tristeza de acontecimientos pasados y hemos hecho simulaciones alternativas de esos episodios para explorar lo que podría haber sido. En la otra dirección, saltamos al futuro cada vez que tememos o soñamos despiertos con lo que puede venir, y simulamos diferentes líneas argumentales de nuestras vidas futuras con la esperanza de determinar el mejor curso de acción en el presente. Puede que los humanos seamos o no las únicas criaturas del planeta que hacen viajes mentales en el tiempo, pero sin duda somos los únicos animales que utilizamos esta capacidad para sopesar la posibilidad de viajar realmente al pasado o al futuro.

El tiempo como maestro

En el siglo xviii, el filósofo escocés David Hume reflexionó sobre nuestra manera de dar sentido al mundo, la forma en que descubrimos las relaciones entre acontecimientos que ocurren en distintos puntos del espacio y momentos del tiempo. Hume destacó tres principios subyacentes a la comprensión humana: la *semejanza* (la similitud entre objetos y acontecimientos), la *contigüidad* (la «proximidad» temporal y espacial de los acontecimientos) y la *causa* y el *efecto*. En cuanto a la causa y el efecto, proporcionó una serie de reglas que utilizamos para determinar si dos acontecimientos están causalmente relacionados entre sí, entre ellas:

1. La causa y el efecto deben ser contiguos en el espacio y en el tiempo.
2. La causa debe ser anterior al efecto.[6]

Afortunadamente, no hace falta leer a Hume para poner en práctica estas reglas, ya que están integradas en nuestro cerebro. Las relaciones temporales entre los acontecimientos son una de las claves más importantes que utiliza el cerebro para dar sentido a lo que William James denominó «florecimiento, zumbido, confusión» de la información sensorial que asalta nuestros órganos sensoriales. ¿Cómo aprende un bebé que la palabra *gato* se refiere a criaturas esponjosas de cuatro patas con garras afiladas? Porque la primera docena de veces que el bebé vio un gato, sus padres le dijeron: «Mira el gatito». En otras palabras, la contigüidad temporal entre la visión del gato y el sonido de la palabra *gato* es lo que permite a los circuitos neuronales de un bebé vincular esos dos estímulos distintos entre sí.

Una de las formas más universales de aprendizaje en el reino animal, el condicionamiento clásico, capta la importancia fundamental de la contigüidad temporal y el orden para la función cerebral. El perro de Pávlov es el ejemplo estándar del condicionamiento clásico: si se hace sonar una campana (el estímulo condicionado) antes de presentar el plato de comida (el estímulo incondicionado) a un perro, este acabará aprendiendo a salivar en respuesta únicamente al sonido de la campana; o, quizá más familiarmente, si se utiliza un abridor para abrir la lata de comida del gato, este puede aprender a presentarse en la cocina al oír el sonido del abrelatas. Aunque el sonido de la campana no *provoque* realmente la comida, bien podría hacerlo, por lo que respecta al perro. El condicionamiento clásico es el algoritmo primordial que utilizan los animales para predecir lo que va a ocurrir a continuación. Las serpientes de cascabel son ejemplos vivientes de un experimento de condicionamiento clásico: el cascabel sirve como estímulo condicionado de que una serpiente (el estímulo incondicionado) puede estar bajo nuestros pies.

Hume nunca podría haber sospechado lo importante que es la contigüidad temporal para el funcionamiento del cerebro. Consideremos el reto al que se enfrenta el cerebro de un bebé al reconocer la cara de su madre. A veces la cara aparece de cerca, y, por tanto, es grande, pero otras veces se ve de lejos, y, por tanto, es pequeña. A cada distancia, la imagen proyectada en la retina es totalmente diferente (es decir, al igual que una imagen de cerca o de lejos de la misma persona activará diferentes patrones de píxeles en una cámara, en la retina se activarán diferentes patrones espaciales de fotorreceptores). Entonces, ¿cómo aprende un bebé que todas esas imágenes distintas corresponden a mamá? El problema de la *invariancia del tamaño* es complejo y no se sabe cómo lo resuelve el cerebro. Pero una teoría es que utiliza la contigüidad temporal. Parte de la experiencia del bebé consiste en ver a mamá crecer y encogerse a medida que se acerca o se aleja. Si el cerebro asume que los patrones tan distintos que inciden en la retina y que se producen en contigüidad temporal proceden del mismo objeto, podría acabar aprendiendo los principios generales de la invariancia del tamaño: esos patrones que se producen consecutivamente representan el mismo objeto en el mundo exterior.[7] Dicho de otro modo, la predicción es que, si se suprime la contigüidad temporal —imagínate crecer en un mundo estroboscópico en el que las instantáneas de los objetos parecen saltar mágicamente de pequeño a grande y a pequeño cada 10 s—, la capacidad de reconocer un objeto visto a diferentes distancias como si fuera el mismo se vería mermada.

El condicionamiento clásico, y muchas otras formas de aprendizaje, captan la esencia de la asimetría temporal mencionada en la segunda regla de Hume: que la causa debe preceder al efecto. Cuando Pávlov ofreció el plato de comida antes del sonido de la campana, no se produjo ningún condicionamiento. Del mismo modo, el condicionamiento clásico es muy sensible al grado de contigüidad temporal, más concretamente al intervalo entre los acontecimientos. Si Pávlov ponía el plato de comida una hora después de tocar la campana, la relación entre la campana y la comida se volvía absolutamente invisible para el perro, aunque la campana siguiera prediciendo la aparición de la comida. De hecho, la mayoría de los animales parecen incapaces de conectar los puntos temporales entre acontecimientos separados por minutos u horas, y mucho menos por días o meses.[8] Cuanto mayor es el intervalo entre dos acontecimientos, más difícil es detectar la conexión. El condicionamiento clásico es una forma de aprendizaje miope.

Se necesitan capacidades cognitivas más complejas para comprender las relaciones entre acontecimientos separados por días, meses y años. Nuestra capacidad para conceptualizar el tiempo y hacer viajes mentales en el tiempo es lo que nos permite ver la relación entre el sexo y el parto, o las semillas y los árboles. Pero nosotros también somos temporalmente miopes: si los cigarrillos provocaran cáncer una semana después de empezar a fumar, en lugar de muchas décadas después, la industria tabaquera nunca se habría convertido en una industria mundial de billones de dólares (capítulo 11).

Dirección temporal y extravío

Es imposible exagerar la importancia que tiene para la cognición la relación temporal entre los acontecimientos que experimentamos. Por ejemplo, como ha señalado el psicólogo cognitivo Steven Pinker, solemos suponer que el orden en que se enuncian los acontecimientos refleja el orden en que ocurrieron. De ahí la frase: *se casaron y tuvieron un hijo, pero no necesariamente en ese orden*. En la mayoría de los idiomas es más fácil entender la relación entre los acontecimientos que se enuncian en el orden en que ocurrieron:[9] «Ella sonrió antes de abrir el regalo» es más fácil de procesar que «antes de abrir el regalo, ella sonrió».

Las suposiciones del cerebro sobre el orden temporal y el intervalo nos permiten comprender y anticipar los acontecimientos que se desarrollan en el mundo, pero estas suposiciones también pueden ser engañosas. Pensemos en el típico truco en el que un mago coge una moneda de una mesa con la mano derecha, después junta las palmas dando una palmada mientras recita en voz alta «Abracadabra» para, finalmente, revelar que la moneda ha desaparecido. El truco se basa en la distracción temporal.[10] Suponemos automáticamente que la desaparición de la moneda se debe al acontecimiento «más contiguo»: la palmada y el abracadabra exagerado. En realidad, por supuesto, la moneda nunca estuvo en ninguna de las dos manos, ya que el truco reside en deslizar la moneda fuera de la mesa sin que el espectador lo advierta. Una vez más, cuanto mayor es el intervalo entre dos acontecimientos, más difícil es ver la relación entre ellos. Al introducir un intervalo entre la verdadera causa de la desaparición de la moneda y su revelación, los magos se aprovechan de nuestras suposiciones temporales.

En mi libro anterior, *Brain Bugs*, describí un ejemplo de despiste temporal que me encontré mientras jugaba al *blackjack* por primera vez en Las Vegas. Sabía que el *blackjack* consiste en esperar que las dos cartas que te reparten sumen 21 y, si no es así, decidir si debes tomar otra carta y correr el riesgo de «pasarte» (pasarte de 21). El crupier es tu oponente, y juega como un autómata, tomando una carta más hasta que su suma sea 17 o más. Pensé que si jugaba con la misma estrategia que la banca, mis probabilidades de ganar una mano serían del 50 %. Por supuesto, sabía que la casa siempre tiene ventaja, pero no veía dónde estaba. Resulta que la ventaja de la casa es directa: si tanto el crupier como yo «nos pasamos», él gana. Pero ¿por qué no me daba cuenta? En realidad, la ventaja de la casa se nos oculta mediante una distracción temporal. Así es como funciona: como yo juego primero, el crupier recoge inmediatamente mis cartas y fichas cuando me paso, dejando muy claro que el juego ha terminado para mí. Luego termina la ronda con los demás clientes antes de revelar sus cartas. En ese momento, si sigo en la mesa, puede que descubra que el crupier también se ha pasado y, por tanto, deberíamos haber empatado. No podía ver la ventaja de la casa porque estaba oculta en el futuro: la relación normal de causa y efecto se había invertido temporalmente. En cierto sentido, durante las manos en las que ambos nos pasamos, el efecto de mi pérdida se produce antes que la causa: se retiran mis cartas y fichas (el efecto) antes de saber si perdí o empaté con el crupier. Era difícil ver la ventaja de la casa porque dejé de buscarla cuando ya estaba fuera del juego. Explotando este punto ciego temporal, los casinos ocultan que las reglas están amañadas a su favor.[11]

Causa y efecto sinápticos

Vivamos o no en el universo de bloques fijos del eternalismo, donde el paso del tiempo resulta ser ilusorio, el orden de los acontecimientos y el intervalo entre ellos esculpe nuestros circuitos neuronales. Las reglas esbozadas por Hume son, en efecto, algoritmos que rigen el diagrama de cableado del cerebro. La asimetría temporal de causa y efecto, por ejemplo, está codificada al nivel más fundamental dentro del cerebro.

Tu cerebro está compuesto por una red de cerca de 100 000 millones de neuronas que se comunican entre sí a través de cientos de billones de sinapsis.[12] Como la mayoría de los elementos computacionales, incluidos los transistores de un ordenador, las neuronas reciben entradas y generan salidas (figura 2.1). Sin embargo, en comparación con los transistores, las neuronas son extrovertidas. Un transistor común de ordenador está conectado a unas pocas docenas de chips; en cambio, la neurona mantiene conexión con otras miles. Estas conexiones se realizan a través de la sinapsis, la interfaz entre dos neuronas: una neurona *presináptica* que envía una señal y una neurona *postsináptica* que la recibe. Las entradas a cualquier neurona provienen de sus compañeras presinápticas, cada una de las cuales proporciona susurros bioeléctricos. Las sinapsis excitatorias animan a la neurona postsináptica a «dispararse», es decir, a generar una salida enviando una señal eléctrica a todas sus neuronas descendentes (sus propias compañeras postsinápticas). Por el contrario, las sinapsis inhibitorias intentan persuadir a la neurona postsináptica de que se calle. Con tantas neuronas, el sistema nervioso es el diagrama de cableado del infierno. ¿Qué determina qué neuronas están conectadas a cuáles?

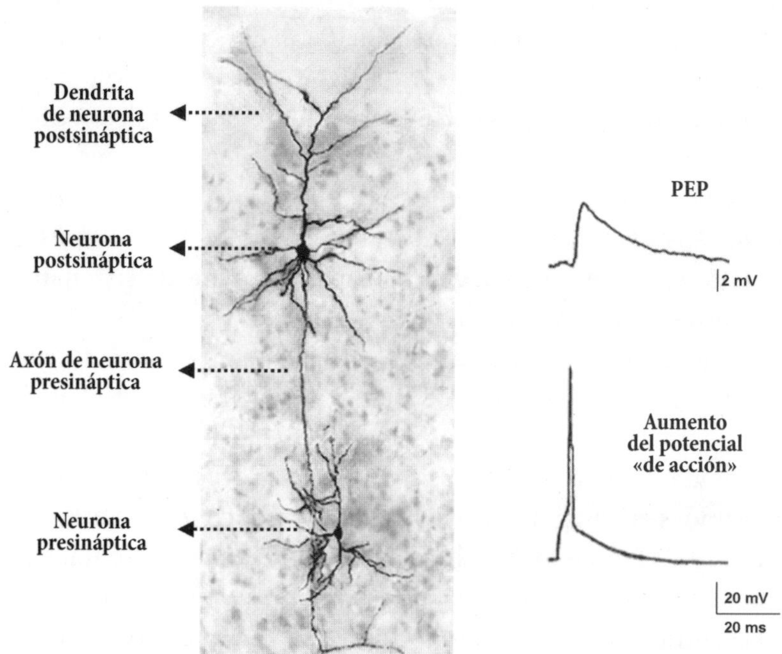

Figura 2.1. Neuronas y sinapsis. Imagen de dos neuronas corticales. El axón de la neurona presináptica inferior se conecta a la dendrita de la neurona postsináptica superior a través de una sinapsis (no visible). Un potencial de acción —un «pico» rápido en el voltaje— en la neurona presináptica produce un pequeño aumento en el voltaje de la neurona postsináptica (llamado potencial excitatorio postsináptico, PEP) (imagen modificada con permiso de Feldmeyer *et al.*, 2002).

Una analogía demasiado simplificada es la World Wide Web, que también es una red de elementos interconectados. Piensa en las páginas web como neuronas y en sus enlaces unidireccionales como sinapsis. Las páginas enlazadas entre sí vienen impuestas, en su mayor parte, por fuerzas externas: los programadores humanos. Pero el cerebro debe cablearse solo, no hay un programador maestro. Además, a diferencia de Internet, para el cerebro no se trata solo de qué elementos deben conectarse entre sí, sino de cuál debe ser la fuerza de cada conexión. La fuerza de una sinapsis se refiere al grado en que una neurona presináptica influye en el comportamiento de la neurona postsináptica: una sinapsis excitatoria fuerte entre las neuronas *A* y *B* significa que la activación de *A* probablemente provocará la de *B*, mientras que una sinapsis muy débil entre las neuronas *A* y *B* significa que a *B* le importa un bledo lo que *A* le diga que haga. Qué neuronas están conectadas a cuáles y la fuerza de la sinapsis entre ellas viene determinada en parte por algoritmos sinápticos —llamados *reglas de aprendizaje sináptico— programados* en nuestros genes. Así que nuestros genes no codifican la fuerza de las sinapsis, sino que determinan los algoritmos que rigen dicha fuerza.[13]

Una regla de aprendizaje en particular, la *plasticidad dependiente del tiempo de espiga* (STDP, por sus siglas en inglés), ilustra perfectamente cómo la asimetría temporal de causa y efecto está integrada en nuestras sinapsis. Consideremos las dos neuronas mostradas en la figura 2.2: la neurona *A* está conectada a *B*, y *B* a su vez a *A*. Por tanto, hay dos sinapsis: *A*→*B* y *B*→*A*. Diríamos que estas neuronas están *conectadas de forma recurrente*: la neurona *A* es la entrada de la neurona *B*, y viceversa. Supongamos ahora que cada neurona es impulsada por distintos acontecimientos del mundo exterior. Tal vez el propietario de estas dos neuronas es un bebé llamado Zoe, y la neurona *A* es impulsada por el sonido de la letra *z*, y la neurona *B*, por el sonido de la letra *o*. Por tanto, cada vez que mamá y papá digan el nombre de Zoe, la neurona *A* se activara justo antes que la neurona *B* y, por el bien del argumento, digamos que la neurona *A* se activa constantemente 25 milisegundos antes que la neurona *B*. El trabajo de una regla de aprendizaje sináptico es reforzar o debilitar las sinapsis, según el patrón de actividad de las neuronas presinápticas y postsinápticas. En este caso, el STDP reforzará preferentemente la sinapsis *A*→*B* y debilitará la sinapsis *B*→*A*. Los neurocientíficos tardaron sorprendentemente mucho tiempo en dar con esta sencilla regla de aprendizaje. No fue hasta la década de los noventa cuando se demostró de forma concluyente el STDP.[14] Pero su elegancia quedó clara de inmediato: la regla implementa un detector neuronal de causa y efecto. Si la neurona *A* se dispara antes que la neurona *B*, es probable que haya contribuido a la activación de *B*, por lo que esta sinapsis se refuerza. Mientras que la sinapsis *B*→*A* siempre está malgastando el aliento —como alguien que siempre te recuerda que cierres la puerta después de que ya lo hayas hecho—, por lo que se va debilitando (y puede llegar a desaparecer por completo).

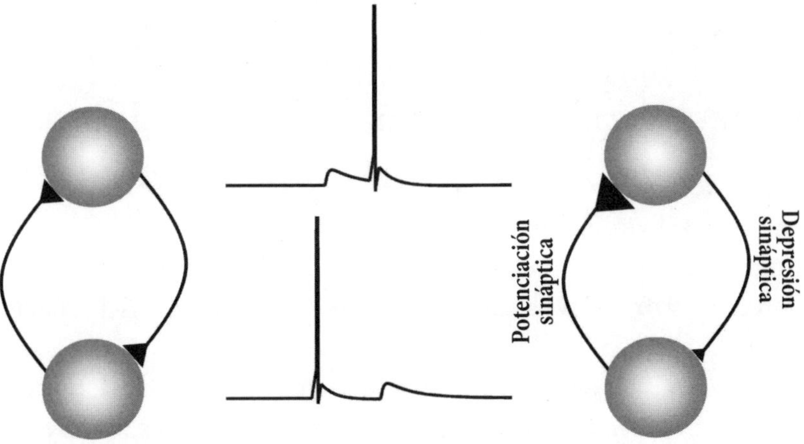

Figura 2.2. Plasticidad dependiente del tiempo de espiga. Dos neuronas conectadas recíprocamente por dos sinapsis (representadas por los triángulos negros). Si la neurona inferior se dispara sistemáticamente antes que la superior, la sinapsis de la neurona inferior a la superior se fortalecerá (potenciación sináptica) y la sinapsis de la neurona superior a la inferior se debilitará (depresión sináptica).

Se cree que la capacidad de las sinapsis para aprender relaciones de causa-efecto entre neuronas es en parte responsable de la capacidad del cerebro para aprender relaciones entre acontecimientos del mundo exterior. En nuestro ejemplo, la regla de aprendizaje STDP puede ayudar a crear neuronas que respondan a la secuencia *z-o-e*, pero no a la rara vez oída *e-o-z*, y así ayudar a Zoe a aprender a reconocer su nombre. Pero el STDP es solo una de las muchas reglas de aprendizaje del cerebro. De hecho, el STDP opera cerca de la resolución temporal más fina del sistema nervioso:

una diferencia de unos pocos milisegundos en el tiempo de una espiga postsináptica puede determinar si una sinapsis se debilita o se fortalece. El STDP no puede captar la relación entre acontecimientos separados por segundos y más allá. Para ello se necesitan mecanismos más complejos basados no en dos neuronas aisladas, sino en múltiples poblaciones de neuronas. Sin embargo, de una forma u otra, las neuronas y sinapsis de nuestro cerebro consiguen unir los puntos entre acontecimientos separados por intervalos cortos y largos, lo que nos permite dar sentido a los acontecimientos que se desarrollan a nuestro alrededor.

Contar el tiempo a distintas escalas

Cierra los ojos y concentra tu atención en algún sonido de tu entorno, tal vez el zumbido de un electrodoméstico. Puedes distinguir fácilmente si el sonido procede de tu izquierda o de tu derecha. Pero ¿cómo averigua el cerebro en qué parte del espacio se origina el sonido? Un sonido procedente de la izquierda tarda un poco más en llegar al oído derecho que al izquierdo. Estos retardos interauriculares dependen de la velocidad del sonido y del tamaño de la cabeza. En los seres humanos, los retardos detectables pueden ser de unos diez microsegundos, mil veces menos que la resolución de los cronómetros utilizados para cronometrar los cien metros lisos en las Olimpiadas. Las partes del cerebro encargadas de procesar el sonido deben medir estos retardos para calcular la ubicación de las fuentes sonoras. La evolución ha aprovechado el hecho de que, como la velocidad del sonido es bastante constante, el espacio y el tiempo son complementarios.

Es en una escala de tiempo ligeramente más larga —de decenas de milisegundos a alrededor de un segundo— donde nuestra capacidad para contar el tiempo es más impresionante. Dentro de este margen, no solo podemos calcular el intervalo entre dos acontecimientos en el tiempo, sino también analizar e interpretar los complejos patrones temporales de la música y el habla. Por ejemplo, la duración de las sílabas o las pausas en el habla ayudan a marcar los límites entre palabras. La duración de las palabras y la velocidad del habla también contribuyen a la *prosodia*, que transmite el estado emocional de un hablante: pensemos en la lentitud del habla de un individuo clínicamente deprimido frente a la rapidez de un adolescente excitado. Lo mismo ocurre con la música. Como implican los términos *grave* y *allegro*, los tempos musicales lento y rápido pueden utilizarse para transmitir tristeza y felicidad, respectivamente. Al igual que somos capaces de ver un rostro en la relación entre los puntos de un cuadro de Seurat, somos capaces de captar el todo a partir de la relación temporal entre las partes del discurso o la música. Pero solo podemos detectar esos patrones temporales en una escala temporal muy estrecha, de alrededor de un segundo. Si ralentizamos demasiado el habla, esta se vuelve ininteligible, y si aceleramos demasiado una pieza musical, esta deja de ser música (capítulo 5).

Contar el tiempo es un proceso distinto al de percibir conscientemente el paso del tiempo. La conciencia es demasiado lenta para dar cuenta en tiempo real de las pausas entre palabras o para contar el momento en que debemos estirar la mano y atrapar una pelota. Pero, a escala de segundos y más, no solo somos conscientes del flujo del tiempo, sino que tenemos una idea aproximada de cuánto tiempo ha transcurrido entre distintos acontecimientos. Podemos anticipar conscientemente cuándo se pondrá verde el semáforo. Percibimos que los anuncios de televisión están a punto de terminar y que el partido va a empezar de nuevo. Y contamos figuradamente los segundos mientras esperamos ansiosos a que el señor de la cola decida si quiere patatas fritas con mahonesa o con kétchup.

* * *

El cerebro es un producto de la selección natural y, por tanto, fue «diseñado» para sobrevivir en un mundo duro y en continuo cambio. Resulta que una de las mejores maneras de prosperar en un mundo así es ser capaz de predecir *lo que* ocurrirá en el futuro y *cuándo* ocurrirá. El cerebro es a la vez una máquina de previsión y una máquina que cuenta el tiempo. Cuantifica el paso del tiempo en una gama de más de doce órdenes de magnitud: desde la diminuta diferencia en el tiempo que tarda un sonido en llegar al oído derecho frente al izquierdo hasta la capacidad de algunos animales para anticipar las estaciones.

Estamos rodeados de relojes: llevamos uno en la muñeca, en el móvil, en el coche, en el ordenador, etc. Pero resulta que no solo estamos rodeados de relojes, sino que también estamos llenos de ellos. El cerebro y el cuerpo de los seres humanos y otros animales miden el tiempo, incluso una célula del hígado puede indicar la hora. Pero ¿cómo cuenta el tiempo el cerebro? ¿Qué parte del cerebro puede indicarnos el tiempo? Ahora sabemos que no hay una respuesta única a estas preguntas. La evolución ha dotado al cerebro de multitud de mecanismos para calcular el tiempo. Esta estrategia de diferentes relojes para diferentes escalas de tiempo —que denominaré *principio de los relojes múltiples*— contrasta con los relojes fabricados por el hombre. Incluso los relojes de pulsera digitales más sencillos pueden medir con precisión centésimas de segundo, segundos, minutos, horas, días y meses. Sin embargo, en el cerebro, los circuitos neuronales responsables de cronometrar la *Quinta* de Beethoven no tienen aguja horaria, y los circuitos que rigen nuestro ciclo de sueño-vigilia no tienen segundero. Aunque a primera vista pueda parecer contradictorio, veremos que, dada la importancia fundamental del tiempo para todos los aspectos del comportamiento y la cognición, y el conjunto de problemas temporales que debe resolver el cerebro, es exactamente lo que cabría esperar.

3:00

DÍA Y NOCHE

Lo que realmente importa no es cómo definimos el tiempo, sino cómo lo medimos.

RICHARD FEYNMAN

Uno de los misterios más insignificantes de la ciencia es: «¿por qué a los ratones les encanta correr en ruedas?». Cualquiera que haya tenido un hámster de mascota, u observado uno en una tienda de animales, probablemente haya visto su auténtico entusiasmo por correr en una rueda. Pero ¿por qué corren? No parece que sea simplemente porque los pobres no tengan nada mejor que hacer. La gente cuenta historias de ratones silvestres que corren sobre ruedas abandonadas en un garaje y de ratas de laboratorio que consiguen escapar de sus jaulas y vuelven a quedar atrapadas porque han decidido dar una vuelta en una rueda. Estas observaciones anecdóticas han sido respaldadas por un estudio en el que los biólogos colocaron ruedas para correr y cámaras ocultas en hábitats naturales y observaron a ratones silvestres corriendo sobre las ruedas, saltando y volviendo a saltar.[1]

Al igual que un adolescente que decide gastarse en los billares todo el dinero que ha ganado trabajando durante el verano, los roedores están incluso dispuestos a «trabajar» para correr. Cuando las ruedas están equipadas con un freno, las ratas aprietan una palanca para soltar el freno y dar una vuelta.[2] Las carreras sobre ruedas tienen incluso un lado oscuro. Cuando las ratas tienen dietas restringidas, correr en la rueda puede ser perjudicial para su salud. Las ratas con acceso limitado a la comida aumentan sus carreras sobre ruedas y, en comparación con las ratas que reciben la misma cantidad de comida, pero no tienen acceso a una rueda para correr, presentan más problemas de salud y una mayor tasa de mortalidad.[3]

Resolvamos o no alguna vez este minúsculo misterio, el hecho de que los ratones y los hámsteres corran compulsivamente sobre ruedas ha hecho avanzar enormemente nuestra comprensión sobre la forma en que el cerebro indica el tiempo, o al menos la hora del día. El gráfico de la figura 3.1 se denomina *actograma*. Capta el patrón de carrera de la rueda de un ratón trazando una marca vertical cada vez que la rueda propulsada por el ratón completa una revolución. Para mejorar la visualización y evitar que se interrumpa la continuidad del gráfico durante un periodo de 24 horas, el gráfico tiene un trazado doble, lo que significa que la actividad en días consecutivos se traza tanto a la derecha como debajo del día anterior. La barra en blanco y negro de la parte superior del gráfico representa el ciclo de 24 horas de encendido y apagado de las luces de la habitación. Los ratones son criaturas nocturnas, por lo que prefieren correr durante la noche, aunque en el laboratorio su «noche» puede ser nuestro día, ya que los cronobiólogos a menudo cambian el ciclo de luz-oscuridad de las habitaciones donde se encuentran los ratones para que los estudiantes no tengan que quedarse despiertos toda la noche para estudiarlos. El gráfico muestra que, cuando se apagan las luces, el ratón salta sobre la rueda y empieza a correr, saltando dentro y fuera de la rueda durante toda la noche. Al cabo de unos días, los investigadores cambiaron a la oscuridad permanente. Podemos ver que, incluso en ausencia de señales externas sobre si es «de día» o «de noche», el ratón sigue mostrando un ritmo firme, que oscila entre la actividad y el descanso. Pero en la oscuridad constante empieza a ocurrir algo interesante: el periodo de este ciclo se desvía del día normal de 24 horas a uno con un periodo más corto, como indica el desplazamiento progresivo hacia la izquierda. Así pues, el ritmo sueño-vigilia, al menos en los ratones, no se ajusta a un ciclo preciso de 24 horas.

Durante milenios se pensó que las fluctuaciones diarias del sueño y la actividad de los humanos y otros animales se regían por señales externas, sobre todo por la salida y la puesta del sol. Pero experimentos similares a los de la figura 3.1 demostraron que, incluso en ausencia de señales externas, los animales siguen mostrando oscilaciones diarias en su sueño, actividad, alimentación y temperatura corporal. Estos ciclos demuestran que debe haber un reloj interno —un *reloj circadiano* (*circa* significa aproximadamente y *dian* significa día)— que rija los ritmos diarios de nuestras vidas.

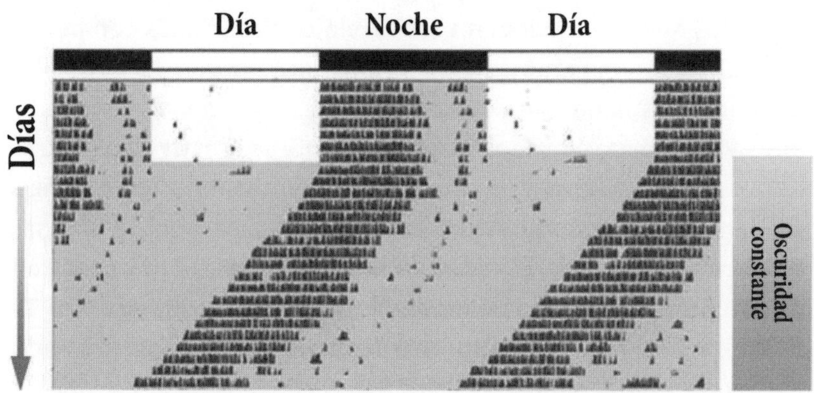

Figura 3.1. Ruedas y actogramas. La actividad nocturna de un ratón se indica mediante las marcas negras, que representan las revoluciones de una rueda. Si se mantiene a los ratones en una oscuridad constante, su ritmo circadiano continúa con un periodo de aproximadamente 23,5 horas, lo que provoca un desplazamiento progresivo hacia la izquierda del patrón de actividad. Los actogramas están trazados dos veces, lo que significa que el mismo periodo de 24 horas está representado al final de una fila y al principio de la fila inferior (modificado de Yang *et al.*, 2012 bajo licencia CC BY).

¿Cuál es la calidad del reloj circadiano y cómo se compara con los relojes artificiales? El rendimiento de los relojes, ya sean biológicos o artificiales, puede medirse tanto por su precisión como por su exactitud. La precisión se refiere a la desviación media a lo largo de muchos ciclos del oscilador, mientras que la exactitud se refiere a lo cerca que está el periodo medio de algún objetivo o periodo deseado. Si la oscilación de un péndulo debería ser de 1 segundo, pero su periodo medio es de 0,8 s, no es muy exacto (se desvía un 20 %). Pero, si a lo largo de decenas de miles de oscilaciones el periodo mínimo y máximo se mantienen entre 0,79999 y 0,80001 s, es muy preciso. Como puede observarse en la figura 3.1, el periodo del reloj circadiano no es exactamente de 24 horas, sino que naturalmente tiene un periodo más cercano a las 23,5 horas.[4] Por lo tanto, en relación con el tiempo que tarda nuestro planeta en dar una sola vuelta, el reloj circadiano es razonablemente preciso: un periodo de 23,5 horas está desviado en un 2 %. Los animales nocturnos suelen tener relojes circadianos con un periodo inferior a 24 horas, mientras que las criaturas diurnas, como los humanos, tienden a tener relojes circadianos con periodos intrínsecos ligeramente superiores a 24 horas. La precisión del reloj circadiano es más impresionante. Podemos verlo en la figura 3.1 al observar que el desplazamiento de la actividad a horas cada vez más tempranas es más o menos el mismo cada día (filas diferentes). Los estudios demuestran que, a lo largo de los días en oscuridad constante, la desviación estándar del momento en que el ratón empieza a correr puede ser tan baja como de 10 a 20 minutos, una precisión de aproximadamente el 1 % del periodo de 23,5 horas del reloj.[5]

Es esta impresionante precisión del reloj circadiano la que presumiblemente contribuye a la capacidad de algunas personas para despertarse aproximadamente a la hora deseada. William James se refirió a esta capacidad en su obra magna, *Principios de psicología*: «Toda mi vida me ha sorprendido la exactitud con la que me despierto en el mismo minuto exacto, noche tras noche y mañana tras mañana». Sin embargo, en condiciones de laboratorio, la capacidad de despertarse a tiempo de las personas rara vez es tan exacta como ellas creen; de hecho, es probable que dependa en parte de la capacidad del cerebro dormido para captar algunas señales externas.[6] No obstante, como veremos en el capítulo 7, una precisión del 1 % supera la de todos los relojes fabricados por el hombre hasta el siglo XVII, cuando Christiaan Huygens descubrió cómo crear los primeros relojes de péndulo de alta precisión.

Experimentos de aislamiento

Se dice que los ritmos circadianos observados en ausencia de señales externas son ritmos de funcionamiento libre. Sin embargo, para estudiar los ritmos circadianos de funcionamiento libre en humanos es necesario encontrar personas dispuestas a someterse a un aislamiento total del mundo exterior durante muchos días o incluso meses. En uno de los experimentos más famosos de este tipo, el geólogo francés Michel Siffre pasó seis meses en una cueva de Texas en 1972. El experimento contó con el apoyo de la NASA, que preveía la necesidad de comprender los efectos del aislamiento crónico en el cuerpo y la mente para posibles misiones interplanetarias. En las profundidades de la cueva, Siffre disponía de abundante comida y agua, un sencillo campamento base y un equipo que registraba sus patrones de sueño. No había cambios de luz externos ni fluctuaciones de temperatura significativas que le dieran pistas sobre la hora. Siffre corría libremente, pero, a diferencia de los ratones de laboratorio, no estaba en constante oscuridad: podía llamar a la unidad de superficie en cualquier momento para que se encendieran o apagaran las luces de la cueva.

Los experimentos de aislamiento en ratones no parecen producir niveles anormalmente altos de estrés fisiológico o angustia mental significativa. No es difícil imaginar a un ratón de campo viviendo en una cueva o un sótano, aislado de cualquier fuente de luz durante días enteros. Además, la visión no es tan importante para los roedores como para los humanos: como animales nocturnos, los ratones y las ratas dependen en gran medida del oído y de unos bigotes muy sofisticados para navegar por el mundo. Los experimentos de aislamiento son mucho más agotadores para los humanos. De hecho, Siffre sufrió episodios de depresión, lagunas mentales, olvidos y pensamientos suicidas, y su reloj circadiano se volvió loco. Durante los primeros días, su ciclo circadiano se alargó hasta las 25 o 26 horas, pero, con el tiempo, dio muchos saltos y llegó a tener un periodo de 48 horas en el que dormía 16 horas y permanecía despierto más de 32 horas.

El día 179, Siffre recibió la notificación de que el experimento de aislamiento había terminado. Esto le pilló por sorpresa, ya que, según sus cálculos, llevaba 151 días en la cueva, un 16 % menos. En esencia, el tiempo se había dilatado, ya que su sentido personal del tiempo se había ralentizado en comparación con el tiempo objetivo. Dada la crudeza de su aislamiento, es difícil imaginar que subestimara el tiempo transcurrido. Pero esta forma de dilatación del tiempo se ha observado en varios experimentos de aislamiento humano. En 1988, Véronique Le Guen pasó 111 días aislada en una cueva de Francia, y en el momento de su salida pensó que habían transcurrido 42 días. En 1989, Stefania Follini, una decoradora de interiores italiana, estuvo cuatro meses en una cueva a quince metros bajo la superficie de la Tierra. Casi cuatro meses después, creía que solo habían transcurrido dos. En 1993, un sociólogo italiano pasó un año aislado en una cueva y, cuando salió el 5 de diciembre, creía que era 6 de junio.[7]

Una limitación de estos experimentos es que los sujetos pueden no estar tan aislados de las pistas circadianas como parece. Las cuevas tienen su propio bioma, que incluye murciélagos e insectos que pueden proporcionar al cavernícola algunas pistas conscientes o inconscientes sobre el tiempo externo. Siffre, por ejemplo, relata sus intentos fallidos de buscar algo de compañía con un ratón de las cavernas, y es de suponer que era más probable que el ratón apareciera por la noche. Para hacer frente a estas limitaciones y anular la necesidad de que tanto los sujetos como los científicos vivieran durante largos periodos en zonas remotas, los cronobiólogos también realizaron experimentos de aislamiento en laboratorios especializados o búnkeres. Un estudio publicado en 1985 examinó a cuarenta y dos voluntarios que habían estado aislados durante periodos de entre una semana y un mes. Los sujetos vivían solos en un búnker y no recibían ninguna información sobre la hora real del mundo exterior. Preparaban su propia comida y podían encender y apagar las luces a voluntad. Tenían que informar de sus horas de sueño y vigilia, y su temperatura corporal se controlaba continuamente. Una vez más, la mayoría de los participantes creían que el experimento duraba entre un 20 y un 40 % menos de lo que realmente duraba.[8] Y al igual que los experimentos en cuevas —y en contraste con los estudios con roedores—, el periodo circadiano de los sujetos a menudo daba saltos, en lugar de establecerse en ciclos precisos y reproducibles.

Los ciclos de sueño-vigilia no son la única forma de medir lo que hace el reloj circadiano. Muchas medidas fisiológicas fluctúan según la hora del día. La temperatura del cuerpo humano, por ejemplo, no es constante. Fluctúa en torno a esta media a lo largo del día y suele alcanzar su punto máximo a primera hora de la tarde. En muchos sujetos, el ritmo de la temperatura se mantuvo cercano a las 24 horas, incluso cuando su ciclo de sueño-vigilia era tan corto como 20 horas o tan largo como 40. Esto nos da una pista importante de que tenemos más de un reloj circadiano y de que no siempre coinciden.

El núcleo supraquiasmático

En la parte inferior del cerebro se encuentra una estructura llamada hipotálamo. Y en la parte inferior del hipotálamo, sobre la intersección de los nervios que transportan la información de los ojos izquierdo y derecho —el llamado *quiasma óptico*—, se encuentra el núcleo supraquiasmático.

Desde la década de los setenta sabemos que los roedores con el núcleo supraquiasmático lesionado presentan patrones de sueño que son cualquier cosa menos circadianos. Duermen en episodios cortos a lo largo del día y de la noche. Estas primeras observaciones condujeron a la hipótesis de que el núcleo supraquiasmático era el reloj circadiano maestro. En la década de los ochenta se demostró mediante una serie de experimentos convergentes. Uno de los más convincentes fue, en esencia, un experimento de trasplante de cerebro.[9] Los hámsteres libres tienen un periodo de sueño-vigilia muy cercano a las 24 horas. Sin embargo, existe una mutación que da lugar a hámsteres con un «día» mucho más corto, de 20 horas. Si el núcleo supraquiasmático es el reloj circadiano maestro, razonaron los investigadores, sería posible transformar un hámster de 20 horas en un hámster de 24 horas trasplantando el núcleo supraquiasmático de una cepa de hámster a la otra. En general, este tipo de trasplantes de áreas cerebrales se limitaría a la ciencia ficción. Pero la relativa simplicidad del núcleo supraquiasmático lo convierte en una de las pocas partes del cerebro que se pueden trasplantar eficazmente. A diferencia de muchas áreas cerebrales, el núcleo supraquiasmático es una estructura bastante compartimentada: recibe entradas de pocas otras áreas del cerebro. Y, lo que es más importante, se comunica con el resto del cerebro no solo mediante impulsos eléctricos a través de delicados axones, que no se regeneran muy bien, sino liberando hormonas directamente al torrente sanguíneo. Cuando los investigadores lesionaron el núcleo supraquiasmático de un huésped y trasplantaron células de un hámster de una cepa a otra, transformaron los hámsteres de día corto en hámsteres de día largo, y viceversa. El ritmo circadiano del núcleo supraquiasmático no estaba regido por el cuerpo o el cerebro del huésped, sino que eran las neuronas supraquiasmáticas —un humilde conjunto de unas 10 000 neuronas— las que tomaban el control y le indicaban al cerebro del huésped cuándo debía acostarse y cuándo levantarse y empezar a correr la rueda.

Células que marcan la hora

¿Tener cerebro es un requisito para tener ritmo circadiano? Seguir y anticipar las fluctuaciones de luz y temperatura impuestas por la rotación de la Tierra es tan importante que prácticamente todas las formas de vida tienen relojes circadianos. De hecho, el primer experimento de reloj circadiano de funcionamiento libre se realizó en la planta *Mimosa pudica* («no me toques»), que abre sus hojas durante el día para exponerlas al sol y las cierra por la noche. En 1729, el astrónomo francés Jean-Jacques Dortous de Mairan colocó una mimosa en una habitación completamente a oscuras y observó que las hojas seguían abriéndose y cerrándose en sincronía con el tiempo exterior durante muchos días. El propio Mairan no parecía creerse sus resultados. En la época de Mairan, uno de los retos científicos más acuciantes era saber la hora en el mar, por lo que a los científicos de la época les resultaba difícil aceptar que una humilde planta viniera con un reloj incorporado. Mairan supuso que el «comportamiento» de la mimosa debía estar guiado por alguna otra señal, como la temperatura, o por algún campo magnético desconocido que indicaba a la planta cuándo abrir y cerrar sus hojas. Tuvieron que pasar más de dos siglos para que los científicos comprendieran que todas las plantas y animales tienen sus propios relojes personales y que incluso las células individuales podían oscilar con un periodo de 24 horas.

Cuando decimos que una célula oscila, no nos referimos a que vibre físicamente como un cristal de cuarzo, ni mucho menos a que oscile de un lado a otro como un péndulo. Más bien, las oscilaciones se refieren a las concentraciones de proteínas dentro de una célula. Las células no son entidades estáticas. Dependiendo de lo que estén haciendo en ese momento, las concentraciones de diferentes proteínas dentro de una célula cambian drásticamente. Por ejemplo, las células que recubren el intestino aumentan la producción de enzimas digestivas durante una comida. Del mismo modo, las células del páncreas aumentan la síntesis de las proteínas necesarias para la producción de insulina cuando aumenta la glucosa en sangre. Las células tampoco son simples interruptores gobernados por estímulos externos; tienen sus propios ritmos internos. Al igual que los ratones, las células individuales también pueden funcionar libremente. Cuando se mantienen a temperatura constante en un medio bioquímico invariable, muchas células tienen su propio ritmo circadiano privado, medido por el hecho de que la concentración de algunas proteínas sube y baja con un periodo aproximado de 24 horas. Estas oscilaciones celulares pueden visualizarse de forma sorprendente mediante un poco de ingeniería genética inteligente. Las luciérnagas emiten luz porque fabrican la enzima luciferasa, que en presencia del sustrato adecuado (una pequeña molécula llamada luciferina) libera energía en forma de fotones. Los científicos han insertado el gen de la luciferasa en células que van desde bacterias hasta moho, plantas, fibroblastos y, por supuesto, neuronas del núcleo supraquiasmático. Cuando la transcripción del gen de la luciferasa se coloca bajo el control de una proteína que presenta de forma natural un ritmo circadiano, la concentración de luciferasa dentro de la célula también oscilará. El resultado es que las células literalmente se iluminan y luego se apagan lentamente para volver a iluminarse unas 24 horas más tarde.

¿Cómo puede una sola célula bacteriana saber qué hora es? Antes de responder a esta pregunta, vale la pena señalar que una cuestión igualmente válida podría ser: «¿por qué le interesaría a una bacteria saber la hora?».

El primer reloj

En el capítulo 7 veremos que, sin la disponibilidad generalizada de relojes precisos fabricados por el hombre, la Revolución Industrial no habría sido posible. Las cadenas de montaje, en las que obreros especializados realizaban pasos en serie en un proceso de fabricación, requerían la coordinación temporal de un gran número de trabajadores. Pero, un poco antes de la Revolución Industrial —unos mil millones de años antes—, la evolución ya había creado fábricas y resuelto el problema de coordinar diferentes procesos a lo largo del tiempo. La cadena de montaje más importante del planeta Tierra es la fotosíntesis: la serie de pasos bioquímicos que conduce la energía de los fotones solares a través de una línea de proteínas para crear biomoléculas estables y ricas en energía, entre las cuales se encuentra la famosa glucosa.

Las cianobacterias son organismos fotosintéticos, y la fotosíntesis es el trabajo diurno por excelencia. Del mismo modo que el dueño de una fábrica no pagaría a sus empleados por pasar la noche sin hacer nada, una cianobacteria estaría malgastando energía sintetizando las proteínas necesarias para la fotosíntesis durante la noche. Sin embargo, resulta útil asegurarse de que estas moléculas están listas para ponerse a trabajar antes de que amanezca para aprovechar al máximo la energía del sol. La solución de la evolución, por supuesto, fue un despertador interno que se anticipa a la salida del sol. Así, una de las fuerzas motrices de la evolución de los relojes circadianos fue la coordinación altamente adaptativa de las funciones celulares con los ciclos de luz y oscuridad producidos por la rotación de la Tierra.

La ventaja evolutiva de saber la hora del día —es decir, de tener un buen reloj circadiano— ha quedado perfectamente demostrada en un elegante experimento que enfrentó a distintas cepas de cianobacterias. La figura 3.2 ilustra el ritmo circadiano de las dos cepas utilizadas en el experimento: una con un periodo corto de unas 23 horas, y otra con un periodo largo de aproximadamente 30 horas. Los investigadores colocaron ambas cepas en la misma placa de Petri y se preguntaron si una de ellas acabaría apoderándose de toda la placa. La parte inteligente del experimento consistió en hacerlo en dos condiciones: una en la que las luces se encendían y se apagaban cada 11 horas para lograr un día artificial de 22 horas (cercano al periodo natural de las cianobacterias de

23 horas), y otra en la que lo hacían cada 15 horas para simular un día de 30 horas. Los investigadores descubrieron que, al cabo de un mes, los cultivos mantenidos en un ciclo de 22 horas estaban dominados por la cepa de periodo corto. En cambio, cuando los cultivos se mantenían en un ciclo de 30 horas, la cepa de periodo largo era la vencedora.[10] Un ritmo de 22 horas en un día de 30 horas, o de 30 horas en un día de 22 horas, daba lugar a ritmos celulares que entraban y salían siempre de fase con la luz y que eran menos eficientes a la hora de extraer energía de la luz. Por lo tanto, no basta con tener un reloj circadiano: el periodo del reloj debe resonar con el ciclo natural del entorno para proporcionar una ventaja evolutiva.

Optimizar la fotosíntesis es una de las razones por las que los organismos unicelulares se benefician de tener un reloj circadiano, pero puede que no fuera la primera. Igual de fundamental para la vida es la capacidad de dividirse y reproducirse. Y un acontecimiento clave de la división celular es la replicación del ADN, el códice en el que está escrita la receta de la vida. La replicación del ADN es notoriamente sensible a la radiación ultravioleta (UV). Por esta razón las quemaduras solares repetidas son un factor de riesgo de cáncer de piel en los seres humanos y, por esa misma razón, las etiquetas de los protectores solar anuncian sus propiedades de absorción de UV. No obstante, los peligros de la radiación UV son mucho más graves para los organismos unicelulares, pues no disponen de un órgano protector como la piel, que está cubierta de melanina, un pigmento que absorbe los rayos UV. Una célula que se divide bajo la luz UV corre el riesgo de dañar su ADN, un peligro que desaparece por la noche. Algunos cronobiólogos apoyan la hipótesis de la *huida de la luz*, según la cual el motor original de la evolución de los relojes circadianos fue ayudar a las células a dividirse por la noche.[11]

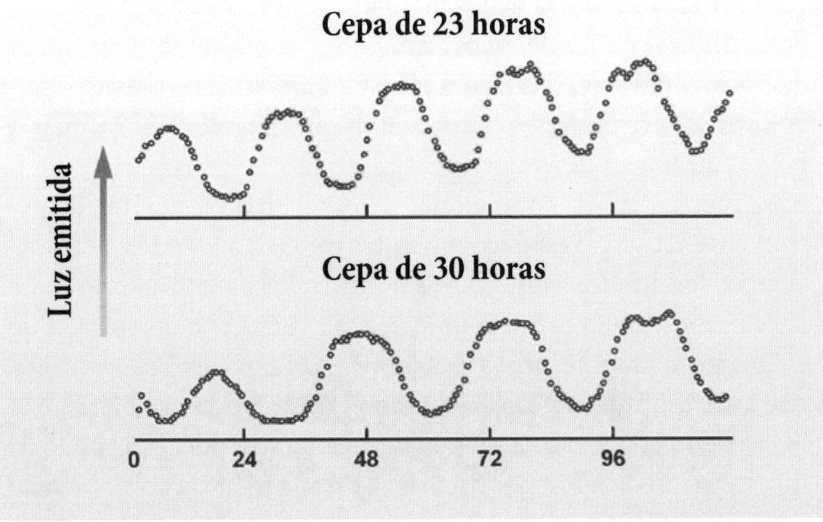

Figura 3.2. Ritmos circadianos rápidos y lentos en cianobacterias. Los ritmos circadianos de dos cepas de cianobacterias con periodos de aproximadamente 23 y 30 horas. Las bacterias fueron modificadas genéticamente para emitir luz de forma proporcional a la concentración de una proteína específica. Cuando estas cepas se ven obligadas a competir entre sí por los recursos en un entorno con un ciclo de luz-oscuridad de 23 horas, gana la cepa de 23 horas; por el contrario, si se colocan en un ciclo de luz-oscuridad de 30 horas, gana la cepa de 30 horas (adaptado con permiso de Johnson *et al.*, 1998).

La mecánica del reloj circadiano

Volvamos ahora a la cuestión principal: «¿cómo consigue una sola célula llevar a cabo la hazaña de controlar con precisión la hora del día?». A principios de los años setenta, en el Instituto de Tecnología de California, el Premio Nobel Seymour Benzer y su alumno Ron Konopka dieron el primer paso para responder a esta pregunta.[12] El laboratorio de Benzer estudiaba la famosa mosca de la fruta *Drosophila melanogaster*, que, como todas las moscas, comienza su vida como larva encerrada en una pupa, de la que emerge unos días después en su forma adulta. El proceso de liberación de la pupa está bien sincronizado. Emergen, o *eclosionan*, durante las primeras horas de la mañana cubiertas de rocío para evitar la deshidratación inducida por el sol. Konopka quería entender la genética del reloj circadiano encontrando mutaciones que provocaran que las larvas eclosionaran en el momento equivocado. Identificó tres mutantes: uno que emergía a horas más o menos aleatorias, otro que lo hacía temprano y otro que eclosionaba más tarde. En condiciones de oscuridad constante, los patrones de actividad de estos mutantes se veían afectados de forma similar: los adultos eran activos a intervalos aleatorios a lo largo del día, mostraban un ciclo libre de solo 19 horas o mostraban un ciclo anormalmente largo de 28 horas. Konopka estaba seguro de que las tres mutaciones estaban en el mismo gen, un gen al que llamó *Period* ('periodo'). Más de una década después, un grupo de investigación dirigido por Michael Rosbash identificó y secuenció el gen *Period*.[13] Los trabajos posteriores identificaron numerosos genes adicionales fundamentales para el reloj circadiano, genes que a menudo reciben nombres temporalmente evocadores como *Clock* ('reloj'), *Cycle* ('ciclo') y *Timeless* ('atemporal').

Los detalles de cómo interactúan estos genes y sus productos proteínicos para crear un reloj circadiano robusto y altamente fiable son bastante complejos, pero el principio general subyacente es sencillo. De hecho, es tan simple que se puede ver en funcionamiento observando la cisterna de un inodoro. Cada vez que se tira de la cadena, se activa un bucle de retroalimentación negativa para rellenar la cisterna sin que se desborde. El bajo nivel de agua hace que el flotador (una «bola» conectada a una válvula) descienda, lo que abre la válvula del agua, y cuando el agua sube, el flotador vuelve a elevarse y cierra la válvula. Si hiciéramos a propósito un pequeño agujero en el depósito que permitiera que el agua se filtrara lentamente, el flotador acabaría bajando lo suficiente como para volver a abrir la válvula de entrada del agua y rellenar el depósito. El resultado sería una oscilación: la lenta caída del nivel de agua acaba abriendo la válvula de agua, lo que produce una subida del nivel de agua, que desactiva la entrada de agua. A continuación, el agua vuelve a salir lentamente, y el proceso se repite. De hecho, si la cisterna de tu inodoro empieza a hacer ruidos misteriosos a mitad de la noche, es probable que ya esté oscilando como consecuencia de una fuga en la válvula de descarga.

El reloj circadiano es, por supuesto, mucho más complicado que tu retrete, pero la idea es la misma, aunque el mecanismo que rige el periodo del reloj circadiano sea un trabalenguas: *bucle de retroalimentación autorregulador de transcripción/traducción. Transcripción*, porque los genes codificados en el ADN se transcriben en ARN; *traducción*, porque estas cadenas de ARN se traducen en proteínas, y *bucle de retroalimentación autorregulador*, porque estas proteínas inhiben la transcripción ulterior de los mismos genes que condujeron a su síntesis (cerrando así la válvula del agua). Una de estas proteínas se llama Period, y es, obviamente, producto del gen *Period.* El aumento de la concentración de Period acaba por desactivar el gen que la sintetiza. Luego, a medida que la proteína se degrada lentamente, el gen *Period* vuelve a entrar en acción y la concentración de Period vuelve a aumentar. ¿Adivina cuánto dura este ciclo?

Un reloj circadiano requiere mucho más que oscilar a una frecuencia aproximada de 24 horas: sus oscilaciones tienen que ser robustas. Al igual que los relojeros del siglo XVIII luchaban contra los efectos de la temperatura en los relojes de péndulo y mecánicos, la evolución tuvo que superar el problema de la influencia de la temperatura en la velocidad de las reacciones bioquímicas. Aún no comprendemos del todo cómo los organismos ectotermos, como las cianobacterias, las plantas y las moscas, mantienen un periodo de aproximadamente 24 horas por encima de las fluctuaciones diarias y estacionales de temperatura. Pero sabemos que hay un montón de proteínas y de genes adicionales que interactúan con la maquinaria molecular básica del bucle de retroalimentación autorregulador de transcripción/traducción, y es probable que algunas de estos timbres o silbatos contribuyan a la compensación de la temperatura.[14]

Jet lag

La estación de radio WWV, situada cerca de Fort Collins (Colorado), es una emisora importante, aunque no por ello menos molesta. Durante todo el día envía el tiempo universal coordinado a los relojes de toda Norteamérica, concretamente a aquellos que pueden sincronizarse mediante señales de radio. El núcleo supraquiasmático tiene una función similar. La maquinaria molecular que compone el reloj circadiano está presente en la mayoría de las células de los mamíferos. Por tanto, la concentración de la proteína Period oscila no solo en las neuronas supraquiasmáticas, sino en la mayoría de las células del cuerpo.[15] El núcleo supraquiasmático se encarga de mantenerlas sincronizadas. Durante el día, las neuronas supraquiasmáticas aumentan su actividad y envían señales a las áreas posteriores del sistema nervioso.[16] El nivel de actividad neuronal de estas neuronas indica indirectamente si estamos despiertos o dormidos, y sirve como señal de calibración que proporciona información sobre la hora del día, o al menos sobre la hora que el núcleo supraquiasmático cree que es. Como la mayoría de las células del cuerpo, las neuronas supraquiasmáticas viven en una oscuridad perpetua en las profundidades del cráneo, lo que hace que nos planteemos la siguiente pregunta: «¿cómo sabe el núcleo supraquiasmático la hora externa correcta, es decir, si es de día o de noche?».

En la jerga cronobiológica, el núcleo supraquiasmático tiene que recibir señales externas: los *zeitgebers* (palabra alemana que se podría traducir como temporizador, aunque literalmente significa 'dador de tiempo'). La luz solar es, por supuesto, el *zeitgeber* más importante. La ubicación del núcleo supraquiasmático en la intersección de los nervios ópticos izquierdo y derecho no es casual, pues se trata de una ubicación ideal para recibir datos brutos sobre si hay luz u oscuridad en el exterior del cráneo. Esta información ayuda a sincronizar el reloj circadiano y garantiza que los ritmos internos del cuerpo estén en la fase adecuada con la rotación de la Tierra. Pero es más fácil decirlo que hacerlo.

Cualquiera que haya soportado la confusión mental y física de un viaje transmeridiano puede dar fe de los retos que supone reajustar el reloj circadiano. Tras un viaje entre Los Ángeles y Londres, el núcleo supraquiasmático puede tardar días en volver a sincronizarse: la regla general es un día por cada hora de adelanto del reloj circadiano. En cambio, los relojes de nuestras muñecas pueden reajustarse instantáneamente para adaptarse a la hora local. Esta diferencia refleja los distintos principios de diseño de los relojes artificiales frente a los circadianos. La frecuencia de oscilación del cristal de cuarzo de la mayoría de los relojes de pulsera es de 32 768 Hz, por lo que una hora consiste simplemente en contar 32 768 x 60 x 60 de estos tics. Para volver a poner en hora el reloj al llegar a Londres no es necesario manipular el oscilador, sino simplemente cambiar la cuenta total de tics avanzando la aguja de las horas (o el dígito), una mera formalidad. Por el contrario, el péndulo del reloj circadiano requiere un día entero para una sola oscilación, por lo que su reajuste exige la tarea mucho más delicada de manipular el oscilador real, algo así como avanzar un péndulo en mitad de una oscilación. La *oscilación*, en este caso, se refiere a la subida y bajada de las proteínas circadianas dentro de nuestras células. No es posible restablecer instantáneamente la concentración de proteínas circadianas en una célula, como tampoco es posible restablecer instantáneamente un reloj de arena medio lleno.

En el ecuador, un huso horario de 1 hora (15 grados de longitud) corresponde a una distancia de aproximadamente 1600 km. Así que para cruzar las ocho zonas horarias equivalentes a un viaje de Los Ángeles a Londres en un periodo de 12 horas es necesario volar a una velocidad media de más de 1000 km/h, mucho más rápido que la velocidad a la que cualquier animal puede correr, nadar o volar. Así pues, el *jet lag* es un trastorno exclusivo de la era moderna que no solo provoca el mal humor de los turistas y el aturdimiento de los académicos en los congresos científicos internacionales, sino también la toma de decisiones equivocadas por parte de los pilotos de avión, el personal militar y los diplomáticos. Sin embargo, no todos los desfases horarios son iguales. Es mucho más difícil adaptarse a los viajes hacia el este que hacia el oeste. Los viajes hacia el este requieren un adelanto de fase de nuestro reloj circadiano —cuando viajamos de Los Ángeles a Nueva York debemos adelantar tres horas nuestro reloj de pulsera—, mientras que los viajes hacia el oeste requieren un retraso de fase. Viajar de la costa oeste a la costa este equivale a acostarse temprano, mientras que un viaje de este a oeste equivale a trasnochar, y a la mayoría de la gente le cuesta más acostarse temprano que trasnochar. En consonancia con esta visión intuitiva, el *jet lag* suele ser más grave en los viajes hacia el este porque los relojes circadianos son más difíciles de adelantar que de retrasar, aunque las razones mecánicas de este hecho no se conocen del todo.

El desfase horario hacia el este también parece ser más duro para los ratones. Cuando se somete a ratones ancianos a condiciones que simulan el *jet lag* crónico hacia el este adelantando su ciclo luz-oscuridad seis horas a la semana, las tasas de mortalidad son significativamente más altas al cabo de ocho semanas que las de los ratones cuyo ciclo luz-oscuridad se ha retrasado seis horas (simulando el viaje hacia el oeste).[17]

Luchando contra el reloj

¿Te consideras una «alondra matutina», que se acuesta pronto y se levanta pronto, o un «búho nocturno», que se acuesta tarde y se levanta tarde? Estas analogías se refieren a diferentes *cronotipos*, y existe un cuestionario de diagnóstico estándar para determinar si somos alondras o búhos: incluye preguntas sobre cuándo preferimos acostarnos, cuándo nos sentimos más despiertos y cuándo es más probable que hagamos ejercicio. Los distintos cronotipos reflejan una variación natural entre individuos, en la que influyen el entorno y la edad. Pero, aunque estemos predispuestos a ser una alondra o un búho, la mayoría de nosotros podemos adaptarnos —aunque malhumorados—

a una serie de horarios laborales diferentes. Sin embargo, hay personas a las que les cuesta tanto no quedarse dormidas a las ocho de la tarde que les impide llevar a cabo actividades sociales y profesionales normales. Se dice que estas personas padecen un trastorno del ritmo circadiano del sueño. A finales de la década de los noventa se descubrió que algunos de estos trastornos tenían una base genética gracias al estudio de cinco generaciones de una familia con un número extremo de alondras matutinas. Al menos un miembro de la familia —el que estaba dispuesto a someterse a un experimento de aislamiento de dieciocho días— presentaba un periodo de sueño-vigilia cercano a las 23 horas, en contraste con el periodo estándar de poco más de 24 horas en humanos. En 2001, los investigadores identificaron la mutación genética asociada al *síndrome de fase de sueño avanzada familiar*. En una sorprendente validación de décadas de investigación fundamental en moscas y roedores, resultó que el primer gen identificado asociado a un trastorno circadiano humano era el mismo gen que Benzer y Konopka identificaron en los años setenta como clave para los ritmos circadianos de las moscas de la fruta: el gen *Period*.[18]

Las personas con síndrome de fase de sueño avanzada familiar viven con un reloj de 23 horas en un mundo de 24 horas, por lo que luchan continuamente contra su propio reloj interno. Pero no hace falta tener una mutación en el gen *Period* para estar inmerso en una batalla contra el reloj. En nuestro mundo moderno de días de 24 horas y 7 días por semana, un porcentaje significativo de la población activa trabaja a turnos: obreros, pilotos, enfermeras, médicos y policías que trabajan de noche y hacen todo lo posible por dormir durante el día. El ciclo sueño-vigilia de los trabajadores por turnos no suele estar sincronizado con su ritmo natural. Para agravar el problema, la mayoría de los trabajadores por turnos ajustan continuamente su ciclo: son seres nocturnos durante su semana laboral y diurnos durante el fin de semana. No es sorprendente que el trabajo a turnos sea un factor de riesgo para una serie de problemas de salud, como úlceras, enfermedades cardiovasculares y diabetes de tipo 2. Las causas subyacentes de estos problemas no se conocen del todo, pero en parte son producto del desajuste entre los ciclos fisiológicos internos y los estímulos externos. Por ejemplo, hormonas como la insulina suelen aumentar en previsión de las horas normales de las comidas. Un desajuste crónico entre el momento en que el cuerpo espera ser alimentado y el momento en que realmente lo es parece contribuir a la diabetes.[19] Los estudios en animales, por ejemplo, han demostrado que eliminar genéticamente el reloj circadiano del páncreas —mientras se dejan intactos los relojes del núcleo supraquiasmático y de otros órganos— aumenta la incidencia de diabetes en ratones. Esto sugiere que la coordinación entre los numerosos relojes circadianos de nuestro cuerpo es fundamental para una fisiología saludable.[20]

El efecto perjudicial de vivir fuera del ritmo natural de cada uno está bien demostrado y plantea la siguiente pregunta: «¿sería mejor no tener reloj que tener un reloj perpetuamente desincronizado?». Sorprendentemente, la respuesta puede ser *afirmativa*. Como ya se ha mencionado, los hámsteres con mutaciones en el reloj circadiano pueden tener periodos de funcionamiento libre muy por debajo o por encima de las 24 horas. Una de estas mutaciones da lugar a una cepa con un periodo circadiano intrínseco de 22 horas. En comparación con sus homólogos silvestres, estos mutantes tienen una vida más corta cuando viven en un mundo de 24 horas. La lesión del núcleo supraquiasmático de estos animales prolongó su vida. Se trata de un ejemplo fascinante de una situación en la que una parte del cerebro parece hacer más mal que bien.[21]

La capacidad de programar con precisión las funciones fisiológicas y anticipar la salida del sol y las comidas diarias es una adaptación valiosa, pero, si el reloj circadiano no está sincronizado con el periodo del mundo que nos rodea, los efectos son tan graves que sería mejor prescindir por completo del reloj. En un futuro lejano, los humanos podrían colonizar otros planetas, y es muy poco probable que el periodo de rotación de cualquier planeta «Ricitos de Oro» resulte armonioso con nuestro propio reloj circadiano. Marte, por ejemplo, tiene una rotación de 24 horas y 39 minutos, pero un «día» en Mercurio dura más de cincuenta y ocho días terrestres. Así pues, cuando llegue el momento, quizá la mejor forma de no luchar continuamente contra nuestro propio reloj consista en apagarlo del todo.

El principio del reloj múltiple

Los relojes atómicos del Instituto Nacional de Estándares y Tecnología son dispositivos asombrosos no solo por su insondable precisión, sino porque se utilizan para seguir el tiempo a través de escalas temporales: desde nanosegundos hasta años. ¿El reloj circadiano del núcleo supraquiasmático mide el tiempo en diferentes escalas? ¿Es responsable de nuestra capacidad para distinguir media nota musical de una nota completa, de averiguar si nuestro pedido en la cafetería está tardando un tiempo inaceptablemente largo o de gobernar el ciclo reproductivo de veintiocho días de las mujeres?

Uno de los primeros enfoques para responder a esta pregunta consistió en averiguar si los cambios en la duración del periodo circadiano producidos durante los experimentos de aislamiento en funcionamiento libre alteraban la capacidad de las personas para cronometrar intervalos más cortos. En una serie de experimentos se pidió a los voluntarios que pulsaran un botón cada vez que creyeran que había transcurrido una hora. Durante un periodo de 16 horas despierto, un sujeto estimó que una hora duraba aproximadamente dos horas, y durante un periodo de 44 horas despierto, su estimación de una hora fue cercana a las 3,5 horas. En general, existía una correlación entre la duración del periodo circadiano de los individuos y su estimación de una hora. De ello podría deducirse que el reloj circadiano sirve para calcular todos los intervalos de tiempo, incluidos los más cortos, como el compás de una canción o la duración de un semáforo. Sin embargo, no es así. Cuando se les pidió que pulsaran un botón durante periodos de 10 a 120 s, no se observó ninguna relación significativa con la duración del ciclo sueño-vigilia del individuo. La ausencia de relación entre el periodo circadiano y los juicios temporales en la escala de segundos a unos pocos minutos es coherente con un amplio corpus de trabajos que muestran que tenemos circuitos distintos dedicados a calcular el tiempo en diferentes escalas.[22] Por ejemplo, los experimentos en roedores revelan que las mutaciones que perturban el reloj circadiano o las lesiones en el núcleo supraquiasmático no alteran su capacidad para cronometrar acontecimientos en la escala de segundos.[23] (En el próximo capítulo veremos cómo preguntan exactamente los científicos a los animales cuánto tiempo creen que ha pasado).

Nuestro conocimiento sobre cómo miden el tiempo los relojes circadianos también nos asegura que no contribuyen a nuestra capacidad de medir el tiempo a escala de segundos. Los bloques de construcción y los principios de funcionamiento de un reloj circadiano lo hacen incapaz de cronometrar intervalos cortos. En otras palabras, el reloj circadiano no tiene minutero, y mucho menos segundero. La bioquímica de los bucles de retroalimentación de traducción/transcripción es simplemente demasiado lenta para ser de alguna utilidad cuando se intenta determinar si la luz roja del semáforo está a punto de cambiar. Esto no quiere decir que el reloj circadiano no pueda influir en el tiempo a otras escalas, pues sí lo hace, pero solo porque los ritmos circadianos afectan indirectamente a casi todas las funciones fisiológicas y cognitivas, como el aprendizaje, la memoria, el tiempo de reacción y la atención, razón por la cual no es conveniente que un piloto con desfase horario maneje un avión o que un montón de conductores de camiones con sueño conduzcan por la autopista.[24]

¿Qué ocurre con los intervalos más largos? ¿Contribuyen los relojes circadianos a la sincronización de ritmos más lentos, los llamados *ritmos infradianos*? La luna gira alrededor de la Tierra con un ciclo de aproximadamente 29,5 días. Históricamente, este ciclo ha dejado una profunda huella en la cultura humana. La mayoría de los sistemas de calendario, incluido nuestro actual calendario gregoriano, se basan en las aproximadamente doce lunas llenas que se producen a lo largo de un año. Etimológicamente, la palabra *month* ('mes') se remonta a *moon* ('luna'). Durante mucho tiempo se ha planteado la hipótesis de que las fases de la luna desempeñan un papel en la fisiología humana. Por ejemplo, como sugiere el término *lunático*, se creía que la luna llena podía volver loca a la gente; los estudiosos contemporáneos piensan que esta asociación surgió porque los cambios en los patrones de sueño provocados por la luz de la luna llena podían llevar al límite a las personas que sufrían epilepsia o trastorno bipolar. Además, el hecho de que el ciclo menstrual esté muy próximo al mes lunar apunta a que la luna ocupa un papel en la reproducción humana. Esto parece ser una mera coincidencia, ya que el ciclo menstrual de otros primates puede ser significativamente más corto o más largo. Así que, aparte del hecho obvio de que la luz lunar puede alterar el sueño y las actividades sociales, hay pocas pruebas de que las fases de la luna tengan algún impacto directo en la fisiología humana.[25]

Sin embargo, la luna desempeña un papel importante en la fisiología de muchos animales. Algunos invertebrados marinos sincronizan su desarrollo y apareamiento con los ciclos lunares. En entornos naturales, la luna es la principal fuente de luz nocturna, y la luna llena aumenta la capacidad de los depredadores para captar posibles presas, por lo que las fases más vulnerables de los ciclos vitales de algunos animales se producen en luna llena. Otros animales utilizan la fase de la luna para sincronizar el apareamiento. Para las especies con fecundación interna, la reproducción sexual requiere que la hembra y el macho estén en el mismo lugar al mismo tiempo. Esto no es necesariamente un requisito para las especies con fecundación externa; sin embargo, es importante que machos y hembras desoven aproximadamente al mismo tiempo. Las lombrices de mar, invertebrados segmentados emparentados con las lombrices de tierra, son una de las especies que dependen de la fase de la luna durante la época de reproducción como señal de sincronización para maximizar las posibilidades de que los óvulos y los espermatozoides se unan. Este desove sincronizado puede dar lugar a que millones de gusanos salgan a la superficie al mismo tiempo, lo que en algunas culturas resulta un acontecimiento gastronómico. De hecho, los nativos de algunas islas indonesias utilizan el desove de los gusanos de mar para marcar el inicio de las festividades del año nuevo.[26]

El reloj circalunar interno del gusano de mar puede demostrarse mediante el equivalente lunar de los experimentos circadianos de funcionamiento libre. En primer lugar, el reloj circalunar no debe ser regulado por la luz solar, sino por la luz lunar (o, en el laboratorio, por la exposición a una luz tenue durante unas horas por la noche). Si, tras un periodo de adaptación, los gusanos se mantienen en el laboratorio bajo un ciclo constante de día y noche, muestran un ritmo reproductivo de 30 días. ¿Cómo siguen estos gusanos este ciclo de 30 días? ¿Utilizan su reloj circadiano como un péndulo con un periodo de 1 día y cuentan hasta 30? Si fuera así, sabotear el reloj circadiano alteraría sin duda el calendario del ciclo reproductivo. Pero no es así: cuando a los gusanos de mar se les administró un fármaco que alteraba su ritmo circadiano, siguieron manteniendo un ciclo circalunar de 30 días.[27] Una prueba más a favor de nuestro principio del reloj múltiple.

Vemos que los dispositivos de cronometraje del cuerpo y el cerebro no se parecen a los relojes fabricados por el hombre. Un único reloj artificial puede registrar los milisegundos, segundos, minutos, días y meses de nuestra vida. En cambio, el principio de los relojes múltiples indica que el cerebro tiene mecanismos diferentes para medir cada una de estas unidades de tiempo.

* * *

Anticiparse a los cambios diarios de luz, temperatura y disponibilidad de alimentos es tan fundamental que prácticamente todas las formas de vida, desde las bacterias hasta el *Homo sapiens,* tienen relojes circadianos de alta calidad. Pero el reloj circadiano no es más adecuado para cronometrar la duración de un semáforo que un reloj de sol para cronometrar un esprint de cien metros.

El tiempo que marca el reloj circadiano no solo se limita a registrar las horas del día, sino que también está oculto al acceso consciente. Es cierto que nos sentimos despiertos o cansados dependiendo de las concentraciones de ciertas proteínas dentro del núcleo supraquiasmático, pero no *sentimos* la hora del día como *sentimos* el calor del sol de mediodía. Sin embargo, experimentamos subjetivamente el paso del tiempo y somos muy conscientes de la duración de los acontecimientos. Evidentemente, como veremos a continuación, el cerebro dispone de otros medios para juzgar el paso del tiempo. Medios que trascienden la medición pasiva del tiempo y que, de algún modo, generan una sensación subjetiva del paso del tiempo.

4:00

EL SEXTO SENTIDO

En situaciones de riesgo vital, nuestra percepción subjetiva del tiempo puede alterarse radicalmente, como si pasáramos a un modo de cámara lenta. Uno de los primeros informes científicos sobre este *efecto de cámara lenta* fue publicado por un geólogo suizo, Albert Heim, en 1892. Recopiló relatos de miembros del Club Alpino Suizo que habían sufrido caídas graves u otras experiencias cercanas a la muerte. El 95 % del grupo declaró lo que Heim resumió como «una rapidez mental dominante y una sensación de seguridad. La actividad mental se disparaba hasta adquirir una velocidad o intensidad cien veces mayor. El individuo actuaba con la rapidez de un rayo, de acuerdo con un juicio preciso de su situación. En muchos casos se producía un repentino repaso de todo el pasado del individuo».[1]

Así describe la situación límite que vivió en sus propias carnes John Hockenberry:

> Hace unos treinta y ocho años, me encontraba durmiendo en la parte trasera de un coche mientras viajábamos por una carretera de Pensilvania. Cuando me desperté, vi que el conductor también se había dormido y el vehículo se estaba desviando del carril. Entonces, el pasajero que viajaba a su lado se inclinó, como si se mo-

> viera a cámara lenta, agarró el volante y lo giró tan fuerte como pudo. Puedo ver en mi mente lo que sucede en ese coche, gritos y ruidos, y puedo ver las bocas abiertas, pero no tengo ningún recuerdo del sonido. Al tirar del volante, el coche se desvía hacia la derecha y, muy lentamente, nos chocamos contra el guardarraíl, el coche salta por los aires, y siento en mis entrañas que toda mi vida va a cambiar. Un recuerdo que debió durar tan solo uno o dos segundos parece una eternidad en mi mente. Me desperté en el hospital y ya no volví a caminar nunca más.[2]

Los comités de revisión de experimentos con seres humanos no suelen ver con buenos ojos que el experimentador ponga a las personas en una situación en la que su vida corre algún tipo de riesgo, por lo que es difícil corroborar y estudiar cuidadosamente el efecto de cámara lenta. Sin embargo, en algunos estudios se ha pedido a los participantes que calculen la duración de sucesos muy emotivos o aterradores, como un terremoto, ver una película de terror, saltar desde una altura a una red o hacer paracaidismo.[3] En la mayoría de los casos, estos estudios confirman que la gente suele sobrestimar la duración del suceso, lo que concuerda con los informes de que los acontecimientos externos se desarrollan lentamente (ver una película a cámara lenta lleva más tiempo que verla a velocidad normal).

Sin embargo, en sí misma, la sobrestimación de la duración de los acontecimientos emocionales no es especialmente sorprendente, porque resulta que hay innumerables situaciones perfectamente inofensivas en las que la gente también sobrestima el paso del tiempo.[4] De hecho, nuestro sentido subjetivo del tiempo es bastante inexacto. La clase de Matemáticas no parece terminar nunca y, sin embargo, el tiempo vuela cuando uno se divierte precisamente porque hay innumerables circunstancias que deforman nuestro sentido subjetivo del tiempo. Soportar una conferencia muy aburrida o esperar a que reparen el avión mientras se está en la pista, por ejemplo, pueden crear la sensación de cronostasis —la sensación de que el tiempo está parado—. Por el contrario, cuando uno está absorto en un libro, inmerso en su afición favorita o plenamente dedicado a una tarea compleja, como escribir código informático, el tiempo parece que se desvanece y saltamos mágicamente de un momento a otro sin nada intermedio.

¿Cuál es la relación entre la hora objetiva del reloj y nuestra sensación subjetiva del tiempo? ¿Por qué parece que el tiempo se ralentiza en situaciones de riesgo vital? ¿Qué ocurre en el cerebro cuando decimos que el tiempo pasa volando o se arrastra? Antes de abordar estas cuestiones, debemos distinguir entre dos tipos distintos de cronometraje.

Calendario prospectivo y retrospectivo

Medir el tiempo es un problema bidireccional. Un cronómetro que se pone en marcha al comienzo de un maratón proporciona una medida continua del tiempo que llevan corriendo los maratonianos, pero no nos dice nada sobre cuánto tiempo han pasado en la línea de salida esperando a que empezara la carrera, y mucho menos sobre cuándo se han levantado por la mañana. Poner en marcha un cronómetro es un ejemplo de *cronometraje prospectivo*: determinar el paso del tiempo partiendo del presente hacia el futuro. En cambio, si entras en una habitación justo cuando los últimos granos de arena se escurren por el cuello de un reloj de arena, puedes deducir algo sobre cuánto tiempo ha transcurrido desde un acontecimiento pasado: hace una hora alguien le dio la vuelta al reloj. Pero, a menos que se le vuelva a dar la vuelta, el reloj de arena no proporciona ninguna información sobre cuánto tiempo ha transcurrido desde que entraste en la habitación. Este es un ejemplo de *cronometraje retrospectivo*: estimar el paso del tiempo desde un momento en el pasado hasta el presente.

A lo largo del día, los seres humanos realizan continuamente cálculos temporales prospectivos y retrospectivos. Considera dos situaciones en las que podrías confiar en tu capacidad para calcular duraciones temporales. En primer lugar, estás en una fiesta charlando con tus amigos Amy y Bert; entonces Amy te pide que le recuerdes que debe marcharse dentro de cinco minutos porque tiene que ir a otro sitio. En el segundo escenario, Amy se excusa y se va, y, cinco minutos después, Bert te pregunta: «¿Cuánto tiempo hace que se marchó Amy?». En ambos casos se te pide que calcules el tiempo transcurrido, pero ¿utiliza tu cerebro el mismo mecanismo para saber la hora en ambos casos? No. En lo que respecta al cerebro, estas dos tareas de cronometraje son fundamentalmente diferentes entre sí. En el primer caso sabes de antemano que vas a realizar una tarea de cronometraje, así que puedes poner en marcha un hipotético cronómetro en $t = 0$ y seguir el paso del tiempo hasta que hayan transcurrido aproximadamente cinco minutos. Pero, en el segundo caso (en el que Bert pregunta cuánto tiempo hace que Amy se fue), el cronómetro es inútil porque nunca se te dijo cuándo ponerlo en marcha. El cronometraje prospectivo es una verdadera tarea temporal, ya que depende de los circuitos de cronometraje del cerebro. En cambio, el cronometraje retrospectivo no es en absoluto una tarea de cronometraje, sino más bien un intento de deducir el paso del tiempo reconstruyendo acontecimientos almacenados en la memoria.

La distinción entre tiempo prospectivo y retrospectivo explica algunos de los misterios de nuestro sentido subjetivo del tiempo, incluido lo que algunos han llamado la *paradoja de las vacaciones*.[5] La espera de cinco horas en el aeropuerto a causa del retraso del avión que te llevará a Grecia puede parecer interminable, mientras que un día emocionante recorriendo Atenas se te pasa volando. Sin embargo, una semana más tarde, el retraso en el aeropuerto es un mero parpadeo en el tiempo, mientras que el ajetreado y divertido día en Atenas parece bastante largo.

Esta paradoja de las vacaciones no es un artefacto de nuestro estilo de vida moderno, acelerado y de viajes a gran velocidad. William James escribió en 1890: «En general, un tiempo lleno de experiencias variadas e interesantes parece corto al pasar, pero largo cuando miramos atrás. Por otro lado, un periodo de tiempo vacío de experiencias parece largo al pasar, pero corto al volver la vista atrás. Una semana de viajes y visitas turísticas puede ocupar un espacio más parecido a tres semanas en la memoria; y un mes de enfermedad apenas produce más recuerdos que un día».[6]

Cuando estamos inmersos en actividades interesantes y atractivas, estas parecen pasar volando, en parte porque no pensamos en el tiempo. Así, tu primera visita al Partenón, de 2500 años de antigüedad, se te hará corta como un suspiro, mientras que la espera de cinco horas en el aeropuerto de Atlanta se te hará eterna, sobre todo si miras continuamente el reloj y piensas: «¿cuánto tiempo falta para embarcar?». Retrospectivamente, la duración de esas actividades se estima en parte en función del número de acontecimientos almacenados en la memoria. Y como es mucho más probable que recordemos acontecimientos novedosos y personalmente significativos, lo normal es que el Partenón se gane un hueco en tu banco de recuerdos y tu primera visita al baño del aeropuerto de Atlanta se sumerja en el olvido.[7]

La íntima relación entre la memoria y el tiempo retrospectivo queda sorprendentemente ilustrada por el caso del musicólogo británico Clive Wearing, que desarrolló una grave incapacidad para crear nuevos recuerdos a largo plazo tras una grave infección cerebral. Aunque muchas de sus facultades permanecían intactas (incluida su capacidad para tocar música y dirigir), al principio pasaba gran parte del día escribiendo en su diario: «Ahora estoy realmente despierto del todo». Más tarde tachaba esta frase para escribir a continuación: «Ahora estoy perfectamente despierto (primera vez)». En ausencia de la capacidad de formar nuevos recuerdos parecía estar atrapado en un bucle infinito de un presente inmutable. Incapaz de entender dónde está o cómo ha llegado hasta allí, la única interpretación que su mente puede ofrecerle es que acaba de despertarse. No tiene sentido retrospectivo de cuándo se despertó porque apenas recuerda lo que ocurrió en los minutos y horas anteriores.

Compresión y dilatación del tiempo

En la escala de los segundos, las diferencias entre el tiempo prospectivo y el retrospectivo pueden estudiarse fácilmente y manipularse en el laboratorio. Una de las formas más comunes de alterar subrepticiamente la percepción del tiempo de las personas es cambiando la *carga cognitiva* de la tarea que están realizando. La carga cognitiva es un término elegante para describir lo fácil o lo difícil que resulta una tarea. En uno de los primeros experimentos de este tipo, los investigadores dieron a los sujetos una pila de cartas barajadas: a un grupo se le pidió que repartiera las cartas bocarriba en un solo montón (carga cognitiva baja), al otro grupo que separara las cartas en cuatro montones por palo (carga cognitiva alta). Todos los sujetos pudieron repartir las cartas durante 42 s. Cuando los sujetos sabían de antemano (condición de tiempo prospectivo) que se les iba a pedir que calcularan verbalmente el tiempo que iban a tardar en repartir, la media de aciertos fue de 53 s en la condición de un solo montón, y de 31 segundos en la condición de palos; en cambio, cuando los sujetos no sabían que más tarde se les iba a pedir que calcularan el tiempo (condición de tiempo retrospectivo), estos valores fueron de 28 y 33 s, respectivamente. Decenas de estudios posteriores han establecido que el cronometraje prospectivo está fuertemente modulado por la carga cognitiva: cuanto más compleja o desafiante es una tarea, más breves son las estimaciones del tiempo empleado en realizarla (53 frente a 31 s). Lo contrario puede ocurrir con el cronometraje retrospectivo: cuanto mayor es la carga cognitiva, más larga puede parecer la tarea (28 frente a 33 s). Sin embargo, el tiempo retrospectivo no está tan fuertemente modulado por la carga cognitiva como el tiempo prospectivo.[8]

Nunca se insistirá lo suficiente en la importancia de la diferencia entre el tiempo prospectivo y el retrospectivo. Por ejemplo, en la condición de baja carga cognitiva del estudio del reparto de cartas, los sujetos hicieron exactamente lo mismo (colocar las cartas en un solo montón) durante el mismo tiempo; sin embargo, las estimaciones prospectivas y retrospectivas fueron de 53 y 28 s, respectivamente. Los estudios que demuestran grandes diferencias en las estimaciones de tiempo prospectivas y retrospectivas, y la susceptibilidad de estas estimaciones a la carga cognitiva, también revelan lo imprecisos y poco fiables que son nuestros juicios sobre el tiempo transcurrido. Nuestra noción subjetiva del tiempo se ve afectada por tantos factores externos e internos que, dependiendo del contexto, la misma duración puede fácilmente multiplicarse por dos. Los estudios han demostrado que las personas tienden a sobrestimar entre un 25 y un 100 % el tiempo que esperan en las colas de las tiendas, los bancos o al teléfono. De hecho, las empresas nos ponen música de ascensor mientras estamos en espera del servicio de atención al cliente porque algunos estudios sugieren que las personas dicen esperar menos tiempo si escuchan música durante la espera.[9]

En el laboratorio, la mayoría de los estudios sobre la distorsión de las estimaciones temporales se centran en la escala de cientos de milisegundos a unos pocos segundos. Normalmente, los voluntarios se sientan ante un ordenador y juzgan la duración de imágenes o sonidos. En un estudio dirigido por la neurocientífica cognitiva Virginie van Wassenhove, el *estímulo de referencia* era un círculo estático que aparecía en la pantalla durante 500 ms (medio segundo). A continuación, se presentaba el mismo círculo durante un periodo de tiempo más corto o más largo. Se pedía a los sujetos que indicaran si el *estímulo de comparación* era más largo o más corto que el estímulo de referencia pulsando una de las dos teclas. En tales condiciones, los sujetos tienden a ser bastante precisos, es decir, cuando el estímulo de comparación dura 450 ms, tienden a informar correctamente de que es más corto que el círculo de 500 ms, y cuando dura 550 ms, generalmente informan de que es más largo que el de referencia. Por tanto, la duración percibida del estímulo de comparación es bastante precisa. Sin embargo, si el estímulo de comparación se convierte en un círculo cada vez más grande, mientras que el estímulo de referencia permanece estático, se produce una ilusión, una forma de cronostasis o dilatación del tiempo. El círculo creciente se percibe como más duradero que uno estático; un círculo creciente de 450 ms puede percibirse como de la misma duración que un círculo estático de 500 ms.[10]

Hay una serie de características físicas adicionales que pueden alterar nuestra percepción del tiempo en una escala de alrededor de un segundo. Por ejemplo, los estímulos auditivos suelen percibirse como más duraderos que los visuales. La magnitud también puede influir en los juicios temporales: algunos estudios han demostrado que las personas juzgan que una imagen del número 9 dura más que una imagen del número 1, aunque ambas tengan la misma duración. Además, las personas perciben que los estímulos nuevos o inesperados duran más que los conocidos o esperados.[11]

Uno de los ejemplos más comunes de cómo se deforma fácilmente nuestro sentido del tiempo es la ilusión del *reloj parado*. Tal vez hayas notado esta ilusión al volver la mirada hacia un reloj analógico antiguo que tiene un segundero que hace tictac. Al volver la vista hacia el reloj, puede que hayas pensado «vaya, se ha parado el reloj», pero, justo antes de terminar de pensarlo, te habrás dado cuenta de que estabas equivocado, ya que, después de todo, el segundero se estaba moviendo. La ilusión del reloj parado surge porque la pausa en el movimiento del segundero parece durar más de lo que tu cerebro cree que debería durar un segundo. La ilusión parece deberse al hecho de que, en la breve escala de un segundo o menos, nuestras propias acciones, en este caso desplazar la mirada, pueden deformar nuestro sentido del tiempo.[12] Es como si, al desplazar la atención, un temporizador interno de nuestro cerebro empezara a funcionar un poco más deprisa, lo que hace que se acumulen más tics dentro de una duración fija y se sobrestime el tiempo transcurrido. El reloj parado y otras ilusiones temporales demuestran que nuestro sentido subjetivo del tiempo es precisamente eso: no es objetivo.

Figura 4.1. Paul Noth, *The New Yorker Collection*, The Cartoon Bank.

Cronofarmacología

Como nos recuerda la viñeta de la figura 4.1, nuestro sentido del tiempo puede verse radicalmente influido por las drogas psicoactivas. No es de extrañar que este último hecho no escapara a la atención de William James, quien alude a ello a través de una experiencia personal: «En la intoxicación por hachís se produce un curioso aumento de la perspectiva temporal aparente. Pronunciamos una frase, y antes de llegar al final, el principio parece remontarse a un tiempo indefinidamente largo».[13] De hecho, la gente a menudo informa de que fumar marihuana parece ralentizar el tiempo. Hay una anécdota de dos hippies, colocados de marihuana, sentados en el Golden Gate Park mientras un avión pasa zumbando por encima; uno de ellos le dice al otro: «Tío, pensaba que no se iría nunca».[14]

Antes de proseguir, hay que señalar que las afirmaciones sobre la ralentización, el paso, el arrastre, la dilatación o la aceleración del tiempo pueden resultar muy confusas,[15] sobre todo cuando uno comete el error de pararse a pensar en lo que realmente significan. Por ejemplo, «el tiempo pasa volando». ¿Significa que el reloj de pared parece ir más rápido o más despacio? Si alguien dice que el tiempo ha pasado volando, ¿significa que ha hecho menos o más en un intervalo de tiempo objetivo? Las afirmaciones sobre la aceleración o el paso del tiempo son intrínsecamente ambiguas. Más lento y más rápido son adjetivos relativos; por tanto, al igual que cuando se dice que algo está a la derecha o a la izquierda, hay que proporcionar un punto de referencia. Cuando se habla de distorsiones temporales, la gente suele referirse a que el tiempo externo cambia en relación con un hipotético reloj interno. Supongamos que este reloj interno imaginario gobierna nuestros juicios prospectivos del tiempo en el rango de milisegundos, segundos y minutos, y que este reloj hace tictac diez veces por segundo. Si, en respuesta a una amenaza o a una droga, se acelerara a veinte pulsaciones por segundo, tendríamos la impresión de que han transcurrido 10 s en un periodo de 5 s. Esta aceleración del reloj interno se describiría generalmente como «ralentización del tiempo», «arrastre» o «dilatación» porque estamos siendo egocéntricos: utilizamos nuestro reloj interno como referencia y observamos que el tiempo externo parece ralentizarse. Por supuesto, esta explicación depende del reloj de referencia elegido: también se podría afirmar que el tiempo se acelera porque el reloj interno va más rápido que el externo. Sin embargo, para bien o para mal, la convención es que las afirmaciones sobre la aceleración o ralentización del tiempo se refieren a la velocidad aparente de un reloj externo en relación con un hipotético reloj interno, aunque sea obviamente el reloj interno el que realmente se está ralentizando o acelerando. No es raro ver en los medios de comunicación y en la literatura científica y popular casos en los que se afirma erróneamente que el tiempo se está ralentizando cuando lo que se quiere decir es que se está acelerando. Consideremos la viñeta de la figura 4.1: si el THC, el componente activo del hachís y la marihuana, crea la percepción de que el tiempo externo se ralentiza o se arrastra (en consonancia con la observación de William James y las pruebas experimentales) —equivalente a que el reloj interno se acelere— entonces, ¿no debería el vaquero de la figura encontrarse con que el reloj señala antes del mediodía? En términos más generales, es importante advertir que nuestra sensación de que el tiempo pasa rápida o lentamente no es necesariamente equivalente a nuestras estimaciones explícitas de cuántos segundos o minutos han transcurrido (puedo calcular que he estado en el sillón del dentista durante cinco minutos, pero decir que me ha parecido una hora).[16]

Aunque no debemos tomarnos al pie de la letra la noción de un reloj interno que hace tictac y *toctoc*, constituye una metáfora muy útil a la hora de pensar en nuestra percepción del tiempo. De hecho, los estudios farmacológicos suelen interpretar las distorsiones temporales en el contexto de cambios en la velocidad de un reloj interno. Por ejemplo, numerosos estudios de laboratorio con humanos respaldan los informes anecdóticos de que el tiempo se ralentiza bajo la influencia de la marihuana, y estos resultados pueden interpretarse como una aceleración del reloj interno. En uno de los primeros estudios, simplemente se pidió a los sujetos que dijeran al investigador cuándo creían que habían transcurrido 60 s tras recibir una señal de inicio. Tras recibir una dosis oral de THC, los sujetos ofrecieron estimaciones significativamente más cortas que las de referencia: con THC en su organismo, los sujetos esperaron una media de 42 s antes de informar de que había transcurrido un minuto, mientras que sus estimaciones de referencia se acercaban bastante a los 60 s reales.[17] Es como si su reloj interno funcionara más rápido, alcanzando la cuenta de 60 en solo 42 s objetivos (nótese que la estimación es más corta porque se les pidió que «produjeran» un minuto; si se les hubiera pedido que estimaran la duración de un minuto real, un reloj rápido daría lugar a una sobreestimación).

Las drogas también afectan al sentido del tiempo de los animales. Lo que plantea la siguiente pregunta: «¿cómo se les pregunta a los animales cuánto tiempo creen que ha transcurrido?». Las ratas y los ratones pueden aprender fácilmente a presionar una palanca para obtener comida, y en una variante de esta forma estándar de condicionamiento operante, denominada *procedimiento de intervalo fijo*, una señal como el encendido de una luz indica el comienzo de un ensayo (es decir, $t = 0$). Tras el inicio del ensayo, la rata puede presionar la palanca a voluntad, pero solo recibirá una recompensa de comida a cambio de la primera vez que presione la palanca después de un intervalo fijo desde el inicio del ensayo. Las ratas aprenderán a empezar a presionar la palanca en momentos proporcionales al intervalo fijo en el que están entrenadas.

Así, si el intervalo fijo utilizado durante el entrenamiento fue de 10 s, es más probable que las ratas pulsen la palanca en momentos cercanos al intervalo fijo, en torno a los 10 s. Y las ratas entrenadas con un intervalo de 10 s pulsarán la palanca antes que las entrenadas con un intervalo de 30 s. Esta es una de las muchas formas de demostrar que los roedores y otros animales son capaces de mantener prospectivamente la noción del tiempo en el intervalo de segundos. La cuestión es qué ocurre si después de aprender esta tarea (que puede llevar semanas de entrenamiento), las ratas se drogan. En un experimento en el que se entrenó a las ratas con un intervalo fijo de 30 s, el tiempo máximo de pulsación de la palanca cayó de unos 34 s (sin droga) a unos 29 s cuando se les administró THC (curiosamente, en este estudio, las ratas eran en cierto sentido más precisas cuando tomaban THC). Este resultado concuerda con los informes humanos de que el tiempo se ralentiza bajo la influencia del cannabis porque el hipotético reloj interno se acelera, aunque, sobre todo en el caso de los cannabinoides, estos efectos inducidos por las drogas sobre el tiempo no se reproducen universalmente.[18]

El efecto cronofarmacológico mejor estudiado sobre la sincronización en animales implica la manipulación del sistema dopaminérgico del cerebro. La dopamina es un importante neurotransmisor y un modulador de muchos procesos cerebrales diferentes. En particular, es el daño a un grupo de neuronas productoras de dopamina situadas en el tronco encefálico (la *sustancia negra*) lo que produce los temblores y déficits motores característicos de la enfermedad de Parkinson. El psicólogo Warren Meck, de la Universidad de Duke, ha propuesto que la dopamina podría alterar la velocidad de los circuitos de sincronización dentro del cerebro. Por ejemplo, sus experimentos han demostrado que, después de entrenar a ratas con un intervalo fijo de 20 s, la administración del estimulante metanfetamina —que entre otros efectos aumenta los niveles de dopamina en el cerebro— puede cambiar el tiempo de pulsación de la palanca de aproximadamente 20 a 17 s; pero, después de días de realizar repetidamente la tarea mientras tomaban metanfetaminas, las ratas reajustaban lentamente su tiempo de nuevo a 20 s —como si aprendieran a trabajar con un reloj interno crónicamente rápido recalibrando el número de tics internos que corresponden a 20 s—. Además, cuando las ratas dejaron de tomar la droga, se excedieron: el tiempo máximo de pulsación de la palanca aumentó por encima de los 20 s.[19]

Estos y otros muchos estudios farmacológicos aportan importantes conocimientos sobre la forma en que los seres humanos y los animales cuentan y perciben el tiempo. Pero dar sentido a estos estudios ha sido difícil y controvertido. En primer lugar, los resultados dependen a menudo de la naturaleza de la tarea utilizada, el intervalo estudiado y los detalles de cómo los sujetos informan de la cantidad de tiempo transcurrido percibida. En segundo lugar, dado que prácticamente todas las drogas tienen efectos neurofisiológicos múltiples e interconectados, es muy difícil determinar la verdadera causa de un cambio en el comportamiento. Por ejemplo, los cannabinoides y las drogas dopaminérgicas pueden afectar a los niveles de ansiedad, memoria, actividad motora y estados fisiológicos, como el hambre (que podría afectar a la motivación de los animales para realizar una tarea). Ni que decir tiene que estas drogas también pueden alterar la cantidad de atención que los sujetos humanos y animales están dispuestos a dedicar a la tarea en cuestión, lo que podría dar lugar a una serie de interpretaciones alternativas. Además, algunas drogas pueden afectar a los juicios de las personas sobre intervalos cortos, pero no sobre intervalos largos, y viceversa.[20] En general, la literatura científica sobre el efecto de las drogas psicoactivas en la percepción del tiempo indica que no existe un único neurotransmisor que gobierne nuestra percepción del tiempo. Además, debido a que la misma droga puede afectar de forma diferente a las estimaciones de intervalos cortos y largos, los estudios farmacológicos proporcionan pruebas sólidas de la noción de que no existe un reloj interno maestro que gobierne el tiempo desde los milisegundos hasta las horas, lo que proporciona pruebas que apoyan nuestro principio del reloj múltiple.

Causas del efecto de cámara lenta

Ahora hemos visto que las distorsiones de nuestra percepción del tiempo deberían considerarse la norma y no la excepción, lo que elimina parte del misterio de los informes de distorsiones temporales en situaciones muy emotivas o que ponen en peligro la vida. No obstante, los informes de acontecimientos que se desarrollan a cámara lenta en situaciones de riesgo destacan porque van mucho más allá de la simple sobreestimación del tiempo transcurrido. Existen varias hipótesis que podrían explicar por qué los sucesos que ponen en peligro la vida parecen desarrollarse a cámara lenta.[21] Mencionaré tres: la hipótesis del *overclocking*, de la *hipermemoria* y de la *metailusión*.

1. ***Overclocking.*** Si la CPU de tu ordenador funciona a 2 GHz, significa que realiza dos mil millones de operaciones por segundo. Esta velocidad está controlada por el «reloj» del ordenador. La función de este reloj no es dar la hora, sino fijar la frecuencia de las operaciones de la CPU, en este caso enviando un impulso eléctrico cada 0,0000000005 s. Todo jugador sabe que es posible *overclockear* el ordenador aumentando el número de impulsos que el reloj genera cada segundo. El resultado es un ordenador

que, en esencia, lo hace todo más rápido: puede recibir y procesar más información en un periodo de tiempo determinado (el inconveniente es que la CPU podría fundirse). Tal vez el efecto de cámara lenta se deba al equivalente neuronal del *overclocking* de un ordenador digital: la capacidad de las personas para reaccionar con mayor rapidez y percibir los acontecimientos a cámara lenta podría explicarse porque el cerebro entra en un modo de *overclocking* en momentos de riesgo vital.

¿Se puede *overclockear* el cerebro? El tiempo que tarda el cerebro en ejecutar una tarea viene determinado por muchos factores diferentes: (1) la velocidad a la que viajan las señales eléctricas (los potenciales de acción o «picos») por los axones; (2) el tiempo que tarda la señal electroquímica en la sinapsis en transmitirse de la neurona presináptica a la postsináptica (el *retardo sináptico*), y (3) el tiempo que tardan las corrientes sinápticas en cambiar el voltaje de la neurona lo suficiente como para desencadenar un potencial de acción (esto viene determinado en parte por la llamada *constante de tiempo* de una neurona). La velocidad de conducción de los axones y los retrasos sinápticos están determinados en gran parte por acontecimientos biofísicos y bioquímicos bastante rígidos, y es poco probable que se aceleren de forma significativa durante una respuesta de lucha o huida. Por otro lado, el tiempo que tarda una neurona en dispararse en respuesta a un aluvión de entradas procedentes de sus células presinápticas podría reducirse a través de una serie de mecanismos.[22] Una de las formas más sencillas de imaginar que esto ocurra es que los neuromoduladores (como la norepinefrina) que inundan el cerebro y la sangre durante las situaciones de lucha o huida podrían despolarizar las neuronas excitadoras del cerebro (o disminuir la inhibición), facilitando y acelerando un poco su disparo. Sin embargo, es poco probable que los cambios en la latencia de disparo de las neuronas supongan aumentos de velocidad de más del 10 o el 20 %. Por ejemplo, hay informes de que los estimulantes, incluida la cafeína, pueden disminuir el tiempo que tardan las personas en responder a un estímulo (su tiempo de reacción), pero estas disminuciones suelen ser inferiores al 10 %.[23] A través de mecanismos poco conocidos, los neuromoduladores pueden aumentar y agudizar la atención a los acontecimientos externos que ocurren a nuestro alrededor. De hecho, está demostrado que la atención puede mejorar el rendimiento y el tiempo de reacción. Aunque es probable que estos efectos contribuyan a las impresionantes acciones en el campo de un atleta profesional, no pueden explicar los sorprendentes informes de individuos que «actuaron con la rapidez de un rayo de acuerdo con un juicio preciso» o que se involucraron en «una repentina revisión de todo el pasado del individuo».

Es probable que los informes sobre personas que realizan complejas hazañas para salvar vidas en fracciones de segundo en situaciones de gran peligro sean inexactos. Y cuando tales acciones se producen, probablemente proceden sobre todo de personas muy entrenadas: pilotos de carreras, pilotos de caza y atletas extremos, es decir, personas cuyos circuitos neuronales se han beneficiado de miles de horas de entrenamiento. En palabras de un investigador: «Los *kayakistas* expertos pueden ajustar la embarcación, el cuerpo y el remo para tomar exactamente la única línea de supervivencia a través de rápidos y cascadas. Los participantes menos hábiles solo perciben confusión, y es probable que se queden paralizados, entren en pánico o actúen de forma que aumente el peligro».[24] Aunque muchos investigadores hacen hincapié en los informes sobre el rendimiento suprahumano durante acontecimientos que ponen en peligro la vida, no faltan los relatos de personas que toman malas decisiones durante estas mismas situaciones. Así que quizá la mayor concentración y las habilidades motrices perfeccionadas que se adquieren con el entrenamiento permiten a los profesionales actuar rápidamente en situaciones de riesgo vital, mientras que el resto de nosotros —a pesar de percibir subjetivamente los acontecimientos a cámara lenta— nos agitamos pasivamente y nos quedamos paralizados ante el peligro.

2. **Hipermemoria**. Otra posible explicación del efecto de cámara lenta es que se trata de una ilusión *a posteriori*, en el sentido de que las personas no perciben realmente que los acontecimientos sucedan a cámara lenta en el momento del accidente, sino que creen que así fue cuando recuerdan el episodio. En situaciones de lucha o huida, el cerebro podría aumentar la resolución espacial y temporal de nuestros recuerdos. En otras palabras, durante la amenaza, la velocidad percibida a la que transcurren los acontecimientos sería más o menos normal, pero durante el recuerdo los recuerdos serían mucho más detallados, lo que haría parecer, a posteriori, que todo transcurrió a cámara lenta. En un relato sobre el efecto de la cámara lenta, un sujeto que estuvo a punto de morir arrollado por un tren que se aproximaba relató que «cuando el tren pasó, vi la cara del maquinista. Era como una película rodada a cámara lenta en la que los fotogramas avanzan a tirones. Así fue como vi su cara».[25] Pero ¿cómo podemos determinar si este relato se genera meramente durante el recuerdo o si realmente ocurrió durante el suceso? Además, ¿cómo podemos saber si los hechos recordados son exactos (si esta persona sería capaz de reconocer la cara del ingeniero)? Está demostrado que nuestros recuerdos de acontecimientos emocionales pueden ser muy poco fiables. Sabemos, por ejemplo, que hay muchos ejemplos de víctimas de delitos violentos que identifican al sospechoso equivocado durante las declaraciones de testigos presenciales.[26]

No obstante, parece probable que alguna versión de la hipótesis de la hipermemoria contribuya al efecto de cámara lenta, ya que los neuromoduladores liberados durante acontecimientos emotivos o peligrosos pueden mejorar la memoria. Se cree que esta es una de las explicaciones de los llamados *recuerdos flashbulb*, aquellos en los que las personas recuerdan dónde se encontraban cuando se enteraron de un suceso trágico como el 11 de septiembre. El trastorno de estrés postraumático es otro ejemplo en el que la respuesta de lucha o huida potencia la memoria, en este caso dando lugar a recuerdos muy intensos y desadaptativos.[27]

La hipótesis de la hipermemoria, por supuesto, no explica los informes de personas que actúan con mayor rapidez y claridad de lo que podrían hacerlo en otras circunstancias. Tampoco explica la sensación subjetiva, a menudo convincente, de que los efectos de la cámara lenta se producen en el momento. A este respecto, no puedo evitar dejarme influir por mi propia experiencia anecdótica del efecto de cámara lenta. En un accidente de tráfico, mi coche fue golpeado lateralmente, giró y chocó contra un poste telefónico. Durante el suceso, no solo tuve la sensación de que el coche giraba lentamente, sino que pensé: «Vaya, el tiempo va realmente más despacio». Pero, para subrayar que la percepción dista mucho de ser perfecta en esos momentos, no recuerdo haber reaccionado con rapidez en modo alguno, ni siquiera haber registrado que se desplegaran los airbags laterales. Sin embargo, el hecho de que recuerde haber pensado que el tiempo se ralentizaba sugiere que percibí que los acontecimientos se desarrollaban a cámara lenta *durante el accidente* y, por tanto, que la hipótesis de la hipermemoria no puede explicar completamente el efecto de cámara lenta.

3. **Metailusión.** Una deficiencia tanto de la hipótesis del *overclocking* como de la hipermemoria es que no tienen en cuenta una observación fundamental sobre las experiencias subjetivas. Ya sean de color, sonido o del paso del tiempo, nuestras experiencias conscientes son en esencia ilusiones, cómodas narraciones de lo que el cerebro inconsciente determina que son los acontecimientos más relevantes que suceden en el mundo extracraneal. Puede que este sea un concepto extraño —al que volveremos en el capítulo 12—, pero, por ahora, quizá la forma más convincente de entender lo que quiero decir con la naturaleza ilusoria de las experiencias subjetivas sea a través

del ejemplo de la conciencia corporal. Una de las experiencias subjetivas más íntimas es que tu mano es *tu* mano y la de nadie más. Cuando accidentalmente se te escapa un clavo y te golpeas el dedo con el martillo, *sientes* dolor. Aunque el dolor se produce en el cerebro, sorprendentemente no se percibe como tal, sino que se proyecta hacia el punto del espacio en el que se encuentra el dedo. La naturaleza ilusoria de la conciencia del cuerpo se pone de manifiesto en el síndrome del miembro fantasma. Algunas personas a las que se les ha amputado un miembro siguen sintiéndolo tan vívidamente como la mayoría de nosotros. Los miembros fantasma nos dicen que el cerebro está tan comprometido en proporcionar una ilusión de propiedad del hueso, el músculo y los nervios que constituyen nuestros miembros que a veces persevera en generar la ilusión incluso cuando el miembro hace tiempo que desapareció. Por lo tanto, la ilusión no es realmente el miembro fantasma, sino la sensación de propiedad de nuestros miembros reales. El síndrome del miembro fantasma es un fenómeno desconcertante, pero centrarnos demasiado en el misterio de los miembros fantasma nos distrae del verdadero enigma: cómo crea el cerebro la conciencia de nuestro cuerpo.[28] Del mismo modo, centrarnos en el efecto de cámara lenta en situaciones de riesgo vital nos distrae del verdadero misterio: nuestra percepción «normal» del paso del tiempo.

Imagínate que estás sentado en una sala vacía: empiezan a proyectar una película y enseguida te das cuenta de que la velocidad es incorrecta. Los labios se mueven a cámara lenta y los objetos tardan demasiado en caer. ¿Cómo puedes arreglarlo? Si no sabes nada acerca de cómo se está proyectando la película, ni del tipo de máquina que está creando la proyección, ¿cómo podrías intentar entender por qué la película se está reproduciendo a la velocidad equivocada? Después de todo, en lo que respecta al proyector, la velocidad «correcta» es simplemente uno de los muchos ajustes posibles. Nuestro sentido normal del tiempo es una construcción mental que también parece tener diferentes ajustes de velocidad. La hipótesis de la metailusión subraya que el efecto de cámara lenta es una ilusión de una ilusión, por lo que intentar explicar el efecto sin comprender nuestro sentido subjetivo normal del tiempo es como intentar fijar la velocidad de una película lenta sin saber nada sobre cómo se genera la velocidad correcta.

La conciencia es un relato retardado no solo de lo que ocurre en el mundo exterior, sino de lo que ocurre en el cerebro inconsciente. Por ejemplo, como veremos (capítulo 12), observando la actividad neuronal dentro del cerebro es posible predecir cuándo las personas decidirán voluntariamente mover el dedo hasta 900 milisegundos antes de que lo hagan realmente, cientos de milisegundos antes de que los propios sujetos parezcan ser conscientes de haber decidido «libremente» mover el dedo. Por tanto, aunque el peligro ponga al cerebro en modo *overclocking* —lo que da lugar a acciones aceleradas—, la conciencia podría ser demasiado lenta para guiar esas acciones. Por lo tanto, los informes de «rapidez mental dominante demostrada por el aumento de la velocidad de los pensamientos»[29] pueden ser solo otro engaño que el cerebro inconsciente impone a la mente.

El cerebro no solo puede proyectar la sensación de dolor hacia el mundo en el que se encuentran nuestras extremidades, sino que, cuando se coloca un brazo falso cerca del brazo real, el cerebro puede recalibrar su proyección del lugar del espacio en el que percibe su brazo hacia la posición del brazo falso, como si el cerebro se inclinara a aceptar el brazo falso como propio (esto se denomina *ilusión de la mano de goma*). Al igual que el cerebro es capaz de proyectar la sensación de la ubicación de nuestras extremidades a distintos puntos del espacio, parece tener la flexibilidad de etiquetar los acontecimientos como *rápidos* o *lentos*. Es decir, nuestros juicios subjetivos sobre si el tiempo pasa rápido o despacio pueden estar disociados de la velocidad a la que el cerebro procesa la información, o de la velocidad del reloj interno del cerebro.[30]

Para resaltar aún más la relevancia de la hipótesis de la metailusión, consideremos que no solo el sentido del tiempo de las personas se distorsiona durante sucesos que ponen en riesgo la vida. Los siguientes extractos pertenecen a tres informes de una colección de más de cien que se publicaron en 1976.[31] El primero es de un piloto de carreras de veinticuatro años que viajaba a 160 km/h cuando un accidente provocó que su coche diera varias vueltas de campana mientras volaba a nueve metros de altura: «Parecía que todo había durado una eternidad. Todo iba a cámara lenta y me pareció como si yo fuera un actor en un escenario y pudiera verme dando tumbos una y otra vez en el coche. Era como si estuviera sentado en las gradas y viera cómo sucedía todo».

Un estudiante universitario de veintiún años implicado en un grave accidente de automóvil relató: «Durante todo esto, el tiempo se detuvo. Parecía que todo tardaba una eternidad en suceder. El espacio también era irreal. Era como estar sentado en una sala de cine y ver lo que pasaba en la pantalla».

Y un soldado cuyo jeep fue volado por una mina durante la Segunda Guerra Mundial contó: «No tenía conciencia del paso del tiempo, solo del momento. Tampoco tenía noción del espacio, pues mi existencia parecía solo mental».

Así pues, parece que la percepción del tiempo no es la única facultad mental que se ve alterada en estas situaciones, pues también lo hace la percepción del espacio. De hecho, en cualquier otro contexto, los relatos anteriores se calificarían de alucinaciones o estados alterados de conciencia. Quizá la repentina avalancha de neuroquímicos endógenos provocada por la respuesta de lucha o huida sobrecarga los circuitos cerebrales e induce alucinaciones. Así que tal vez sea mejor considerar el efecto de cámara lenta otro tipo de estado alterado, más divorciado de la realidad que unido a ella.

Comprimir el tiempo en el cerebro

Las tres hipótesis descritas no son mutuamente excluyentes para explicar el efecto de cámara lenta. Sospecho que el aumento de la atención contribuye a que los profesionales entrenados actúen con rapidez en situaciones de alta adrenalina, y que la hipermemoria probablemente contribuya a los recuerdos a cámara lenta, pero, en última instancia, la velocidad a la que percibimos que transcurren los acontecimientos es un ajuste un tanto arbitrario que se añade a la ilusión mucho más misteriosa de la conciencia.

Pensamos en el efecto de cámara lenta y otras ilusiones temporales como distorsiones de nuestra percepción del tiempo —más concretamente de la velocidad a la que cambian las cosas—, pero no es tan sencillo. Nuestra capacidad para comprimir y dilatar el tiempo es, en realidad, una característica del cerebro que utilizamos a diario.

¿Cuál es la última palabra de la primera estrofa de tu canción favorita? Si eres como yo, tendrás que empezar por el principio para llegar al final: *How many [...] man walk [...] him a man.* Pero no hace falta que repitas mentalmente la estrofa al ritmo de la canción original. Puedes reproducirla mentalmente muy deprisa o muy despacio: avanzando rápidamente por la letra o saboreando cada sílaba. De hecho, nuestra capacidad para ejecutar la misma acción a distintas velocidades es una característica importante de nuestro sistema motor. Yo pronuncio más despacio cuando me dirijo a un bebé y hablo más deprisa cuando se me acaba el tiempo en una conferencia. Puedes atarte los zapatos despacio cuando estás enseñando a un niño a hacerlo, pero hacer un lazo rápido cuando tienes que salir corriendo, y puedes imaginarte atándotelos mentalmente en menos tiempo del que realmente tardas. Nuestra capacidad para acelerar o ralentizar nuestras acciones motoras es de aproximadamente cinco veces: por ejemplo, los tempos musicales más lento y más rápido suelen oscilar entre 40 y 200 pulsaciones por minuto. Pero hay pruebas de que el cerebro puede reproducir acontecimientos a velocidades aún mayores. En el capítulo 1 mencionamos las células de lugar del hipocampo.

Son neuronas que se disparan selectivamente cuando una rata está en un lugar específico de una habitación. Así que cuando una rata explora un área abierta, digamos a través de lugares etiquetados como 1→2→3→4→5, habrá neuronas que se disparen en cada uno de estos lugares. Si etiquetamos las neuronas que se disparan en cada lugar desde A hasta E, observaremos un patrón de células de lugar que se disparan a lo largo del tiempo (lo que llamaré una *trayectoria neuronal*): A→B→C→D→E. Podemos pensar en este patrón como la firma neuronal de la experiencia de la rata durante la trayectoria. La rata puede tardar 10 s en recorrer el camino y, por tanto, la trayectoria neuronal A→B→C→D→E tendrá lugar en ese mismo periodo de tiempo. Ahora bien, lo fascinante es que, cuando los neurocientíficos graban desde estas mismas células mientras el animal duerme o descansa, observan este patrón A→B→C→D→E de actividad neuronal más de lo que cabría esperar por azar, es decir, con más frecuencia que si la rata no hubiera recorrido el sendero 1→2→3→4→5 esa misma mañana. Una interpretación de estos resultados es que el cerebro de la rata está reproduciendo los episodios que experimentó anteriormente. Pero estas repeticiones se desarrollan en una escala de tiempo totalmente distinta; durante la repetición, la misma secuencia A→B→C→D→E puede durar solo 200 milisegundos en lugar de 10 s. Se cree que estas trayectorias de repetición podrían contribuir a la formación de recuerdos, ayudando a almacenar episodios experimentados en los circuitos cerebrales (es importante subrayar que no se está insinuando que las ratas reexperimenten conscientemente los lugares recorridos durante la repetición; probablemente no lo hagan). También es posible que esta repetición represente la planificación de acciones futuras. Por ejemplo, cuando las ratas realizan una tarea en la que tienen que detenerse en pequeños «pozos de recompensa» para obtener una golosina y luego pasar al siguiente pozo, ¡el patrón de actividad neuronal observado durante la parada puede utilizarse para predecir dónde irá la rata a continuación![32] Una interpretación de este hallazgo es que el cerebro de la rata está planificando acciones futuras que pueden tener lugar en el transcurso de 10 s en una mera fracción de segundo. La reproducción comprimida de trayectorias neuronales, junto con el hecho de que podemos controlar la velocidad a la que reproducimos mentalmente una canción, revela que el cerebro puede procesar y generar patrones temporales a distintas velocidades. Sin embargo, sigue siendo una incógnita si esta característica de la función cerebral está relacionada o no con la compresión y dilatación subjetivas del tiempo.

* * *

Nuestro «sentido» del tiempo no es un sentido verdadero, como la vista o el oído. No existe un órgano del tiempo, no hay receptores del tiempo en nuestros ojos, oídos, nariz, lengua o piel. Tampoco podría haberlos, ya que el tiempo no es una propiedad física similar a la luz o a la presión cambiante de las moléculas de aire. Sin embargo, el cerebro no solo mide el tiempo, sino que percibe el paso del tiempo, parece que sentimos fluir el tiempo. Una multitud de ilusiones temporales revela, sin embargo, que la exactitud de nuestro sentido del tiempo puede divergir radicalmente de la hora objetiva del reloj, y a menudo se habla mucho de estas ilusiones. Pero la existencia de ilusiones temporales no es sorprendente. Prácticamente todas las experiencias subjetivas, incluida nuestra percepción del color y el dolor, y nuestra conciencia corporal, se ven alteradas por el contexto, el aprendizaje, la atención y las drogas. A los psicólogos y neurocientíficos estas ilusiones les han proporcionado valiosos conocimientos sobre el funcionamiento del cerebro, pero al final quizá la lección más importante sea que, distorsionadas o no, todas las experiencias subjetivas son en esencia ilusiones. Así pues, no debemos dejar que las ilusiones temporales nos distraigan demasiado del enigma más fundamental: ¿cómo genera el cerebro una sensación consciente del paso del tiempo (o de cualquier otra cosa)?

5:00

PATRONES EN EL TIEMPO

Discúlpame mientras beso a este tipo.

ATRIBUIDA A JIMI HENDRIX

Aunque puede que no lo hayas pensado mucho, durante cualquier conversación, tu cerebro está cronometrando diligentemente la duración de cada sílaba, la pausa entre cada palabra, así como el ritmo general de la corriente de sonidos que golpea tu tímpano.

Los fonemas son la unidad más pequeña del discurso: comprenden el repertorio de sonidos utilizados en cualquier lengua (existe una correspondencia aproximada entre fonemas y letras, pero una misma letra puede representar fonemas diferentes, por ejemplo, la *g* de *gato* y *ginebra*). La mayoría de las veces, el significado puede determinarse por el orden de los fonemas dentro de una frase. Sin embargo, en algunos casos, la misma secuencia de fonemas puede tener significados muy diferentes, lo que da lugar a pares de palabras y frases potencialmente ambiguos:

Jabón × *Jamón*

¿Quieres una copa? × *¿Quieres una sopa?*

Perdón imposible, que cumpla su condena	×	*Perdón, imposible que cumpla su condena*

Por lo general, estas ambigüedades pueden resolverse mediante otras dimensiones del discurso, como la duración de las sílabas, la entonación, el acento y la pausa entre palabras. Por ejemplo, una de las formas más fáciles de desambiguar la última frase es colocar bien la pausa de la coma. Una pausa más larga entre *perdón* e *imposible* favorece la interpretación de que el reo será perdonado, mientras que una pausa deliberada entre *imposible* y *que cumpla* sugiere que permanecerá encerrado hasta el final de su pena. La velocidad también se utiliza para transmitir significado e información. Considera la frase «La anfitriona saludó a la chica con una sonrisa». ¿Quién sonreía? Los estudios demuestran que acelerar (comprimir temporalmente) el segmento «chica con una sonrisa» hace que la gente se incline por la interpretación de que *la chica sonreía*, mientras que ralentizarlo (dilatación temporal) favorece la interpretación de que *la anfitriona sonreía.*[1]

Una consecuencia trágica de estas ambigüedades es que hay mucha gente por ahí que canta sus canciones favoritas con una letra equivocada. Interpretar mal la letra de una canción puede deberse a que los vocalistas a veces deben forzar las frases para que encajen en la estructura rítmica de la melodía (por otro lado, algunas letras se escuchan mal simplemente porque los vocalistas no son recompensados por la elocución). De hecho, existe un nombre para el fenómeno de escuchar múltiples interpretaciones de una canción: *mondegreen*. Un *mondegreen* famoso es la línea de Jimi Hendrix de «Purple Haze», «excuse me while I kiss the sky» ('Discúlpame mientras beso el cielo'), a menudo escuchada como «excuse me while I kiss this guy» ('Discúlpame mientras beso a este tipo'). Una vez más, al igual que en el habla, estas ambigüedades potenciales están relacionadas en parte con el ritmo y pueden resolverse enfatizando los límites apropiados con pausas.

El tiempo también es importante para la discriminación de los distintos fonemas. La distinción entre *b* y *p*, por ejemplo, se basa en parte en el llamado *tiempo de inicio de la voz*: el intervalo entre la salida explosiva de aire por la boca y la vibración de las cuerdas vocales. Si te pones los dedos en la garganta y dices *pa*, probablemente percibas que hay un intervalo entre la apertura de la boca y el momento en que sientes que tus cuerdas vocales empiezan a vibrar. Cuando haces lo mismo al decir *ba*, este intervalo es más corto, y probablemente imperceptible. El tiempo de inicio de la voz de *pa* suele ser superior a 30 milisegundos, mientras que el de *ba* es inferior a 20 milisegundos. El hecho de que podamos percibir fácilmente la diferencia entre las sílabas *ba* y *pa* significa que el sistema auditivo dispone de mecanismos de sincronización para distinguir estos intervalos tan cortos.

En una escala ligeramente más larga, de cientos de milisegundos a unos pocos segundos, el tiempo es fundamental para la *prosodia* (el ritmo o la musicalidad del habla). Utilizamos la entonación, el tiempo y el ritmo del habla para transmitir emociones, sarcasmo o si una frase pretende ser una pregunta o no. *Esa ha sido una buena idea* puede ser un cumplido o un desprecio según la prosodia del hablante. Los estudios demuestran que cambiar el tempo del discurso comprimiendo o dilatando temporalmente las frases altera los juicios sobre el estado emocional del hablante. En un estudio se pidió a hablantes alemanes que escucharan frases y juzgaran el estado emocional del orador. Cuando los participantes escuchaban frases con un enunciado que transmitía tristeza, identificaban correctamente el estado emocional del hablante como triste. Cuando estas frases se aceleraban, los participantes solían juzgar al hablante como asustado o en estado neutro. Es importante señalar que las emociones transmitidas por la prosodia pueden trascender el lenguaje. Cuando las mismas frases fueron juzgadas por estadounidenses que no hablaban alemán, sus juicios sobre el afecto del hablante siguieron los mismos patrones que los de los alemanes nativos. Del mismo modo, si las frases se filtraban de forma que las palabras fueran ininteligibles, pero se conservaba el «contorno» general del discurso, los oyentes podían seguir extrayendo el estado emocional del hablante. Piensa en escuchar una conversación amortiguada a través de una pared: aunque no puedas distinguir ninguna de las palabras, probablemente puedas saber si los hablantes están enfadados o contentos.[2]

La sincronización es divertida

También se dice que la sincronización del discurso es fundamental para la comedia. No estoy seguro de si esta observación se ha comprobado cuidadosamente en el laboratorio... o en estudios con animales, pero el actor Sacha Baron-Cohen ofreció una divertida demostración del dicho de que en la comedia el *timing* lo es todo en su película *Borat: Cultural Learnings of America for Make Benefit Glorious Nation of Kazakhstan.* En una escena, un profesor de humor explica los entresijos temporales de un chiste «que no». Aunque no es especialmente gracioso, al menos tiene potencial cómico:

—Este traje es negro. *¡Que no!*

Borat intenta practicar esto con las siguientes frases:

—Este traje *que no* es negro.
—Este traje es negro *que no.*
—Ese traje es negro (pausa) *¡que no!*

Todos ellos tienen un potencial humorístico considerablemente menor. Pero ¿por qué la sincronización contribuye a que un chiste esté bien contado? El humor se basa en parte en la sorpresa. Para que algo sea gracioso debe ser inesperado, pero seguir teniendo sentido: «Ese traje es negro y los frijoles» es un giro inesperado, pero no especialmente divertido.[3] Un ingrediente adicional del humor tal vez tenga que ver con que lo inesperado ocurra en el momento adecuado. El cerebro genera continuamente predicciones en tiempo real sobre lo que ocurrirá a continuación y cuándo ocurrirá: quizá el remate inesperado deba producirse dentro de la ventana de expectación. Si el remate llega demasiado pronto, no puede ser sorprendente porque no hay tiempo suficiente para crear una predicción de lo que está a punto de ocurrir. Por otro lado, si el remate llega demasiado tarde, el oyente ya está mentalmente ocupado con la siguiente serie de predicciones: el elemento sorpresa es que no ha pasado nada, lo cual es desconcertante, pero no divertido.

Lenguaje para bebés

Cualquiera que haya intentado aprender un idioma de adulto se habrá quejado alguna vez de que los hablantes nativos hablan demasiado deprisa.[4] Escuchar un idioma extranjero puede ser como intentar reconocer una cara en el andén del metro mientras pasas a toda velocidad dentro de un vagón de metro: el cerebro se esfuerza por captar una cara concreta porque todas se mezclan. Ralentizar el habla ayuda al principiante a analizar cadenas de fonemas y convertirlas en palabras aisladas.

Es probable que los bebés tengan dificultades similares cuando aprenden su primer idioma, y probablemente por eso los adultos ralentizan automáticamente su habla y exageran las palabras cuando hablan con ellos. Este cambio en nuestros patrones de habla se conoce como habla dirigida al bebé (o «maternal»). El habla dirigida al bebé suele caracterizarse por un aumento del tono, vocales más largas y pausas más extensas entre las palabras. Por ejemplo, los estudios demuestran que, cuando los adultos hablan entre ellos, las pausas entre frases son de unos 700 ms, pero, cuando los adultos se dirigen a los bebés, este valor aumenta a más de un segundo. Los estudios también confirman que, al igual que los adultos que intentan aprender un nuevo idioma, los bebés son más capaces de discriminar las palabras cuando se les habla con la prosodia ralentizada y sobreacentuada del lenguaje materno.[5] El habla ralentizada ayuda a los bebés y a los adultos a analizar el habla: a aprender dónde empieza una palabra y termina la otra, a evitar que los fonemas consecutivos interfieran entre sí. Veremos en el próximo capítulo que esto parece ser una consecuencia de cómo el cerebro procesa los flujos de información y cuenta el tiempo en la escala de decenas a cientos de milisegundos. El habla es multidimensional: hay muchas variables que contribuyen al habla, como la secuencia de fonemas, el intervalo entre fonemas, la duración de las sílabas, las pausas entre palabras, la entonación, el acento, la velocidad del habla y la prosodia general. Muchas de estas características requieren que el cerebro del oyente distinga el tiempo. Del mismo modo, el hablante debe enfrentarse a los retos motrices necesarios para generar la estructura temporal del habla, incluida una compleja secuencia de giros de la lengua, movimientos de los labios sincronizados, vibraciones de las cuerdas vocales, pausas y respiraciones sincronizadas. En conjunto, los cerebros de oyentes y hablantes deben resolver un sofisticado conjunto de problemas de sincronización, una tarea que probablemente supere las capacidades de cualquier dispositivo similar a un reloj.

Código morse

Hemos visto que los seres humanos y otros animales realizan una amplia gama de tareas temporales, como cronometrar el tiempo que tarda el sonido en llegar de un oído a otro, la duración de las luces rojas o la rotación de la Tierra alrededor de su eje. Estas tareas se basan en el cronometraje de intervalos aislados o duraciones; el equivalente temporal de calcular el tamaño de un objeto. En cambio, el reconocimiento del habla y la música requiere determinar la estructura temporal de patrones temporales complejos: juntar muchas piezas temporales para formar el todo.

El tiempo es para el reconocimiento del habla y la música lo que el espacio es para el reconocimiento visual de objetos. Podemos pensar que reconocer una cara en un dibujo es un problema espacial, es decir, que la información relevante está contenida en las relaciones espaciales entre todos los elementos del dibujo. También es un problema jerárquico: la información de bajo nivel (líneas y curvas) debe integrarse en una imagen unificada. Un círculo es un círculo, pero dos pares de círculos concéntricos uno al lado del otro se convierten en ojos; colócalos en el interior de un círculo más grande y tendrás una cara, y así sucesivamente hasta que tengamos una multitud de personas dentro de una escena. El habla y la música son el equivalente temporal del reconocimiento de una escena visual: requieren resolver una jerarquía de problemas temporales intercalados.[6] El habla precisa seguir las características temporales de elementos progresivamente más largos: fonemas, sílabas, palabras, frases y oraciones. En cierto modo, reconocer una jerarquía de patrones temporales es más difícil, porque se necesita algún tipo de memoria del pasado. Todas las características de un dibujo están presentes simultáneamente en un trozo de papel estático, pero las características relevantes del habla o la música requieren una integración a lo largo del tiempo; es decir, cada característica debe interpretarse en el contexto de ciertos elementos que ya se han desvanecido en el pasado.

El código Morse es quizá el mejor ejemplo de lo sofisticada que es la capacidad del cerebro para procesar patrones temporales. El habla y la música se basan en la información codificada en la estructura temporal de los sonidos, pero también hay una gran cantidad de información transmitida en el tono de los sonidos. Podemos considerar el tono como información espacial, algo así como la orientación de una línea en un papel. Esto puede ser un poco confuso porque el tono se refiere a la percepción de la frecuencia de los sonidos, y la frecuencia es una propiedad intrínsecamente temporal que se mide en ciclos por segundo, es decir, el intervalo entre la repetición de ciclos de vibraciones de ondas sonoras. Sin embargo, la frecuencia de los sonidos está representada espacialmente por las células sensoriales auditivas (células ciliadas) a lo largo de la cóclea. Por tanto, en lo que respecta al sistema nervioso central, la discriminación del tono de los sonidos es esencialmente una tarea espacial, similar a las diferencias en la ubicación de las teclas de un piano. El código Morse es independiente del tono o de cualquier tipo de información espacial: en el código Morse, el tiempo lo es todo.

Hay dos elementos fundamentales en el código Morse: los puntos y las rayas. La única diferencia entre estos símbolos es su duración, por lo que el código Morse solo requiere un único canal de comunicación, como un tono o una luz que se enciende y se apaga siguiendo un patrón temporal complejo. Esta simplicidad hace que el código sea fácil de transmitir. Los mensajes pueden enviarse incluso con parpadeos cortos y largos. Así lo hizo el almirante estadounidense Jeremiah Denton durante la guerra de Vietnam. Como prisionero de guerra fue entrevistado con fines propagandísticos, y durante la entrevista televisada respondió a una pregunta diciendo: «Tengo comida y ropa adecuadas, además de atención médica cuando la necesito». Pero, mientras respondía, parpadeó: TORTURA[7].

La duración de un punto y una raya depende de la velocidad global del código Morse, medida en palabras por minuto. A un ritmo de 10 palabras por minuto, la duración de cada punto y de cada raya es de 120 y 360 ms, respectivamente. Pero también hay información codificada en las pausas: la pausa entre cada letra es de 360 ms (3 veces la duración de un punto), y la pausa entre cada palabra es de 840 ms (7 veces la duración de cada punto). El siguiente patrón se lee: «¿qué es el tiempo?».

• — —   • • • •   • — —   • •   • • •   —   • •   — —   •

Las pausas más largas representan el descanso entre palabras. Toda la información está contenida en la duración de los tonos, el intervalo entre ellos y su estructura global. Pero, al igual que el habla, el código Morse también tiene una prosodia, y los expertos parecen ser capaces de utilizar ligeras variaciones en la sincronización para identificar al hablante a través de su «acento». Para un oído inexperto, escuchar un mensaje largo en código Morse es muy parecido a escuchar un idioma extranjero: es imposible oír cuándo acaba una letra y empieza la siguiente. Cada tono entrante se apila sobre el anterior, lo que hace imposible discriminar entre las secuencias:

... . *(ella)*

y

.... *(suyo)*

Por supuesto, un experto no necesita contar conscientemente estos puntos y pensar cuándo acaba una letra y empieza la siguiente, como tampoco necesita pararse a pensar si ha oído la letra *t* al distinguir las palabras *neurona* y *neutrón*.

¿Cómo se llega a ser un experto en código Morse? Poco a poco. No se empieza a aprender el código Morse a 20 palabras por minuto: se empieza a un ritmo lento y se va subiendo. Uno de los métodos recomendados consiste en utilizar la llamada sincronización de Farnsworth: las letras se transmiten a velocidad normal, pero las pausas entre las letras y las palabras se acentúan alargándolas. Esto permite a los alumnos aprender las letras como un único «objeto temporal», al tiempo que se acentúan los límites entre cada letra y palabra para que interfieran menos entre sí.[8] En otras palabras, la gente aprende el código Morse empezando con el leguaje para bebés del código Morse.

Aprender a medir el tiempo

Incluso para los no iniciados en el código Morse es relativamente fácil distinguir un punto de 120 ms de una raya de 360 ms. Del mismo modo, en el contexto musical, es fácil distinguir una nota de 250 ms de una de 500 ms (una corchea y una negra a 120 pulsaciones por minuto, respectivamente). Pero ¿cómo consigue el cerebro practicar estas formas sencillas de discriminación temporal? ¿Mejora la sincronización con la práctica? La respuesta a estas preguntas proporciona información importante sobre la forma en que el cerebro mide el tiempo.

Se podría suponer que el cerebro utiliza una especie de cronómetro neuronal multiusos para cronometrar todas las duraciones comprendidas entre unos pocos milisegundos y un segundo más o menos. Por otro lado, podríamos especular con que el cerebro tiene una multitud de neuronas o circuitos diferentes, cada uno especializado en detectar un intervalo determinado, algo así como tener una colección de relojes de arena, uno para cada intervalo posible. Para intentar distinguir entre estas hipótesis podemos preguntarnos si (y cómo) la capacidad de las personas para discriminar intervalos mejora con la práctica.

Aunque la discriminación de intervalos se lleva estudiando desde finales del siglo XIX, hasta la década de los noventa del siglo pasado no se respondió de forma concluyente a la pregunta de si la sincronización mejora con la práctica. Uno de los primeros estudios en abordar sistemáticamente esta cuestión fue realizado en la Universidad de California en San Francisco por Beverly Wright, yo mismo y nuestros colegas Henry Mahncke y Michael Merzenich. Utilizamos una tarea estándar de discriminación de intervalos en la que los sujetos escuchaban dos intervalos diferentes y se les pedía que decidieran cuál de los dos era más largo. En esta tarea, cada intervalo estaba delimitado por dos tonos breves (de 15 ms cada uno). Así, el primer intervalo podía consistir en dos tonos separados por un *intervalo estándar* de 100 ms, mientras que el segundo, denominado *intervalo de comparación*, podía consistir en dos tonos separados por 120 ms (figura 5.1). La diferencia entre el intervalo estándar y el de comparación, en este caso 20 ms, se denomina delta-t (Δt). Si, ante intervalos de 100 y 120 milisegundos, el participante siempre identifica correctamente el intervalo más largo, podemos concluir que su temporizador interno tiene una resolución mejor (menor) que 20 milisegundos.

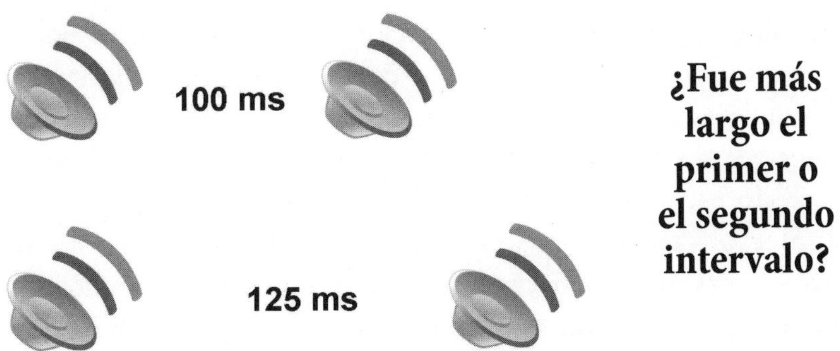

Figura 5.1. Tarea de discriminación por intervalos.

Variando el valor Δt es posible estimar la precisión de los temporizadores cerebrales. Primero estimamos el umbral de los sujetos en intervalos estándar de 50, 100, 200 y 500 ms. Lo primero que hay que destacar es que estos umbrales eran muy diferentes para cada intervalo estándar, esto es una propiedad general de cómo los humanos discriminan estímulos de diferentes magnitudes. Probablemente seas capaz de distinguir entre dos objetos que pesan 100 y 120 gramos, pero no entre objetos que pesan 1000 y 1020 gramos. En general, lo que importa no es la diferencia absoluta entre los dos estímulos, sino la relación relativa entre ellos. Los umbrales de discriminación por intervalos se situaron en torno al 15-25 %. Por ejemplo, para el intervalo estándar de 100 ms, el *umbral medio de discriminación de intervalos* fue de 24 ms, lo que significa que, por término medio, las personas podían discriminar con fiabilidad entre 100 y 124 ms. Tras obtener estos datos de referencia el primer día del estudio, los sujetos se sometieron a un periodo de entrenamiento de diez días en el que practicaron la discriminación de los intervalos de 100 ms durante una hora al día. Tras este periodo de práctica, la sincronización de los sujetos efectivamente mejoró, el umbral medio para el estándar de 100 ms cayó de 24 a 10 ms. Esto sugiere que la práctica mejora de algún modo la calidad de los temporizadores de nuestro cerebro. No obstante, los seres humanos somos criaturas complicadas. Quizá la práctica no mejoró el cronometraje en sí, sino que pareció hacerlo porque con el tiempo los voluntarios fueron más capaces de concentrarse en la tarea. Afortunadamente, la respuesta a una segunda pregunta, más interesante, invalidó esta interpretación. Dado que la gente mejoraba en el intervalo entrenado de 100 ms, ¿mejoraban también en los otros intervalos? De hecho, si creemos que el cerebro tiene una especie de cronómetro neuronal genérico responsable de cronometrar todos los intervalos entre 50 y 500 ms y que este cronómetro de alguna manera se vuelve más preciso con la práctica, esperaríamos que el cronometraje de todos los intervalos mejorara, aunque los voluntarios solo practicaran en los 100 ms. Por el contrario, si el cerebro utiliza cronómetros especializados, entonces predeciríamos que las mejoras en el intervalo estándar de 100 ms no se generalizarían a los demás intervalos. Y así fue. Aunque diez días de práctica en los intervalos de 100 ms mejoraron drásticamente la capacidad de las personas para discriminar intervalos en torno a los 100 ms, no mejoraron en absoluto los umbrales de discriminación para los intervalos de 50, 200 o 500 ms.[9] Si el aprendizaje en el intervalo de 100 ms procediera de una mejora de la concentración, entonces los sujetos probablemente mejorarían en todos los intervalos, pero no fue eso lo que observamos. Y lo que es más importante, este resultado —que desde entonces se ha reproducido en otros muchos estudios—[10] sugiere que, con independencia de la forma en que el cerebro mida el tiempo en el intervalo de los subsegundos, no parece que sea a través de ningún tipo de mecanismo de cronómetro maestro que pueda medir el tiempo de todos y cada uno de los intervalos.

Resulta lógico pensar que, si la sincronización mejora con la práctica, las personas que ejercen profesiones que requieren una sincronización precisa —como los músicos— deberían ser mejores que la media. Uno de los primeros estudios que abordó esta cuestión fue el realizado por Richard Ivry y sus colegas, entonces en la Universidad de Oregón. Pidieron a pianistas y no pianistas que pulsaran un botón en sincronía con una serie de tonos que se presentaban cada 400 ms y que siguieran tocando con el mismo ritmo una vez que cesaran los tonos. Los intervalos entre pulsaciones producidos por los músicos fueron significativamente menos variables (más consistentes) que los producidos por los no músicos. Del mismo modo, los pianistas también eran mejores en una tarea de discriminación de intervalos con un intervalo estándar de 400 ms.[11] Otro estudio confirmó que los umbrales de discriminación de intervalos de los músicos eran significativamente inferiores para intervalos estándar de 50 y 1000 ms. Pero incluso entre los músicos existen diferencias temporales significativas. Se ha demostrado, por ejemplo, que los baterías discriminan intervalos de 1 segundo mejor que los músicos de cuerda.[12] En general, los estudios revelan que los músicos suelen rendir al menos un 20 % mejor que los no músicos en diversas tareas temporales.

Mantener el ritmo

La música, de una forma u otra, está universalmente presente en todas las culturas humanas. Un ingrediente clave de la música es su compás: el ritmo periódico que sirve de base a una canción. Nuestra tendencia natural a gravitar hacia el ritmo de la canción dando golpecitos o moviendo la cabeza es un ejemplo más de que el cerebro humano es una máquina de predicción. No damos golpecitos con el pie *en respuesta* a cada compás —que suele estar marcado por el golpe de un tambor—, sino que el cerebro mira unos cientos de milisegundos hacia el futuro para predecir cuándo se producirá el siguiente compás y sincroniza los movimientos para que coincidan con él. Sincronizar nuestros movimientos con el ritmo de una canción es tan fácil que a veces resulta más sencillo dar golpecitos que suprimir el encanto del ritmo. Sin embargo, la mayoría de los animales no poseen la sencilla capacidad de seguir un compás.

No es solo que los animales no compartan nuestras inclinaciones musicales, sino que parecen carecer de las habilidades sensoriomotoras necesarias para sincronizar sus movimientos con un estímulo periódico. Llegados a este punto, cualquier experto en YouTube discrepará y señalará la abundancia de simpáticas mascotas que se mueven alegremente al ritmo de alguna canción pop. Algunos de estos vídeos son probablemente afortunados efectos Clever Hansian: animales que han aprendido a leer las pistas que les ofrecen sus dueños, como el famoso caballo que realizaba operaciones aritméticas a partir de las señales corporales involuntarias de su jinete. Sin embargo, otros vídeos, sobre todo los de pájaros, pueden ser reales.

A los científicos no se les da mal reclutar a sus sujetos a partir de vídeos de YouTube. Un estudio realizado por el psicólogo Aniruddh Patel y sus colegas recurrió a la estrella de YouTube conocida como Snowball, una simpática cacatúa blanca.[13] En uno de sus vídeos, Snowball realiza una serie de movimientos con el cuerpo y la cabeza —que solo pueden describirse como baile— al son de la canción «Everybody» de los Backstreet Boys. Para determinar si Snowball seguía realmente el ritmo, en lugar de haber memorizado una serie de movimientos fijos, los investigadores ralentizaron o aceleraron la canción y determinaron dónde se situaban los movimientos de Snowball en relación con el ritmo de la canción; si la cabeza está siempre más o menos en la misma posición extendida en cada compás, podemos decir que sus movimientos se sincronizaban con el ritmo. Los movimientos de Snowball estaban claramente sincronizados con el ritmo en toda una gama de tempos, lo que significa que se anticipaba a los tiempos, aunque parecía preferir bailar con los tiempos más rápidos.[14] Pero los pájaros son la excepción. Los monos pueden aprender a reproducir un único intervalo marcado por dos tonos auditivos, pero les cuesta realizar una tarea sencilla de sincronización. Un estudio reveló que, incluso después de un año de entrenamiento, los monos *Rhesus* no eran capaces de pulsar un botón en sincronía con los tonos presentados periódicamente, aunque sí eran capaces de golpear el botón ligeramente después de cada tono.[15]

Entonces, ¿por qué la tarea aparentemente trivial de mantener un ritmo es tan difícil para nuestros compañeros primates, pero no para algunas aves? Una posible respuesta a esta pregunta es la *hipótesis del aprendizaje vocal*. La mayoría de los mamíferos, incluidos los monos, los perros y los gatos, se comunican entre sí mediante gritos, aullidos, gruñidos, ladridos o maullidos, pero estos comportamientos son innatos y reflejan un conjunto muy simple y limitado de «palabras»: un perro, por ejemplo, no necesita aprender que un gruñido no significa «bienvenido, por favor, acércate». Hay pocos animales que aprendan a producir vocalizaciones como resultado de la experiencia y las interacciones sociales. Además de los humanos, entre las especies capaces de aprender vocalizaciones se encuentran algunas aves, ballenas y elefantes. Los loros son el ejemplo más obvio, ya que pueden aprender a reproducir los sonidos emitidos por otras aves o a imitar un repertorio limitado de palabras del vocabulario pirata.

El aprendizaje vocal requiere que el cerebro escuche sonidos y luego averigüe cómo reproducir esos mismos sonidos utilizando las cuerdas vocales y los músculos bucales. Esta tarea requiere claramente una cooperación significativa entre los centros auditivos y motores del cerebro. Del mismo modo, la capacidad de moverse en sincronía con un estímulo auditivo periódico también precisa una estrecha cooperación entre los sistemas auditivo y motor. Se ha propuesto que el mismo cableado cerebral que permite a los animales aprender la comunicación vocal también subyace al acto, aparentemente mucho más sencillo, de seguir el ritmo de una canción.[16]

El habla y la música son actividades que requieren que el cerebro cree una expectativa de lo que va a ocurrir a continuación. La música, en particular, consiste en anticipar una nota concreta en un momento determinado; que esa expectativa se satisfaga o se incumpla depende de la intención del compositor.[17] No es de extrañar, pues, que la capacidad de seguir un compás sea un requisito mínimo para apreciar la música, ya que golpear en sincronía con un estímulo periódico es una de las medidas más básicas de predicción y expectativa.

Pájaros cantores

Los pájaros no solo bailan, la mayoría también canta. Al menos nosotros llamamos canto a su manera de comunicarse. Existen numerosos paralelismos entre el aprendizaje del canto en las aves cantoras y el habla humana. Estas similitudes han hecho de las aves cantoras una especie importante para el estudio del aprendizaje, la comunicación, el lenguaje y la sincronización.[18] Los pinzones cebra machos vocalizan canciones elaboradas como parte de su comportamiento de cortejo. Los machos jóvenes aprenden estas canciones de los machos adultos, o incluso escuchando una grabación de otro macho cantando. Al igual que ocurre con el habla humana, existe una ventana de desarrollo crítica en la que debe producirse el aprendizaje vocal. Si se pierde ese periodo de desarrollo temprano, los pájaros cantores nunca aprenderán a producir un canto adulto normal: un macho que nunca ha oído el canto de otro macho cantará, pero es improbable que la calidad de su canto seduzca a alguna hembra.

Al igual que en el habla y la música, existe una jerarquía temporal de elementos dentro del canto de un pájaro. Las notas se combinan para formar sílabas, y una secuencia de sílabas forma las frases de un canto. Una sílaba puede durar hasta unos cientos de milisegundos, las pausas entre sílabas suelen durar menos de 100 ms y una canción entera puede prolongarse durante segundos. Los cerebros de los pinzones cebra macho y hembra son muy diferentes: los machos tienen una serie de áreas cerebrales fundamentales para el aprendizaje y la producción del canto (las hembras no cantan). Uno de estos núcleos se denomina HVC y es responsable, al menos en parte, de la sincronización del canto del pinzón cebra. Las neuronas del HVC se activan en momentos específicos durante el canto; por ejemplo, una neurona puede activarse a los 100 ms de una frase, mientras que otra puede hacerlo a los 500 ms.[19] Podemos pensar que estas neuronas forman una cadena neuronal en la que la neurona *A* activa la *B*, que a su vez activa la *C*, etc. (figura 5.2). El resultado es que una vez que la neurona *A* se dispara tenemos un efecto dominó de activación neuronal *A*→*B*→*C*→*D*→*E* (en realidad, es mejor pensar en cada eslabón de esta cadena como un grupo de neuronas en lugar de una sola neurona). Esto es como utilizar una cadena de fichas de dominó que caen como un cronómetro: si las fichas de dominó se disponen en la misma posición una y otra vez, y cada ficha tarda 100 ms en caer, entonces sabemos que han transcurrido aproximadamente 500 ms cuando cae la quinta ficha de dominó, y ha pasado 1 s cuando cae la décima ficha de dominó, etc. Del mismo modo, como examinaremos con más detalle en el próximo capítulo, una teoría es que, en algunos casos, el cerebro cuenta el tiempo determinando qué neuronas de una cadena están activas en ese momento. De hecho, las neuronas del HVC parecen utilizar un mecanismo de este tipo para controlar el tiempo de las notas del canto de un pájaro. Pero uno de los retos crónicos de la neurociencia es distinguir entre correlación y causalidad: que las neuronas del HVC parezcan responsables del canto no significa que lo sean realmente. Para abordar esta cuestión de correlación y causalidad, los neurocientíficos Michael Long y Michale Fee, ambos en el MIT en aquel momento, razonaron que, si las neuronas del HVC causaban el ritmo del canto, en el caso de que se ralentizara el patrón de actividad de esas neuronas, los pájaros cantarían a cámara lenta.[20]

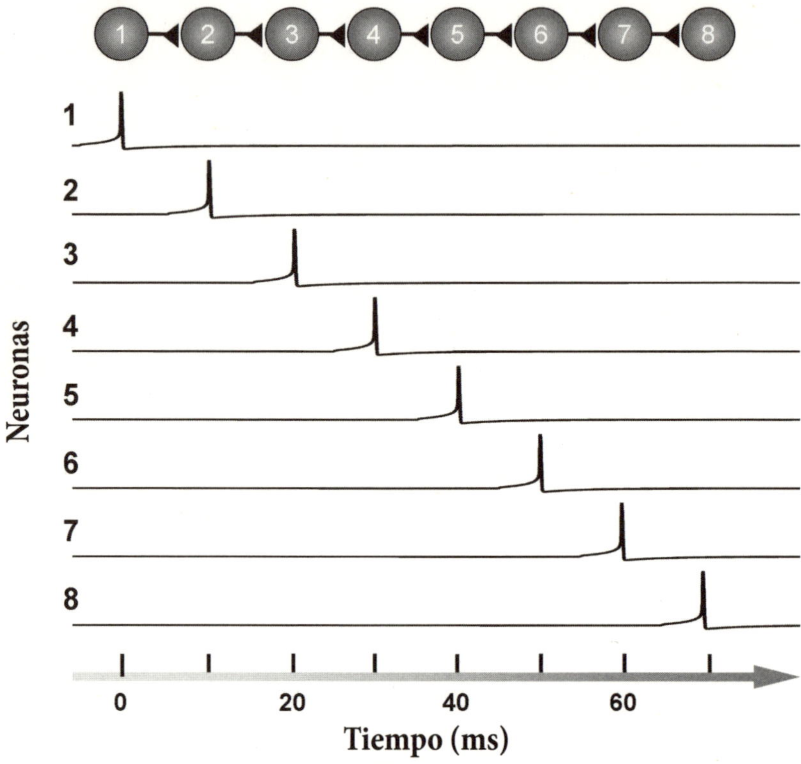

Figura 5.2. Cadena *synfire*. En un modelo de cadena sinusoidal, las neuronas individuales (o grupos de neuronas) están conectadas de forma directa. La actividad —potenciales de acción representados por «picos» de voltaje— se propaga por toda la red de forma parecida a la caída de las fichas de un dominó. El tiempo transcurrido desde la activación de la primera neurona de la cadena puede codificarse en función de la neurona que esté activa en ese momento.

Ralentizar la actividad de un grupo de neuronas es una tarea delicada, pero es posible hacerlo manipulando la temperatura local de una zona concreta del cerebro. En general, el enfriamiento de los tejidos biológicos ralentiza su metabolismo y su ritmo de actividad. Lo mismo ocurre con las neuronas. Por ejemplo, en los animales ectotermos («de sangre fría»), la velocidad a la que un potencial de acción se desplaza por un axón e incluso la duración del propio potencial de acción pueden depender de la temperatura externa (esta es una de las razones por las que los animales endotérmicos suelen tener reflejos más rápidos que los ectotermos).

Para reducir la temperatura en el HVC, Long y Fee utilizaron un diminuto elemento refrigerante que podía insertarse en el cerebro de las aves. Esto les permitió disminuir la temperatura del HVC cinco o seis grados centígrados por debajo de la temperatura corporal mientras cantaban los pájaros macho (a los machos se les suele engatusar para que canten colocando a una hembra en una jaula vecina). Los resultados fueron claros. En lo que respecta a la producción de canto, el enfriamiento del HVC ralentizó el paso del tiempo. En particular, esta ralentización del tempo de la melodía fue uniforme en todo el canto, es decir, las notas, las sílabas, las pausas y la longitud total de la frase se alargaron en la misma medida, hasta un 40 %. Como experimento de control, los investigadores también enfriaron un núcleo motor importante para la producción de la canción, un área que recibe información del HVC. El enfriamiento de esta zona no afectó significativamente a la sincronización del canto, lo que implica que el efecto se debe a la ralentización de los patrones de actividad (la dinámica neuronal) dentro de las neuronas del HVC y que en este caso el núcleo motor funciona más o menos como esclava del HVC.

Hay muchas preguntas sin respuesta sobre la sincronización de los cantos de los pájaros, pero en estos experimentos encontramos la prueba de que un solo núcleo del cerebro puede conducir, si no gobernar, la sincronización y la estructura temporal de un comportamiento complejo.

La neuroanatomía del tiempo

Los estudios electrofisiológicos en animales y los estudios de imagen en humanos no aportan pruebas convergentes de que exista ningún circuito maestro dentro del cerebro responsable de medir el tiempo en la escala de cientos de milisegundos a unos pocos segundos. Más bien al contrario: cada vez es más difícil encontrar un área del cerebro que no esté implicada en algún tipo de cronometraje.[21] Está claro que cualquier versión fuerte de una estrategia de reloj maestro es incorrecta, lo que no quiere decir que áreas específicas del cerebro no sean responsables de algunas formas concretas de cronometraje. En los pájaros cantores, el HVC parece ser una región clave para la sincronización del canto. Como veremos en el próximo capítulo, en los mamíferos el cerebelo es importante para algunas formas de sincronización motora. Además, los estudios han implicado sistemáticamente algunas áreas del cerebro humano en la discriminación de intervalos. Entre estas zonas se encuentran los ganglios basales (un grupo de núcleos cerebrales situados debajo de la corteza) y el área motora suplementaria (una zona adyacente a la corteza motora que contribuye al movimiento).[22] Sin embargo, es demasiado pronto para decir si estas zonas realmente miden el tiempo o más bien informan sobre él, es decir, si son el cristal de cuarzo o la pantalla digital de un reloj de pulsera. Además, estos estudios no revelan mucho sobre la forma en que los circuitos cerebrales miden el tiempo, es decir, sobre los mecanismos neuronales del cronometraje.

Las investigaciones teóricas y experimentales realizadas en mi laboratorio y en otros muchos sugieren que, aunque determinados circuitos cerebrales son responsables de ciertos tipos de cronometraje, la mayoría de los circuitos neuronales son intrínsecamente capaces de medir el tiempo si es necesario. Dependiendo de las características de la tarea —por ejemplo, sincronización sensorial frente a sincronización motora, sincronización por intervalos frente a sincronización por patrones, o sincronización por subsegundos frente a sincronización por segundos—, determinados circuitos neuronales específicos pueden ser los principales responsables de la sincronización. Así, los circuitos auditivos pueden ser parcialmente responsables de distinguir una negra de una corchea; los circuitos visuales pueden contribuir a la discriminación de un punto o una raya en código Morse; los circuitos motores pueden ser responsables de emitir una señal de SOS en código Morse, y los ganglios basales pueden contribuir a nuestra capacidad de anticipar cuándo debe cambiar un semáforo.

Esta idea de que el cronometraje es un cálculo general que la mayoría de los circuitos neuronales pueden realizar —en un grado u otro— ha llevado a mi laboratorio a preguntarse: «¿puede un trozo aislado de córtex, mantenido en cultivo en una placa, indicar la hora?». Del mismo modo que es posible mantener vivas *in vitro* («en una placa») células sanguíneas o tejido cardíaco o hepático, hace tiempo que los neurocientíficos pueden cultivar trozos de corteza obtenidos de ratas o ratones. Estos circuitos corticales pueden contener decenas de miles de neuronas y mantenerse vivos durante semanas o meses. Normalmente, estos circuitos permanecen en una incubadora, privados de cualquier interacción con el mundo exterior. Hope Johnson y Anu Goel, de mi laboratorio, se preguntaron qué ocurriría si estos circuitos se expusieran a algún tipo de patrón temporal. ¿Cambiarían o se adaptarían los circuitos? ¿Podrían los circuitos, en cierto sentido, «aprender» un intervalo específico? En una serie de experimentos se estimularon eléctricamente cortes cerebrales de la corteza auditiva de ratas con intervalos de 100, 250 o 500 ms durante unas horas.[23] Normalmente, el cerebro recibe información a través de sus órganos sensoriales, pero las neuronas colocadas en una placa no tienen forma de recibir señales del mundo exterior. Para dotar a los circuitos *in vitro* de una especie de experiencia sensorial se utilizaron microelectrodos metálicos para proporcionar una breve descarga al tejido, lo que provocó que un pequeño porcentaje de las neuronas se disparara. A intervalos de 100, 250 o 500 ms, Anu Goel aplicó un segundo estímulo, este en forma de pulso de luz, que también provocó el disparo de un subconjunto de neuronas. Normalmente, las neuronas no responden a la luz (a excepción de los fotorreceptores de nuestros ojos), ya que carecen de los pigmentos que la detectan. Sin embargo, mediante los llamados métodos optogenéticos, es posible inducir a las neuronas de una placa a disparar en respuesta a la luz transfectándolas con un gen que codifica una proteína sensible a la luz.[24] Así, estos circuitos corticales tenían ahora un contacto muy limitado con el mundo exterior: todo lo que experimentaban era uno de tres intervalos temporales diferentes. La cuestión era saber si su experiencia afectaba de algún modo al comportamiento de estos circuitos. Los cortes cerebrales ingenuos suelen responder a un breve impulso eléctrico con un estallido de actividad en la red que dura hasta unos cientos de milisegundos. Esto ocurre porque las neuronas activadas directamente por la descarga activan otras neuronas, que a su vez pueden activar otras: la actividad «reverbera» durante unos cientos de milisegundos hasta que se apaga. Esta actividad es una firma de la dinámica interna de la red. Dependiendo del intervalo utilizado para entrenar los cortes, la dinámica interna de la red mostraba diferentes firmas. Cuando se entrenaban con un intervalo corto, la actividad duraba poco; cuando los cortes se entrenaban con intervalos de 250 ms o 500 ms, la duración media de la actividad evocada de la red duraba progresivamente más. Así pues, no solo la dinámica interna de los cortes se vio alterada por la experiencia, sino que el perfil temporal de la dinámica se adaptó al intervalo entrenado. Un trabajo independiente del laboratorio de Marshall Shuler en la Universidad Johns Hopkins también observó una forma de aprendizaje de intervalos en cortes corticales in vitro de la corteza visual.[25] Una interpretación de estos resultados es que incluso los circuitos corticales en una placa son capaces, en cierto sentido, de aprender a medir el tiempo.

Estos estudios apoyan firmemente la idea de que debemos considerar la temporización en el rango de cientos de milisegundos no como un cálculo realizado por circuitos especializados, sino como una propiedad intrínseca de los circuitos neuronales.

A menudo nos preguntamos si ciertos trastornos neurológicos provocan la pérdida de la capacidad de medir el tiempo. La respuesta a esta pregunta depende de a qué escala temporal nos refiramos. Hemos visto que el paciente amnésico Clive Wearing perdió ciertamente la noción del paso del tiempo de los minutos, razón por la cual parecía estar atrapado en un bucle eterno en el cual siempre creía que acababa de despertarse. Esto tiene sentido: aunque tengamos un reloj que funcione colgado en la pared, no podríamos utilizarlo para determinar que ha transcurrido una hora si no podemos recordar cuándo empezó la tarea. Dado que la capacidad de Wearing para tocar música, comprender el habla y hablar estaba intacta, su cronometraje, del orden de cientos de milisegundos, está claramente intacto. Y es de suponer que, al igual que el famoso paciente amnésico H. M., puede reproducir con precisión intervalos de unos pocos segundos.[26] Los pacientes como Wearing y H. M. presentan un grave deterioro de su capacidad para formar nuevos recuerdos a largo plazo (más concretamente, recuerdos sobre hechos o episodios de su vida). Estos déficits han permitido comprender mejor cómo almacena recuerdos el cerebro. Así que es natural preguntarse también si determinados trastornos suprimen la capacidad de las personas para medir el tiempo en la escala de alrededor de un segundo. La respuesta es no. No se conoce ningún trastorno neurológico que haga que las personas pierdan la capacidad de apreciar el ritmo de la música, reproducir intervalos de segundos y aprender a parpadear en el momento adecuado en respuesta a un tono. Tampoco deberíamos esperar que los hubiera, porque los distintos problemas temporales se resuelven con circuitos diferentes dentro del cerebro.

* * *

Los objetos son entidades físicas que pueden verse o tocarse, pero el cerebro nunca ve ni toca nada directamente. Todo su conocimiento del mundo exterior le llega a través de patrones de potenciales de acción creados en uno de los cinco órganos sensoriales. A partir de estos patrones, el cerebro aprende a identificar entidades físicas reales, como despertadores o papayas. Desde el punto de vista visual, estos objetos son, en cierto sentido, independientes del tiempo; pueden identificarse a partir de una instantánea. Pero gran parte de lo que el cerebro identifica en el mundo exterior es de naturaleza intrínsecamente temporal: un movimiento de la mano, una ondulación en un estanque, la letra - - - (*s* en código Morse), una melodía pegadiza, el golpeo del balón y las palabras *golpeo* y *balón*. Todos ellos son «objetos» temporales. Para detectar y representar estos acontecimientos, el cerebro tiene que ser sensible al orden temporal y al tiempo.

El inicio vocal de un fonema, la duración de una nota musical o la diferencia entre un punto y una raya en código Morse requieren una temporización de bajo nivel: son los árboles del bosque. Pero el habla, la música y el código Morse se caracterizan por un paisaje temporal más amplio. Ver este paisaje solo es posible en la escala temporal de decenas de milisegundos a unos pocos segundos. El habla y la música no existen fuera de esta ventana. Si la música se ralentiza o acelera demasiado, deja de ser música. Si se habla demasiado rápido, los fonemas se funden entre sí; si se habla demasiado despacio, los fonemas no son reconocibles y empezamos a perder la pista de los sonidos y las palabras anteriores en una frase.

El tiempo por debajo del segundo es la zona «Ricitos de Oro» del procesamiento temporal: es donde somos capaces de entender tanto el bosque como los árboles.

Sin la capacidad de analizar patrones temporales complejos, seríamos incapaces de realizar dos habilidades características de la especie humana: el habla y la música. Pero ¿cómo resuelve el cerebro los complejos problemas temporales inherentes al habla o la música? ¿Cómo mide la duración de una sílaba o determina el tempo de una canción?

6:00

TIEMPO, DINÁMICA NEURONAL Y CAOS

> *¿Qué es un reloj? La primitiva sensación subjetiva del flujo temporal nos permite ordenar nuestras impresiones, juzgar que un acontecimiento tiene lugar antes y otro después. Pero, para demostrar que el intervalo de tiempo entre dos acontecimientos es de 10 segundos, se necesita un reloj. Mediante el uso de un reloj, el concepto de tiempo se convierte en objetivo. Cualquier fenómeno físico puede utilizarse como reloj, siempre que pueda repetirse exactamente tantas veces como se desee.*
>
> EINSTEIN E INFELD[1]

Los relojes fabricados por el hombre se basan en un principio vergonzosamente simple: contar el número de ciclos de un oscilador. La sofisticación del oscilador varía enormemente —la oscilación de un péndulo, la vibración de un cristal de cuarzo o los ciclos de las «vibraciones» de la radiación electromagnética—, pero al final los relojes artificiales consisten simplemente en contar los tics y los tacs de algún proceso periódico. Dado el absurdo éxito de esta estrategia, resulta tentador suponer que el cerebro se basa en principios similares para medir el tiempo.

Quizá demasiado tentador.

La teoría más influyente sobre cómo el cerebro cuenta el tiempo en la escala de milisegundos a segundos es el llamado *modelo del reloj interno*, esbozado por primera vez a principios de los años sesenta.[2] Como su nombre indica, este modelo se basa en un principio similar al de los relojes artificiales: una neurona o un grupo de neuronas latirían a una frecuencia fija, mientras que otro grupo contaría el número de estas pulsaciones. Parece una propuesta sensata, sobre todo cuando nos enteramos de que muchas neuronas oscilan, es decir, pueden dispararse una y otra vez a un intervalo bastante fijo. De hecho, las ondas cerebrales oscilantes, la respiración, la marcha y los latidos del corazón son ejemplos de fenómenos biológicos altamente rítmicos que dependen de osciladores biológicos con periodos que van desde decenas de milisegundos hasta unos pocos segundos.

Pero los relojes fabricados por el hombre requieren algo más que un buen oscilador: necesitan un mecanismo para contar cada oscilación (los engranajes de un reloj mecánico o los circuitos digitales de un reloj de cuarzo realizan esta función). Y ahí radica el problema: mientras que las neuronas pueden ser osciladores adecuados, contar no es su fuerte.

Sincronización de los supra- e infraperiodos

Quizá estés pensando: «Un momento, ya hemos visto que los relojes circadianos dependen de un oscilador biológico que depende a su vez de un bucle de retroalimentación autorregulador de transcripción/traducción». Además, como acabamos de decir, la respiración, los latidos del corazón o el caminar dependen de osciladores biológicos. Por tanto, ¡el cuerpo utiliza el mismo principio que los relojes artificiales para medir el tiempo! Esta línea de razonamiento es solo parcialmente correcta porque hay una diferencia importante entre estos ejemplos y los relojes artificiales. Los intervalos relevantes que se miden en estos ejemplos biológicos son *inferiores o iguales* al periodo del oscilador, mientras que en los relojes artificiales ocurre lo contrario: solo pueden medir el tiempo en escalas *superiores* al periodo de su base de tiempo. En general, los osciladores biológicos se utilizan para medir acontecimientos de duración inferior a su periodo *(temporización infraperiódica)*, mientras que los relojes artificiales miden el tiempo transcurrido para duraciones superiores a su periodo *(temporización supraperiódica)*.

La maquinaria molecular que comprende los relojes circadianos analizados en el capítulo 3 tiene un periodo de unas 24 horas. La concentración de proteínas circadianas proporciona información sobre la fase dentro de este ciclo de 24 horas: por ejemplo, si es por la mañana, por la tarde o por la noche. Pero el reloj circadiano del núcleo supraquiasmático no sabe cuántos días han pasado. Cada día es un reinicio completo: como un péndulo solitario que no está conectado a ningún engranaje, no hay registro ni memoria de cuántos ciclos han transcurrido. Del mismo modo, los osciladores neuronales que subyacen a la respiración garantizan que respiremos más o menos a la misma frecuencia, digamos 0,25 Hz (un periodo de 4 s). Cada ciclo respiratorio requiere una serie de eventos motores bien sincronizados, incluido el control coordinado de la inspiración y la espiración. Así pues, puede decirse que los centros neuronales que controlan la respiración miden el tiempo en una escala inferior a 4 s, pero, de nuevo, cada periodo es esencialmente un reinicio completo.[3] Los circuitos neuronales que controlan la respiración no tienen ni idea de si han generado mil, medio millón o un millón de ciclos respiratorios.

Existen redes de neuronas que integran la información a través del tiempo («cuentan»), pero carecen de la precisión digital y la amplitud de memoria de los engranajes de un reloj de péndulo o de los circuitos digitales que cuentan los tictacs de un reloj de cuarzo o atómico. Los humanos bien entrenados pueden distinguir un intervalo de 100 ms de otro de 105 ms. Pero, para detectar esta diferencia de 5 ms utilizando un mecanismo de cronometraje supraperiódico, la base de tiempo tendría que oscilar a 200 Hz y el circuito acumulador tendría que distinguir entre 20 y 21 tics, requisitos difíciles de cumplir dadas las propiedades temporales y la precisión de las neuronas. En consonancia con esta observación, el modelo de reloj interno del cronometraje cuenta con escaso apoyo experimental.

La falta de apoyo empírico al modelo del reloj interno no significa necesariamente que los osciladores cerebrales no participen en la sincronización supraperiódica. Por ejemplo, se ha propuesto que algunas formas de cronometraje podrían depender de un conjunto de osciladores neuronales, cada uno de los cuales funciona a una frecuencia diferente. Cuando este conjunto de osciladores se pone en movimiento, diferentes subpoblaciones de neuronas forman *latidos:* momentos en los que algunos de los osciladores están temporalmente alineados, seguidos de momentos en los que la mayoría de los osciladores están desfasados entre sí. Los modelos computacionales han demostrado que, mediante la detección de estos latidos, los modelos de osciladores neuronales podrían utilizarse para discriminar intervalos por debajo del periodo de cualquiera de los osciladores.[4]

Sin embargo, hemos visto que el tiempo en la escala de cientos de milisegundos a unos pocos segundos es muy especial. En este intervalo, el cronometraje no se limita a medir diligentemente el intervalo entre acontecimientos, sino que tiene que ver con el contexto, las jerarquías temporales y los patrones temporales. En esta zona de Ricitos de Oro de los patrones temporales podemos extraer tanto la duración como el intervalo de los acontecimientos, así como la estructura temporal global de las secuencias de fonemas, notas musicales y los puntos y rayas del código Morse. Así pues, parece que deberíamos ir más allá de los mecanismos convencionales basados en osciladores para explicar la temporización a escala de milisegundos y segundos.

Ondulaciones

Considera los patrones de ondulación creados por dos gotas de lluvia que caen en un estanque, como se muestra en la figura 6.1. ¿Cuál de las gotas cayó primero? Uno de los objetivos de este capítulo es demostrar —como nos recuerdan Einstein y su colega Leopold Infeld en la cita que abre este capítulo— que, en principio, cualquier fenómeno físico que pueda repetirse de forma reproducible puede utilizarse para medir el tiempo.

Suponiendo que cada gota de lluvia golpea la superficie del agua con más o menos el mismo impulso, cada una crea un patrón similar de ondas concéntricas que se expanden hacia el exterior. Estas ondas son un ejemplo de *patrón espaciotemporal*, es decir, un patrón espacial que cambia con el tiempo. Una instantánea del patrón espacial en cualquier momento del tiempo no solo hace evidente qué gota de lluvia cayó primero, sino que, con un poco de matemáticas, también nos permite estimar el intervalo entre las gotas de lluvia.

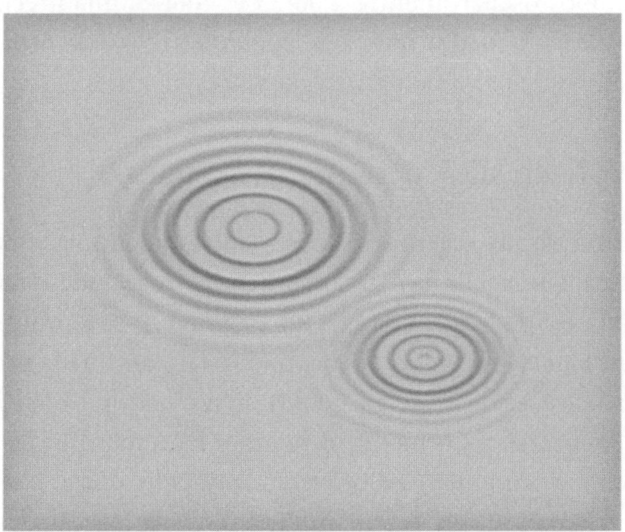

Figura 6.1. Ondulaciones. El tiempo se codifica de forma natural en el estado de los sistemas dinámicos. Aquí está claro qué gota de lluvia cayó primero, y sería posible estimar el intervalo entre las gotas de lluvia.

Veamos otro ejemplo sencillo de cómo un sistema físico que cambia con el tiempo podría utilizarse para calcular. Imaginemos a un niño deslizándose por un tobogán de agua: si desciende partiendo siempre de la misma posición inicial, tardará aproximadamente el mismo tiempo en llegar al fondo. Podríamos marcar el tobogán con líneas que representen intervalos de un segundo; estas estarían separadas por pequeñas distancias en la parte superior y por distancias mayores en la parte inferior para tener en cuenta el aumento de velocidad a medida que el niño desciende por el tobogán. Así, a medida que el niño cruza cada línea, podemos decir cuánto tiempo ha transcurrido desde que empezó.

Nuestro cronómetro para niños en un tobogán funciona por gravedad, como un reloj de agua o un reloj de arena. Puede que estos cronómetros no parezcan especialmente precisos, pero ten en cuenta que los ocho mejores hombres en la competición de esquí alpino de los Juegos Olímpicos de Invierno de 2014 bajaron con una diferencia de medio segundo entre ellos. Los ocho mejores tiempos oscilaron entre 2:06:23 y 2:06:75, una precisión de menos del 0,4 %, mejor que la de cualquier reloj inventado antes de los relojes de péndulo de Huygens.

Plasticidad sináptica a corto plazo

La mayoría de los sistemas físicos —un esquiador cuesta abajo, una pelota que rueda por una rampa, las reacciones bioquímicas de una célula o las ondas de un estanque— son procesos que se desarrollan en el tiempo de una manera determinada por las leyes de la física, es decir, son sistemas dinámicos que, en principio, pueden utilizarse para medir el tiempo. El cerebro es el sistema dinámico más complejo del universo conocido, por lo que parece natural que pueda aprovechar su dinámica intrínseca para medir el tiempo. En efecto, cada vez que una neurona se dispara experimenta una serie de cambios reproducibles, como los que producen las gotas de lluvia al caer en un estanque.

En el capítulo 2 hemos visto que las neuronas están conectadas por sinapsis y que la fuerza de una sinapsis determina la influencia que la neurona presináptica tendrá sobre la postsináptica. Además, la fuerza de estas sinapsis puede cambiar —una sinapsis débil puede volverse fuerte— y el proceso de plasticidad sináptica es una de las formas en que el cerebro aprende y almacena información.

Para simplificarnos la vida, los neurocientíficos suelen fingir que, en ausencia de aprendizaje, la fuerza de la sinapsis permanece más o menos constante. Sin embargo, la mayoría de las sinapsis se vuelven temporalmente más fuertes o más débiles cada vez que se utilizan, es decir, después de cada espiga presináptica. Estos cambios dependientes del uso en la fuerza sináptica se denominan *plasticidad sináptica a corto plazo*, y se producen en un intervalo de decenas de milisegundos a unos pocos segundos.[5] Algunas sinapsis corticales muestran facilitación a corto plazo; por ejemplo, si la neurona presináptica genera dos picos consecutivos con 100 ms de diferencia, el segundo pico producirá un cambio mayor en el voltaje de la neurona postsináptica que el primero (figura 6.2), es decir, el mensaje que se envía de la neurona presináptica a la postsináptica se hace más «fuerte». Sin embargo, la mayoría de las sinapsis corticales presentan depresión a corto plazo, es decir, el segundo de un par de picos separados por 100 ms produce una desviación de voltaje menor en la neurona postsináptica. En cualquier caso, la magnitud de la desviación del voltaje depende del intervalo entre un par de espigas; por lo general, el efecto es máximo a intervalos inferiores a 100 ms y desaparece al cabo de unos cientos de milisegundos. Lo que todo esto significa es que, al igual que el diámetro de la onda principal de una onda en el estanque contiene información sobre el tiempo transcurrido desde que cayó una gota de lluvia, la fuerza de una sinapsis en un momento dado contiene información temporal sobre el tiempo transcurrido desde que se utilizó por última vez.

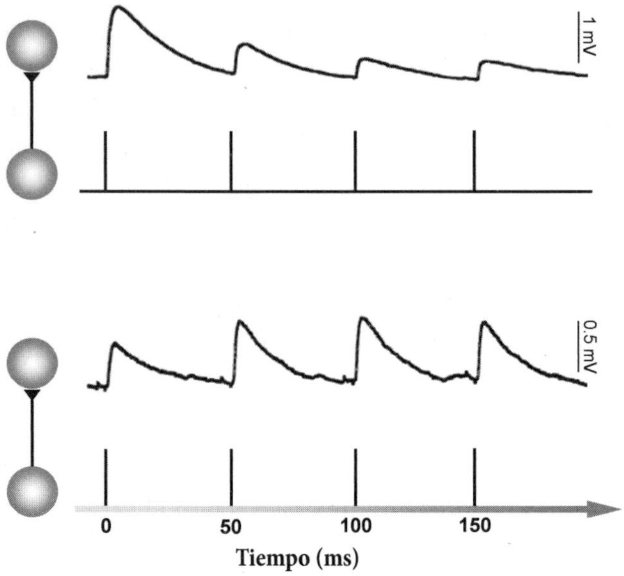

Figura 6.2. Plasticidad sináptica a corto plazo. En la escala temporal de los milisegundos, la fuerza de una sinapsis puede sufrir una depresión a corto plazo (arriba) o una facilitación sináptica a corto plazo (abajo) (gráfico de Reyes y Sakmann, 1999).

He propuesto que la plasticidad sináptica a corto plazo y otras propiedades neuronales dependientes del tiempo pueden contribuir a la capacidad del cerebro para medir el tiempo en el orden de cientos de milisegundos.[6] Consideremos el circuito neuronal más simple posible: dos neuronas conectadas por una sola sinapsis (figura 6.3). Supongamos que la neurona presináptica dispara en uno de tres patrones temporales diferentes: dos espigas separadas por un intervalo de 50, 100 o 200 ms. Podemos pensar en estos intervalos como estímulos temporales; de hecho, algunos animales se comunican con «chasquidos», breves estallidos de sonidos en los que el intervalo entre los chasquidos transmite información. Para cada uno de estos tres intervalos, el cambio de voltaje producido por el primer pico será el mismo, y supondremos que la «intensidad» de este pico es de 1 mV (milivoltio). Debido a la plasticidad sináptica a corto plazo, la fuerza de esa misma sinapsis será diferente en el momento de la segunda espiga. Concretamente, el cambio de voltaje producido por el segundo pico de un intervalo de 50 ms puede ser de 1,5 mV, mientras que la fuerza del segundo pico de 100 y 200 ms podría ser de 1,25 y 1,1 mV, respectivamente. Si construimos las propiedades de nuestro circuito de forma que la neurona postsináptica solo se dispare cuando reciba una entrada de al menos 1,5 mV, habremos construido una especie de temporizador: una neurona que solo se dispara cuando recibe dos entradas separadas por 50 ms.

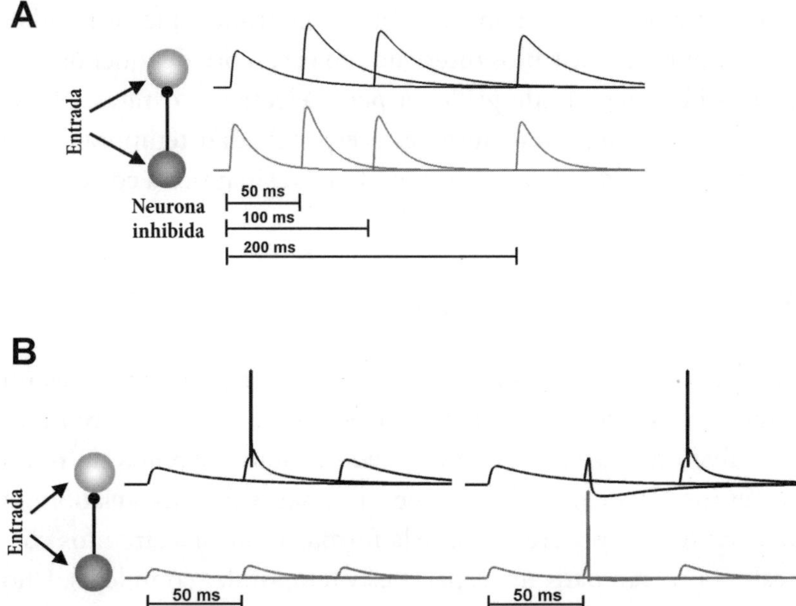

Figura 6.3. Selectividad por intervalos basada en la plasticidad sináptica a corto plazo. (A) En esta simulación de un circuito neuronal sencillo, una única neurona de entrada entra en contacto con una neurona excitadora (arriba) y una inhibidora (abajo). Los trazos capturan las desviaciones de voltaje en respuesta a tres intervalos diferentes: la neurona de entrada dispara dos espigas separadas por 50, 100 o 200 ms. Por ejemplo, la amplitud de la señal de voltaje en respuesta a la segunda espiga de un estímulo de 50 ms es mayor que la desviación de voltaje causada por la primera espiga. (B) Dependiendo de la fuerza de las sinapsis de entrada a las neuronas excitadoras e inhibidoras, la neurona excitadora puede responder selectivamente a un intervalo de 50 (izquierda) o 100 ms (derecha), por lo que la neurona excitadora de este sencillo circuito puede, en cierto sentido, medir el tiempo.

Los modelos neuroinformáticos han demostrado que los circuitos simples compuestos por neuronas excitadoras e inhibidoras que presentan plasticidad sináptica a corto plazo pueden responder selectivamente a una serie de intervalos temporales diferentes, por ejemplo, a un intervalo de 100 ms, pero no a uno de 50 o 200 ms.[7] Estas neuronas sintonizadas por intervalos podrían utilizarse para detectar el tiempo de inicio de la voz de los fonemas, o el intervalo entre símbolos del código Morse o entre notas musicales.

Los investigadores han descubierto neuronas que responden selectivamente a distintos intervalos en el cerebro de muchos animales diferentes, desde grillos a peces eléctricos o ratas. No se sabe exactamente cómo surge esta especificidad temporal, pero algunos estudios indican que la plasticidad sináptica a corto plazo es, al menos en parte, responsable.[8]

Redes dependientes del estado

Nuestro sencillo circuito de dos neuronas de la figura 6.3 es un pequeño insulto a los circuitos reales del cerebro. Un milímetro cúbico de corteza cerebral puede contener cientos de miles de neuronas y cientos de millones de sinapsis.[9] Se han elaborado diversas teorías generales sobre la forma en que los circuitos corticales procesan patrones espaciales y temporales complejos. Uno de estos modelos, denominado *redes dependientes del estado*, fue propuesto por mi equipo de investigación y, más tarde, por el matemático austriaco Wolfgang Maass y sus colegas.[10] Para entender esta teoría es necesario comprender el concepto de *estado* de un circuito cortical.

En física podemos considerar el estado de un sistema como el valor de las variables que proporcionan la información relevante sobre la «configuración» actual (el estado) de ese sistema. Si consideramos un grupo de bolas de billar sobre una mesa, su estado puede definirse por la posición y el momento (la masa multiplicada por la velocidad) de cada bola. En principio, conocer el estado de las bolas de billar en un momento dado proporciona toda la información necesaria para predecir no solo lo que ocurrirá a continuación, sino también lo que ocurrió en el pasado: conociendo el estado en el momento t, las leyes de la física nos permiten determinar el estado en los momentos $t - 1$ y $t + 1$. ¿Cuál es el conjunto equivalente de variables que nos permitiría definir el estado de un grupo de neuronas?

Normalmente, el estado de una red de neuronas en un momento dado se define por las neuronas activas. Me referiré a esto como el *estado activo* porque determina qué neuronas están transmitiendo activamente información a sus compañeras. Pero esta es una descripción muy incompleta del estado de una red neuronal, porque no es posible predecir lo que hará un circuito en un futuro próximo basándose únicamente en el estado activo actual. Hay muchas otras propiedades neuronales relevantes que influyen en el comportamiento futuro de un circuito. Una de ellas es la plasticidad sináptica a corto plazo. Está claro que lo que un grupo de neuronas vaya a hacer a continuación depende no solo de las neuronas que estén activadas en ese momento, sino de la fuerza efectiva de cada sinapsis en un momento dado, que depende de lo que esas sinapsis hicieran en el pasado. La plasticidad sináptica a corto plazo es solo una de las muchas propiedades neuronales que pueden variar a lo largo de cientos de milisegundos. Me referiré a estas propiedades como definitorias del *estado oculto* de una red, llamado así porque no es detectable por los electrodos de sondeo de los neurocientíficos.

El estado activo de una red en un momento t determinado se rige por la entrada a la red neuronal y su estado (el activo y el oculto) en el momento $t - 1$. Una vez más, la analogía de la ondulación es muy útil. Consideremos dos gotas de lluvia que caen en el estanque, la primera, en $t = 0$, y la segunda, en $t = 100$ ms. El estado del estanque en $t = 100$ ms es el mismo. El estado del estanque en $t = 101$ ms dependerá de la interacción entre la entrada (la segunda gota de lluvia) y el estado actual (las ondas dejadas por la primera gota de lluvia). Es importante señalar que el patrón de las ondas producidas por la segunda gota de lluvia será diferente si cae 100 o 200 ms después de la primera. En resumidas cuentas, si nos mostraran una instantánea de las ondas en el estanque tomada en $t = 400$ ms, no solo podríamos saber si cayeron una o dos gotas de lluvia, sino también, en caso de que cayeran dos, el intervalo entre ellas, pues las experiencias pasadas recientes del estanque se almacenan en su estado actual. Del mismo modo, la respuesta de una red de neuronas viene determinada por la entrada actual y lo que acaba de ocurrir, que está representado o codificado en el estado actual de la red. Puede decirse que la «respuesta» tanto del estanque como de una red neuronal *depende del estado*. De hecho, las grabaciones en la corteza auditiva y visual demuestran que la respuesta neuronal a un estímulo está fuertemente influida por los estímulos precedentes y por el tiempo transcurrido desde que se produjo el estímulo precedente.[11] Las simulaciones por ordenador han demostrado que, en principio, las redes dependientes del estado pueden discriminar no solo intervalos simples, sino patrones espaciotemporales complejos como las palabras habladas.[12]

Relojes de población

Utilizar las ondas de un estanque o el estado cambiante de una red neuronal para medir el tiempo no responde realmente a una pregunta clave: ¿qué es el código? Es decir, ¿cómo se traducen las ondas del estanque o el estado de una red neuronal en unidades de tiempo? Estudios experimentales y teóricos sugieren que una forma que tiene el cerebro de codificar el tiempo es determinar qué neuronas están activas en un momento dado. Ya hemos visto una versión sencilla de esta idea en nuestro análisis de la temporización en las neuronas en el HVC de los pájaros cantores: es posible determinar el tiempo transcurrido desde que comenzó el canto observando qué neuronas están activas, del mismo modo que es posible determinar cuánto tiempo hace que se inclinó la primera ficha de dominó sabiendo qué ficha está cayendo en este momento. Sin embargo, se trata de un código en cadena muy simple. La idea general es que cada momento del tiempo está representado por una gran subpoblación de neuronas activas. Me referiré a esta forma de codificar el tiempo como *reloj de población*. Este importante concepto fue expuesto por primera vez por el neurocientífico Michael Mauk, entonces en la Facultad de Medicina de la Universidad de Texas, en Houston. En los años noventa, Mauk propuso que algunas formas de cronometraje dependen de una población de neuronas que cambia dinámicamente en el cerebelo, una parte del cerebro anatómicamente distinta que interviene en algunas formas de cronometraje motor.[13] Por ejemplo, supongamos que un estímulo como un tono auditivo presentado en $t = 0$ desencadena un patrón de actividad neuronal en el cerebelo. La idea es que, 100 ms después, una subpoblación de miles de neuronas podría estar activa y, en el momento $t = 200$ ms, otra subpoblación de neuronas podría estar activa. Incluso si algunas neuronas están activas en ambos momentos y ninguna neurona transmite el tiempo, el reloj de población permite determinar si han transcurrido 100 o 200 ms.

Como analogía, imagina que miras las ventanas de un rascacielos por la noche y que, a través de esas ventanas, puedes ver si la luz de la habitación correspondiente está encendida o apagada. Ahora supongamos que los habitantes de cada habitación tienen su propio horario y que este se repite cada noche. En una ventana, la luz se enciende inmediatamente al anochecer; en otra, una hora después del anochecer, y en otra, la luz se enciende al anochecer y se apaga al cabo de una hora para volver a encenderse a las tres horas. Si hubiera 100 ventanas, podríamos escribir una cadena de dígitos binarios que representara el estado del edificio en cada momento: 1 0 1... al anochecer, 0 1 1... una hora después del anochecer, etc. Cada dígito representa si la luz de una ventana determinada está encendida o apagada. Las ventanas que están «encendidas» (1) o «apagadas» (0) en un momento dado representan el *estado* del edificio (el equivalente al estado activo de una red neuronal). Podemos representar este estado como puntos en un gráfico en el que cada eje representa una única ventana. El problema, claro está, es que necesitaríamos un gráfico con 100 ejes diferentes. La figura 6.4 muestra cómo podríamos representar el estado del edificio (cada punto en el tiempo) si solo tuviéramos tres dimensiones, en las que el primer, segundo y tercer dígito representan los ejes x, y, z de un gráfico en tres dimensiones. Aunque no es posible visualizar un gráfico de este tipo en un espacio de 100 dimensiones, el principio es exactamente el mismo. Uniendo los puntos en cada momento, podemos visualizar la trayectoria del edificio, es decir, cómo cambia su estado con el tiempo. Así que, aunque el edificio no se diseñó para ser un reloj, se puede ver que, mientras tenga su propia dinámica interna (patrones cambiantes de luces), podríamos utilizarlo para saber la hora.

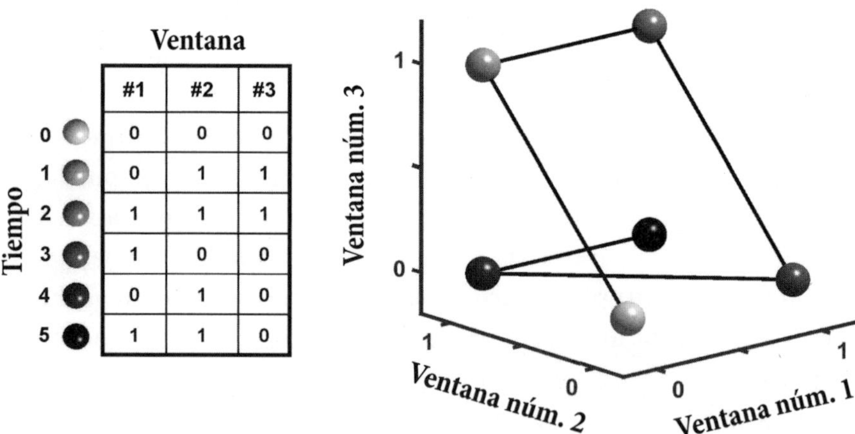

Tiempo	Ventana #1	#2	#3
0	0	0	0
1	0	1	1
2	1	1	1
3	1	0	0
4	0	1	0
5	1	1	0

Figura 6.4. Codificación del tiempo en los estados cambiantes de las ventanas de un edificio. Los estados de las tres ventanas en cada momento (mostrados en la tabla de la izquierda) se representan de forma equivalente como una trayectoria en el espacio tridimensional (derecha).

RELOJES ESPECÍFICOS PARA CADA EVENTO

Ahora podemos ver cómo un patrón cambiante de neuronas activas puede utilizarse potencialmente como temporizador. Pero una idea clave de la teoría de Michael Mauk es que un circuito compuesto por un gran número de neuronas no es solo un temporizador, sino muchos. Las ventajas de que el mismo circuito funcione como una multitud de temporizadores distintos pueden no estar claras a primera vista, pero esta estrategia crea un sistema computacional más potente. Es posible que tengas un temporizador en tu cocina que pueda programarse para medir el tiempo de cocción de un huevo pasado por agua, hervir pasta u hornear un pastel. Otra estrategia consistiría en tener tres temporizadores diferentes, uno para cada objetivo, y cada uno con su propio sonido de alarma. Tener estos tres dispositivos sobre la encimera de la cocina puede parecer engorroso, pero esta configuración específica para cada evento tiene una ventaja importante: si entras en la cocina y escuchas sonar una alarma, sabes inmediatamente si tienes que apagar el fuego o sacar el pastel del horno. En otras palabras, los temporizadores específicos para cada evento también sirven como memoria de los acontecimientos que se están produciendo en ese momento.

Para entender mejor el valor de tener varios temporizadores dentro de un mismo circuito neuronal, imaginemos miles de luces LED enrolladas alrededor de un árbol de Navidad, y supongamos que el patrón de iluminación de las luces cambia cada vez que accionamos el interruptor. Podemos imaginar muchos patrones diferentes: una simple cadena de luces parpadeantes o, como las ventanas de nuestro rascacielos, algún patrón variable en el tiempo altamente complejo. La ventaja del primer patrón, similar a una cadena, es que el código es fácil de leer: la primera luz representa $t = 1$, la segunda $t = 2$, etc. La desventaja es que solo hay un patrón de este tipo, por lo que solo hay un temporizador. Por el contrario, los patrones complejos son difíciles de leer, pero el mismo banco de luces podría utilizarse para crear un número enorme de temporizadores.

Puede que nuestro banco de luces de Navidad tenga dos interruptores, uno controlado por Alice y otro por Bob. Quizá el interruptor de Alice active los siguientes patrones espaciales de luces a intervalos de 1 segundo (donde cada número representa la posición de la luz en la cadena):

$t = 1$ 5 10 15 20
$t = 2$ 6 12 18 24
$t = 3$ 7 14 21 28
[...]

Por su parte, el interruptor de Bob produce la siguiente secuencia de iluminación (nótese que en este ejemplo cada patrón sigue un algoritmo específico):

$t = 1$ 1 2 3 4
$t = 2$ 1 4 6 8
$t = 3$ 1 6 9 12
[...]

Ahora si te enseñan una foto del árbol de Navidad y ves que las luces 8 16 24 32... están encendidas no solo sabes que la foto se tomó 4 s después de accionar el interruptor, sino que fue Alice quien lo accionó. Nuestras luces de Navidad indican el tiempo y el espacio porque miden cuánto tiempo ha pasado y qué interruptor se ha pulsado.

¿Por qué querría el cerebro tener temporizadores que funcionaran de esta manera? Porque en la escala temporal de milisegundos a unos pocos segundos, el cerebro no solo necesita saber la hora: necesita hacer cosas en momentos concretos. Un ejemplo común de sincronización motora en animales está relacionado con una forma de condicionamiento clásico conocido como condicionamiento del parpadeo: al presentar un tono auditivo seguido de un soplo de aire en la córnea 250 ms después una y otra vez, los humanos y otros animales aprenderán a parpadear en respuesta al tono. Pero no parpadean en cuanto suena el tono: el parpadeo se programa para que preceda al soplo de aire esperado. En otras palabras, los animales no solo aprenden a parpadear, sino también *cuándo* hacerlo. Se cree que esto es importante porque, en las situaciones en las que los estímulos peligrosos podrían lesionar la córnea, probablemente no sea buena idea mantener los ojos cerrados durante demasiado tiempo.[14] Pero ¿pueden los animales aprender a parpadear en dos momentos distintos en respuesta a tonos diferentes? Esto es exactamente lo que ha demostrado Michael Mauk. Su laboratorio demostró que los conejos pueden aprender a parpadear cerca de 150 ms después del inicio de un tono de baja frecuencia y 750 ms después de un tono de alta frecuencia. Además, tras lesionar el cerebelo, este efecto diferencial desaparecía, lo que sugiere que los temporizadores neuronales residen en los circuitos cerebelosos.

Otro ejemplo de la importancia de disponer de varios temporizadores es el de un pianista que puede tocar dos canciones al piano. La primera canción requiere tocar una nota do al segundo de empezar, mientras que la segunda abre con la nota mi. Un temporizador convencional sería útil porque le indica al pianista cuándo ha transcurrido un segundo, pero no qué tecla debe pulsar en ese segundo. En cambio, al utilizar diferentes patrones espaciotemporales dinámicos como temporizadores —por ejemplo, los diferentes patrones de iluminación de las luces que utilizan Alice y Bob— es posible resolver no solo el problema de determinar el tiempo, sino también el de saber qué hacer en cada momento. El cerebro puede aplicar esta estrategia conectando la población de neuronas activas un segundo después de la primera canción a las motoneuronas responsables de pulsar la tecla do del piano, y las neuronas activas un segundo después de la segunda canción a las motoneuronas responsables de pulsar la tecla mi.

Dinámica cerebral

Los neurocientíficos han observado muchos ejemplos de patrones temporales simples y complejos de actividad neuronal que parecen codificar el tiempo. En un estudio dirigido por el neurocientífico Joe Paton, del Centro Champalimaud para lo Desconocido de Lisboa, se entrenó a un grupo de ratas para que metieran el hocico en un hueco u otro en función de si se les presentaba un intervalo auditivo corto o largo. En cada ensayo, las ratas escuchaban dos tonos separados por intervalos de 0,6 a 2,4 s. Las ratas eran recompensadas por meter el hocico en el hueco de la izquierda si el intervalo era inferior a 1,5 s, y por introducirlo en el de la derecha si el intervalo era superior a 1,5 s. Las ratas fueron capaces de realizar la tarea con bastante éxito, por ejemplo, en respuesta a intervalos de 1 y 2 s introdujeron el hocico en los huecos correctos alrededor del 90 % de las veces. Mientras las ratas realizaban esta tarea, los investigadores registraron docenas de neuronas del cuerpo estriado, una zona del cerebro implicada en el movimiento y en algunas formas de aprendizaje. Muchas de estas neuronas se dispararon de forma constante a lo largo de diversas prácticas en momentos similares durante el ensayo. Por ejemplo, durante la presentación del intervalo de 2,4 s, algunas neuronas se dispararon antes y otras después, y cuando se ordenó la actividad de las neuronas según el momento en que se dispararon, se observó un patrón de actividad en cadena: A → B→ C → D→ E, aunque esta descripción simplifica un poco la verdadera complejidad del patrón de actividad.[15] Durante los ensayos en los que el intervalo presentado estaba cerca del límite de 1,5 s, las ratas, como era de esperar, eran más propensas a cometer errores. Curiosamente, fue posible predecir estos errores basándose en la dinámica de las neuronas. Por ejemplo, cuando los patrones de actividad «corrían rápido» (el patrón se desplegaba más rápido que la media), era más probable que las ratas respondieran «largo», y viceversa. En conjunto, estos estudios aportan pruebas convincentes de que estas neuronas contribuyen a la capacidad de los animales para distinguir el tiempo, aunque, como suele ocurrir en neurociencia, ningún estudio por sí solo establece que estas neuronas sean realmente responsables de cronometrar el intervalo entre los tonos auditivos.

Se han observado patrones similares de actividad neuronal en cadena en otras partes del cerebro. Por ejemplo, las neuronas del hipocampo de las ratas pueden activarse en momentos concretos después de que el animal inicie una tarea, como correr sobre una rueda, o esperar un tiempo preestablecido antes de dar una respuesta motora para recibir una recompensa.[16] Curiosamente en varios estudios se observaron diferentes cadenas de actividad, dependiendo de los detalles de la tarea. Por ejemplo, las mismas neuronas podían dispararse en distintos momentos dependiendo del olor que iniciara la tarea, lo que sugiere que estas neuronas no se limitan a seguir el tiempo absoluto, sino que, al igual que las trayectorias desencadenadas por Alicia y Bob, llevan la cuenta del tiempo y «recuerdan» el estímulo que desencadenó el patrón.

Los neurocientíficos también han observado patrones temporales de actividad neuronal mucho más complejos cuando los animales realizan tareas temporales. En el caso de estos complejos relojes de población, distintas neuronas pueden empezar a activarse en momentos distintos, cada una durante periodos de tiempo diferentes, y a veces volver a hacerlo más tarde.[17] Estos patrones espaciotemporales son reproducibles en distintos ensayos, pero pueden parecer aleatorios al ojo humano. En algunos casos, resulta desconcertante que el patrón espaciotemporal de la actividad neuronal no tenga un orden aparente. Pero puede que esa sea la cuestión. Lo que entendemos por un patrón «aleatorio» es que todas las neuronas tienen más o menos la misma probabilidad de activarse o desactivarse en un momento dado dentro de ese patrón. Y sabemos por el campo de la teoría de la información que un código en el que todos los símbolos o elementos se utilizan con la misma probabilidad proporciona más capacidad para almacenar o transmitir información. Por ejemplo, el inglés no es un código especialmente eficiente, ya que las distintas letras se utilizan en proporciones muy diferentes: si escribes en inglés, probablemente utilices la tecla *e* de tu teclado en un 12,5 % de todas las pulsaciones, mientras que la tecla *q* solo se utiliza con una frecuencia del 0,1 %. Los patrones espaciotemporales complejos y aleatorios de la actividad neuronal a veces parecen poco elegantes a los neurocientíficos, pero podrían proporcionar al cerebro la forma más eficiente de construir un gran número de relojes poblacionales. Además, es posible que el cerebro utilice los patrones complejos de algunas zonas para impulsar la generación de los patrones en cadena más sencillos de otras zonas.

Es probable que incluso dentro de la escala de cientos de milisegundos a unos pocos segundos, el cerebro emplee múltiples mecanismos para decir la hora. De hecho, se han observado otras formas de actividad neuronal cuando los animales realizan tareas temporales. Tal vez la señal neuronal más común asociada al paso del tiempo sea la denominada *tasa de disparo en rampa*: al igual que la cantidad de arena que se acumula con el tiempo en un reloj de arena, la tasa de disparo (el número de picos en una unidad de tiempo) de algunas neuronas aumenta de forma lineal con el tiempo. Estos patrones suelen observarse cuando se entrena a los animales para que generen una respuesta motora tras un retardo específico. Sin embargo, no está claro si las neuronas de rampa son realmente las que marcan el tiempo o si, por el contrario, leen el tiempo de otros circuitos del cerebro para desencadenar una respuesta motora en el momento adecuado.[18]

Caos

En nuestra discusión hasta ahora hemos dado por sentada una de las propiedades más críticas de un reloj: la reproducibilidad. Para que los patrones espaciotemporales de la actividad neuronal de una población de neuronas sirvan de cronómetro, el mismo patrón debe repetirse una y otra vez en respuesta al mismo contexto y estímulo. Los datos experimentales de los estudios anteriores confirman que así es: cada vez que el pájaro canta se observa la misma trayectoria neuronal (aunque hay una considerable variabilidad en cada ensayo). Sin embargo, sigue siendo un misterio cómo consigue el cerebro generar el mismo patrón una y otra vez.

Los modelos informáticos demuestran que las redes neuronales compuestas por neuronas conectadas de forma recurrente pueden crear un patrón de actividad en continua evolución, es decir, patrones potencialmente adecuados para codificar el tiempo. El problema es que estos patrones no suelen ser reproducibles y, de hecho, a menudo se comportan de forma caótica. En el lenguaje matemático, el término *caos* se utiliza para describir sistemas muy sensibles al ruido y a las condiciones iniciales (el estado del sistema al comienzo de un ensayo determinado). El ejemplo clásico es la meteorología y el llamado efecto mariposa: un acontecimiento minúsculo en algún punto del espacio y en algún momento del tiempo, como una mariposa batiendo sus alas en el Amazonas a las doce del mediodía del 1 de febrero, puede producir un efecto dominó que cambie el tiempo en Nueva York una semana después. El caos se observa a menudo en sistemas físicos no lineales que se retroalimentan, como el clima o las bolas de billar. Las redes de neuronas personifican ambas condiciones. En primer lugar, las neuronas no son lineales, es decir, la salida de una neurona no es linealmente proporcional a la entrada que recibe. En segundo lugar, como ya se ha dicho, las redes corticales se caracterizan por un alto grado de retroalimentación o recurrencia, es decir, lo que hace una neurona en el momento $t = 1$ influirá en lo que hagan otras neuronas en $t = 2$, lo que a su vez influirá en lo que haga la primera neurona en $t = 3$.

Para comprender el problema que plantea el caos a la hora de utilizar sistemas dinámicos no lineales para medir el tiempo podemos considerar una ecuación matemática sencilla denominada *ecuación logística* (figura 6.5). Esta ecuación describe la evolución de un valor x (acotado entre 0 y 1) a lo largo de pasos temporales progresivos. En cada paso, el valor actual viene determinado totalmente por el valor de x en el paso anterior. A pesar de su simplicidad, surgen patrones sorprendentemente complejos, y variaciones mínimas en el valor de x pueden producir diferencias drásticas en sus valores futuros.

Paso del tiempo	Vuelta 1	Vuelta 2
1	0.9900	0.99001
2	0.0386	0.0386
3	0.1448	0.1446
4	0.4829	0.4825
5	0.9739	0.9738
6	0.0993	0.0995
7	0.3488	0.3494
8	0.8859	0.8866
9	0.3943	0.3922
10	0.9314	0.9296
11	0.2492	0.2551
12	0.7296	0.7410
13	0.7694	0.7484
14	0.6920	0.7343
15	0.8313	0.7609
16	0.5471	0.7095
17	0.9664	0.8038
18	0.1268	0.6150

$$\mathbf{x}_{t+1} = 3.9\mathbf{x}_t(1 - \mathbf{x}_t)$$

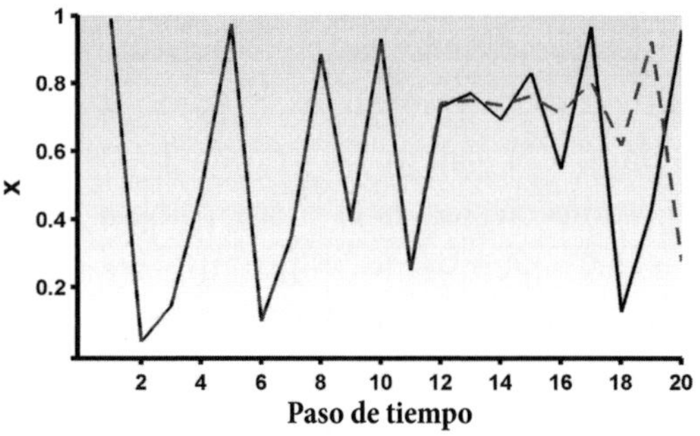

Figura 6.5. Ejemplo de ecuación caótica. En esta ecuación, el valor de x en cada paso temporal posterior (t + 1) viene determinado por el valor de x en el paso temporal actual (t). Incluso cuando se empieza con dos valores cercanos de x en la ejecución 1 y en la ejecución 2 (0,99 y 0,99001, respectivamente), los valores de x divergirán con el tiempo, tal y como se muestra en la tabla y el gráfico. La divergencia será imperceptible al principio, pero, después de dieciocho pasos aproximadamente, los valores de x en ambas ejecuciones no estarán relacionados entre sí.

Observa que podemos utilizar la tabla de la figura 6.5 como una especie de temporizador. Si sabes que el valor inicial de x era 0,9900 y te digo que el valor actual es 0,5471, sabrás que han transcurrido dieciséis unidades de tiempo. Así que, en principio, podríamos utilizar como reloj un sistema físico que obedeciera a esta ecuación logística. Sin embargo, el problema es que este sistema es extremadamente sensible al ruido o a pequeños errores de medición. Por ejemplo, si en nuestra segunda ejecución x empezó en 0,99001 en lugar de 0,9900, el valor en el paso de tiempo 16 es 0,7095 en lugar de 0,5471. El estado de un sistema caótico, el valor de x en este ejemplo, diverge rápidamente como resultado de pequeñas perturbaciones, lo que significa que, en la práctica, el sistema no genera el mismo patrón una y otra vez. Por tanto, los sistemas caóticos son pésimos relojes.

Las simulaciones por ordenador de modelos en los que la conectividad entre las neuronas se determina aleatoriamente muestran que estas redes neuronales recurrentes aleatorias pueden generar patrones de actividad que se autoperpetúan y en los que, en cada paso temporal, la red se encuentra en un estado diferente. En principio, estos patrones espaciotemporales podrían utilizarse para medir el tiempo. El problema es que, en los años ochenta, el físico y neurocientífico computacional israelí Haim Sompolinsky y sus colegas demostraron que, en muchos casos, los patrones de actividad que surgen de estas redes recurrentes conectadas al azar son caóticos.[19] Esto planteó un serio dilema a los neurocientíficos. Por un lado, el córtex está formado por redes conectadas de forma recurrente que son capaces de generar patrones dinámicos reproducibles de actividad neuronal (de lo contrario, no podríamos tocar la misma pieza en el piano o firmar con nuestro nombre de forma reproducible). Por otro lado, los estudios teóricos sugieren que las redes corticales son caóticas.

Aún no sabemos cómo los circuitos de nuestro córtex resuelven el problema del caos. Se han propuesto varias teorías para explicar cómo las redes neuronales recurrentes pueden producir patrones cambiantes complejos que no son caóticos, es decir, que pueden activarse una y otra vez. Uno de estos modelos postula que existen reglas de aprendizaje sináptico que permiten a las redes aprender a no ser caóticas y «grabar» patrones específicos o trayectorias neuronales. Al menos en teoría, cuando las sinapsis de un modelo informático de red neuronal se ajustan adecuadamente, pueden producir trayectorias complejas que no son caóticas. Como se ilustra en la figura 6.6, este enfoque proporciona un medio eficaz para generar patrones motores complejos que varían con el tiempo.

La simulación ilustra el patrón de actividad de diez neuronas de una red compuesta por 800 neuronas interconectadas a lo largo de múltiples ejecuciones o ensayos. Cada ensayo comienza con una breve entrada que establece el estado inicial de todas las neuronas de la red simulada. A partir de este estado inicial, se desarrolla en el tiempo un patrón de actividad que cambia dinámicamente, es decir, la red recorre de forma autónoma una trayectoria trazada en un espacio de 800 dimensiones. Podemos visualizar una versión simplificada de esta trayectoria en el espacio tridimensional a lo largo de múltiples ensayos. Ahora, para aprovechar el potencial computacional de esta red, podemos conectar las 800 neuronas de nuestra red recurrente a tan solo dos neuronas de lectura, y estipular que se trata de neuronas motoras que controlan el movimiento de un bolígrafo sobre un trozo de papel a lo largo de los ejes x e y. Aunque resulte contraintuitivo, mientras la red recurrente que controla las dos neuronas motoras produzca un patrón complejo (más concretamente, «de alta dimensión») variable en el tiempo, las neuronas de salida pueden producir casi cualquier patrón (esto se consigue ajustando la fuerza de las sinapsis de las redes recurrentes en las neuronas de salida). En la figura, esto se demuestra haciendo que las dos neuronas de salida «escriban» la palabra *caos*. Como las conexiones recurrentes se han ajustado adecuadamente, la red no es caótica. De hecho, es posible perturbar (o golpear) la red a mitad de su trayectoria y volverá a lo que estaba haciendo. Es decir, en esencia, el sistema tiene memoria. La red recurrente tiene la interesante propiedad de recordar lo que estaba haciendo: incluso cuando se desvía de su trayectoria original, puede «volver» y completar la tarea que estaba realizando. Además, hay que tener en cuenta que escribir la palabra *caos* requiere un control motor bien sincronizado, y el movimiento del bolígrafo puede utilizarse para determinar el tiempo. De hecho, las esferas de la figura 6.6 son marcadores de tiempo: conocer la posición actual del bolígrafo nos permite saber cuánto tiempo ha transcurrido desde la entrada. La cuestión es que es posible «domar» el caos en las redes neuronales recurrentes ajustando la fuerza de las conexiones sinápticas.

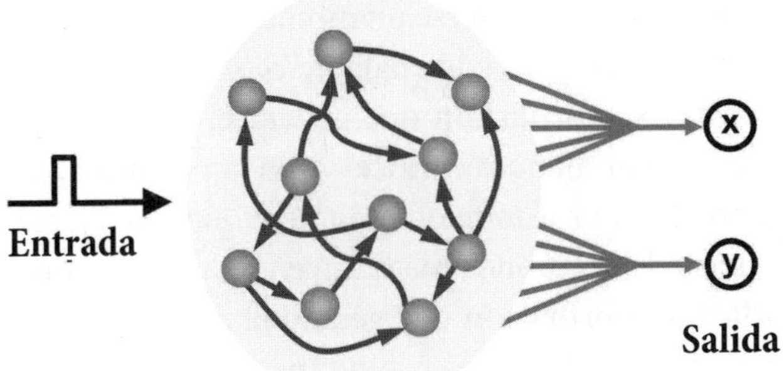

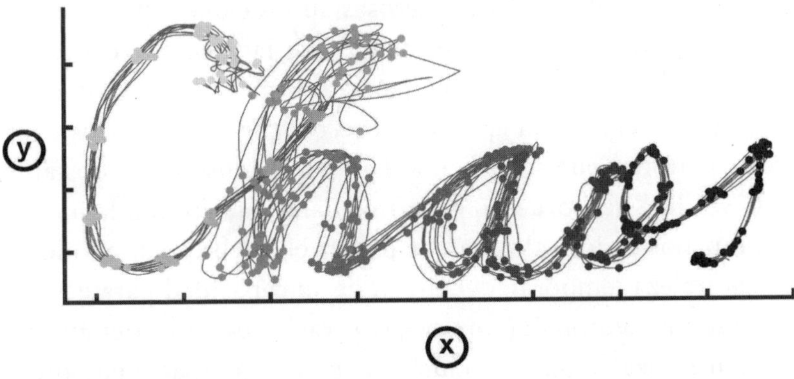

Figura 6.6. Una red recurrente que genera un patrón motor variable en el tiempo. En esta simulación, una red neuronal recurrente se compone de unidades interconectadas que representan neuronas (esquematizadas en el centro del panel superior). Las unidades de la red recurrente reciben una breve señal de entrada y contactan con dos unidades de salida. La actividad de estas dos unidades de salida corresponde a las posiciones de un lápiz en los ejes x e y de un gráfico. El entrenamiento consiste en ajustar los pesos de las conexiones de las unidades recurrentes con las unidades de salida mediante una regla de aprendizaje. Tras el entrenamiento, en respuesta a una entrada breve, la red recurrente genera un patrón complejo de actividad que dirige las salidas de forma que se escribe la palabra *chaos*. Los patrones motores, como los dígitos manuscritos, son intrínsecamente temporales, por lo que la red también codifica el tiempo. Los puntos sombreados impuestos sobre las líneas representan el tiempo. La red no es caótica, como demuestra el hecho de que el patrón motor se recupera tras perturbar la red recurrente durante el ascenso de la *h* (se superponen diez ensayos) (figura modificada de Laje y Buonomano, 2013).

Resulta productivo detenerse un momento y preguntarse: «¿cómo escribe exactamente la red la palabra *caos*?» (o, más exactamente, ¿dónde está la información que genera el patrón bidimensional que el cerebro humano reconoce como la palabra *caos*?). Se trata de una pregunta profunda que requiere que uno ajuste su pensamiento lejos de los modos más convencionales de computación y memoria. La información que genera la palabra *caos* está prácticamente en todas partes y en ninguna. Cada sinapsis y cada una de las neuronas simuladas contribuyen al patrón, pero ninguna sinapsis o neurona es realmente necesaria. El patrón es una propiedad *emergente*: el todo es mayor que la suma de las partes.

La red que acabamos de describir es solo una simulación informática sencilla y con numerosas suposiciones. Aunque esta simulación refleje algunos principios de la función cortical, es demasiado simple e inflexible para explicar la asombrosa capacidad del cerebro para aprender a reconocer y generar los complejos patrones que subyacen al habla o la música. No obstante, cada vez hay más pruebas experimentales que apoyan la idea de que muchos de los cálculos que realiza el cerebro, sobre todo los de naturaleza temporal, dependen de su capacidad para generar trayectorias neuronales complejas y variables en el tiempo que pueden utilizarse para producir los patrones espaciotemporales que subyacen a nuestra capacidad para estirar la mano y pasar la página de un libro o tocar el piano.[20]

* * *

La necesidad de determinar el tiempo está presente en casi todas las tareas que debe realizar el cerebro, y cada una de ellas tiene requisitos temporales distintos: a veces es necesario distinguir una blanca de una negra, pero en otras circunstancias hay que teclear un mensaje en código Morse, detectar los tiempos de inicio de voz de las consonantes *p* y *b*, o anticipar cuándo se pondrá en verde el semáforo. Para resolver esta variedad de problemas temporales, el cerebro dispone de un conjunto de mecanismos temporales interrelacionados distribuidos por sus circuitos. Pero, curiosamente, los relojes neuronales se parecen muy poco a los relojes diseñados por el cerebro humano.

La fuerza de las sinapsis varía con el tiempo, el ritmo de disparo de las neuronas aumenta y disminuye, las neuronas oscilan a frecuencias específicas y la actividad de las redes de neuronas cambia dinámicamente con el tiempo, porque calcular el tiempo es una de las funciones para las que evolucionaron las neuronas. Por tanto, preguntarnos por las neuronas o los circuitos neuronales del cerebro responsables del cronometraje se parece a intentar determinar cuáles de los mil millones de transistores de la CPU del ordenador se encargan de la lógica binaria, pues esa es su razón de ser.

PARTE II

LA NATURALEZA FÍSICA Y MENTAL DEL TIEMPO

7:00

MANTENIENDO EL TIEMPO

El tiempo es al reloj lo que la mente es al cerebro.

DAVA SOBEL

El núcleo de una neurona y los cromosomas que contiene son tan invisibles para el ojo humano como las lunas de Neptuno. En el ámbito temporal, la duración del batir del ala de un colibrí permanece tan oculta a nuestros órganos sensoriales como la deriva de los continentes. Al igual que construimos microscopios y telescopios para ver objetos fuera de la limitada escala espacial de la visión, hemos desarrollado métodos y máquinas —microscopios y telescopios temporales, si se quiere— para captar escalas temporales mucho más cortas y largas que las que puede medir el cerebro. Los telescopios temporales nos han permitido establecer que los humanos y los grandes simios se separaron de un ancestro común hace unos siete millones de años, y predecir que, dentro de unos miles de millones de años, el sol se expandirá hasta convertirse en una estrella gigante roja y acabará engullendo a Mercurio y Venus. Los microscopios temporales —relojes de alta precisión— nos permiten dividir el segundo en unidades cada vez más pequeñas: milisegundos, microsegundos, nanosegundos, picosegundos…, cada vez más lejos del alcance de la percepción y la comprensión humanas. Los relojes atómicos actuales registran el tiempo con una precisión de attosegundos, es decir, la trillonésima parte de un segundo (10-18), como es natural pocas medidas se expresan en esta unidad de tiempo. Esta capacidad de calcular periodos de tiempo a escala de miles de millones de años y de subdividir el segundo en attosegundos es un resultado de la física, y la física es, en parte, un resultado de nuestro deseo de determinar el tiempo.

La astronomía fue una semilla que floreció en la ciencia de la física, y la astronomía surgió de la necesidad no solo de situarnos en el espacio, sino también en el tiempo. Entre otras cosas, la astronomía primitiva proporcionó un medio para seguir las estaciones, establecer la duración del año y determinar cuándo rendir culto a los dioses celestiales. No es casualidad que los posteriores avances en nuestra capacidad para medir el tiempo coincidieran con revoluciones en el campo de la física. Por ejemplo, un hito en la historia de la relojería se produjo en medio de uno de los periodos más transformadores de la historia de la física: el físico holandés Christiaan Huygens desarrolló el primer reloj de péndulo de alta precisión en 1657, quince años después de la muerte de Galileo Galilei, cuando Isaac Newton era todavía un adolescente.

El tiempo y la física están indisolublemente unidos. Las cuestiones sobre la naturaleza del tiempo no solo son competencia de la física, sino que nuestra comprensión de las leyes de la física ha permitido a los científicos construir los relojes de precisión asombrosa que se utilizan para comprobar las leyes de la física. En los próximos capítulos examinaremos la física del tiempo y nos preguntaremos si la física y la neurociencia son compatibles en sus respectivas visiones de la naturaleza del tiempo. Sin embargo, vamos a empezar analizando la física y la historia del tiempo del reloj.

De neuronas y proliferación nuclear

Al igual que el cerebro dispone de mecanismos diferentes para contar el tiempo prospectiva y retrospectivamente, los científicos han ideado formas fundamentalmente distintas de contar el tiempo según necesiten determinar la cantidad de tiempo transcurrido desde algún momento del pasado hasta el presente, o partiendo del presente hasta momentos del futuro. Mientras que para medir el tiempo de forma prospectiva solemos utilizar relojes convencionales, para medir el tiempo de forma retrospectiva debemos recurrir a otro tipo de «reloj». Afortunadamente, la naturaleza está llena de relojes retrospectivos porque el universo se rige por leyes que garantizan que los cambios que tienen lugar a nuestro alrededor (y dentro de nosotros) obedecen a un conjunto de reglas prescritas. Así, las ondulaciones del estanque nos permiten atisbar segundos en el pasado basándonos en lo que vemos en el presente. Un patólogo forense puede determinar la hora de la muerte a partir de la temperatura actual de un cadáver, y es posible determinar cuándo dos especies de animales se separaron de un antepasado común en función del grado de similitud de un gen determinado. Sin embargo, fue la invención de la datación radiométrica la que proporcionó una de las formas más transformadoras de determinar el tiempo retrospectivamente. Pero ¿cómo funciona? ¿Cómo pueden los átomos «saber» cuánto tiempo ha transcurrido? Para responder a esta pregunta exploraremos cómo la datación radiométrica y la proliferación nuclear ayudaron a derribar un dogma centenario de la neurociencia.

Durante todo el siglo XX, los neurocientíficos estuvieron convencidos de que, a diferencia de la mayoría de las células del cuerpo, en los humanos adultos nunca se formaban neuronas nuevas. En los años noventa, sin embargo, aparecieron pruebas cada vez más convincentes en ratas y ratones de que en algunas partes del cerebro nacían nuevas neuronas, un proceso denominado *neurogénesis adulta*. Pero ¿cómo determinar si esto ocurría en los seres humanos, cuyas neuronas por lo general solo pueden estudiarse después de la muerte? Aunque conozcamos la edad de un individuo cuando muere, las neuronas no traen su fecha de nacimiento inscrita en ninguna parte.

A lo largo de los años cincuenta y principios de los sesenta, las pruebas de bombas atómicas en la superficie terrestre, realizadas principalmente por Estados Unidos y la Unión Soviética, casi duplicaron la cantidad del radioisótopo de carbono 14C en la atmósfera. Estos niveles alcanzaron su máximo en 1963, cuando se firmó el Tratado de Prohibición Parcial de Ensayos Nucleares, y empezaron a descender a partir de entonces. Estos aumentos del 14C atmosférico se reflejaron en todos los organismos vivos, ya que, a través de la fotosíntesis, las plantas incorporan carbono a sus vías bioquímicas y, como el carbono de nuestro cuerpo procede de las plantas, las pruebas con bombas atómicas produjeron aumentos detectables de 14C en el ADN humano. Los átomos de carbono incorporados al ADN cuando «nace» una célula (mediante la división de una célula precursora) pueden permanecer en su ADN durante toda la vida de la célula. Por tanto, si nunca se forman nuevas neuronas en los adultos, las neuronas de alguien nacido antes de la época de las pruebas con bombas atómicas deberían tener hoy bajos niveles de 14C. Pero si las neuronas siguen dividiéndose, algunas de ellas habrán incorporado niveles más altos, debido al aumento de 14C a partir de finales de los años cincuenta. Investigadores de Suecia analizaron tejido cerebral *postmortem* y descubrieron que la gran mayoría de las neuronas de personas nacidas antes de 1955 tenían niveles bajos de 14C en su ADN.[1] Es decir, la mayoría de las neuronas no se formaron durante la edad adulta. Pero, tal y como predecían los datos de los animales, había niveles más altos de 14C en una subpoblación de neuronas del hipocampo, lo que demuestra que en los humanos puede producirse cierta neurogénesis adulta. Esta extraña intersección entre neurociencia y proliferación nuclear y el uso de carbono radiactivo como reloj retrospectivo fue decisiva para derribar el dogma aceptado de que nunca se forman nuevas neuronas en humanos adultos.

Volviendo a nuestra pregunta: ¿cómo pueden los átomos de carbono «saber» cuánto tiempo ha transcurrido? ¿Puede un solo átomo llevar la cuenta del paso del tiempo? La comprensión de los principios de la datación radiométrica nos recuerda que hay muchas maneras de contar el tiempo y que, al igual que el cerebro, a nivel tecnológico utilizamos mecanismos fundamentalmente diferentes para contar el tiempo retrospectivo y prospectivo.

Los elementos se definen por el número de protones de su núcleo. Los isótopos de un elemento se refieren a las variantes que tienen distinto número de neutrones. Se dice que algunas de estas variantes son radiactivas porque son inestables: con el tiempo se desintegrarán en una configuración atómica estable. Sin embargo, lo inestable puede ser muy estable: el 14C, por ejemplo, se desintegra con una vida media de 5730 años. Por tanto, si empezamos con 1000 átomos de 14C, podemos esperar tener 500 átomos de carbono radiactivos 5730 años después. Podemos ver que el número de átomos de carbono radiactivos restantes ofrece una manera de medir el tiempo retrospectivamente, y así determinar la edad de fósiles, pinturas rupestres, artefactos prehistóricos, manuscritos antiguos e incluso neuronas. Pero ¿de dónde procede el número 5730? ¿Cómo «sabe» un átomo de carbono cuándo está a punto de descomponerse? La respuesta es que no lo sabe. Sorprendentemente, a pesar de que la datación por radiocarbono es una de las formas más fiables de contar el tiempo retrospectivamente, un solo átomo de 14C no lleva ningún rastro de su edad.

El principio de la datación por radiocarbono se basa en una de las formas más sencillas de medir el tiempo: el *azar*. Imaginemos que hay mil personas cautivas en un casino y que cada una de ellas tiene diez monedas. Los captores, crueles pero inclinados a la estadística, les dicen que su único camino hacia la libertad es que, al lanzar las diez monedas, salgan diez caras. Si cada persona tardara una media de un minuto en realizar una ronda de lanzamientos, entonces, basándonos en el número de rehenes que hay actualmente en la sala, podemos calcular cuánto tiempo ha transcurrido. Evidentemente, cuantas menos personas haya en la sala, más tiempo habrá transcurrido; además, como podemos calcular la probabilidad de lanzar diez caras, podemos estimar el tiempo transcurrido. Al lanzar diez monedas, la probabilidad de que las diez salgan cara es de 1 entre 210 (1/1024). A partir de este número es posible calcular que la mitad de las personas tardarán 710 vueltas en obtener la libertad: 710 minutos, es decir, 11 horas y 50 minutos.[2] Así pues, cada doce horas aproximadamente, el número de personas en la habitación debería reducirse a la mitad: si hay 250 personas en la habitación, es probable que lleven encerradas cerca de un día.

La datación por radiocarbono se basa en un proceso probabilístico muy similar. A efectos meramente intuitivos, podemos pensar que los neutrones de un átomo de 14C intentan continuamente escapar del núcleo atravesando la nube de electrones que lo envuelve (en realidad, un neutrón libera un electrón y un antineutrino, convirtiéndose en un protón y transformando el átomo de carbono en nitrógeno). No hay tic-tic ni tac-tac: cada átomo se dedica a jugar a las probabilidades. Si creamos hoy un átomo de 14C, hay un 50 % de posibilidades de que se descomponga en un átomo de nitrógeno dentro de 5730 años. Si volvemos dentro de 5730 años y vemos que aún no se ha descompuesto, ¿cuál es la probabilidad de que lo haga en los próximos 5730 años? Sigue siendo del 50 %. Al igual que las diez monedas que se lanzan una y otra vez, el átomo no conserva ninguna memoria acerca de cuántos milenios lleva apostando.

La capacidad de calcular el tiempo mediante la desintegración radiactiva reside en las estadísticas de la población: cuanto mayor sea el número inicial de átomos radiactivos, más precisa será nuestra estimación del tiempo. Un solo elemento no proporciona mucha información sobre el tiempo transcurrido, pero la población genera una forma fiable de medir el tiempo. Observa que esta estrategia guarda cierto parecido con la noción de relojes de población dentro del cerebro, con los que la mejor forma de determinar el tiempo es observar la subpoblación de neuronas activas en un momento dado.

Calendarios

En su mayor parte, nuestros antepasados estaban mucho más interesados en el tiempo prospectivo que en el retrospectivo. Así, los primeros intentos de seguir el paso del tiempo fueron principalmente de naturaleza predictiva. Pronosticar las fases de la luna, la llegada del invierno y las pautas migratorias de las presas potenciales resultaba extremadamente valioso para la supervivencia. Adivinos, sabios, sacerdotes y astrónomos utilizaban la luna, las estrellas y los ritmos naturales de animales y plantas —y mucha superstición— para determinar el día más propicio para ir a la guerra, plantar y cosechar, celebrar ceremonias religiosas, casarse y enterrar a los muertos. Determinar estas fechas proporcionaba poder, y con el poder, por supuesto, llegaba el abuso de poder. Al parecer, los sacerdotes romanos encargados de elaborar el calendario no dudaban en utilizarlo para acortar la duración de un gobierno que no les era favorable. Según el autor David Ewing Duncan: «el altamente politizado colegio de sacerdotes a veces aumentaba la duración del año para mantener durante más tiempo en el cargo a sus cónsules y senadores favoritos, o acortaba el año para reducir el mandato de sus rivales».[3]

No es de extrañar que los primeros esfuerzos por anticipar el cambio de las estaciones se basaran en los dos cuerpos más prominentes del cielo. Sin embargo, el Sol y la Luna tienen horarios diferentes. Durante milenios, los guardianes del tiempo lucharon contra el molesto hecho de que el año solar no es divisible uniformemente por la duración de los meses lunares: la Tierra tarda 365¼ días en dar una vuelta alrededor del Sol (aunque durante la mayor parte de la historia de la humanidad se pensó que era el Sol el que orbitaba a su alrededor), y la Luna tarda, de media, 29,53 días en dar una vuelta a la Tierra. Por tanto, hay

12,4 meses lunares en un año solar. En el siglo v a. C., los babilonios idearon un truco: debía haber un ciclo de 19 años, en el que 7 años tuvieran 13 meses, y 12 años, 12 meses. Los egipcios y los romanos decidieron sabiamente ignorar los ciclos lunares para medir el ritmo de las estaciones y la duración del año. Pero quedaba un reto: no hay un número entero de días en un año solar. En otras palabras, el tiempo que tarda la Tierra en girar alrededor de su propio eje no es un número entero del tiempo que tarda en girar alrededor del Sol. Si supusiéramos que el año se compone de 365 días, al cabo de cien años, las vacaciones de verano empezarían 25 días antes.

Para lograr algún tipo de acuerdo entre los días y los años, Julio César convocó a matemáticos, filósofos y astrónomos. Inventaron el año bisiesto. El calendario juliano constaba de 12 meses y 365 días, y un año bisiesto con un día más cada cuatro años. En honor a Julio César, se decidió que uno de estos doce meses se llamara julio. A pesar de ser un hito en la historia de la humanidad, el calendario juliano no era perfecto. Con el paso de los siglos, el calendario se desajustó con respecto al año solar, ya que no tiene exactamente 365¼ días, sino 365,2425. En 1582, para solucionar esta discrepancia, el papa Gregorio decretó que los años bisiestos se saltasen cada cien años y, además, que este salto fuera obviado cada cuatrocientos años. Hoy en día nos regimos por el calendario gregoriano, pero para tener más en cuenta las irregularidades de la rotación de la Tierra hemos empezado a utilizar segundos bisiestos para mantener el día solar alineado con el Tiempo Universal Coordinado estándar. Desde 1972 se han introducido clandestinamente en nuestros relojes más de dos docenas de segundos adicionales.

Los primeros relojes

Los calendarios pueden decirnos qué día es hoy, pero no la hora. Para saber la hora, los humanos han utilizado las sombras proyectadas por el sol al menos desde el cuarto milenio antes de Cristo. Los primeros relojes de sol consistían simplemente en un palo vertical clavado en el suelo con líneas que delimitaban los puntos en los que el sol proyectaba su sombra a lo largo del día. En la mayoría de los relojes de sol, el día se dividía en doce intervalos, pero, durante la mayor parte de la historia, estas «horas» no eran necesariamente las que conocemos hoy: había 12 «horas» de luz diurna, ya fuera un día de verano de 15 horas o un día de invierno de 9 horas. Estos relojes de sol indicaban el tiempo relativo: las horas se contraían o dilataban a lo largo de las estaciones.[4]

Durante el Imperio romano, los relojes de sol eran omnipresentes. Así comenzó la implacable transición del tiempo de ocio a la rígida disciplina del reloj. Por supuesto, las protestas no tardaron en llegar. En el siglo II a. C., el poeta romano Plauto se lamentaba:

> Los dioses confunden al hombre que descubrió cómo distinguir las horas. Confundan también al que en este lugar instaló un reloj solar para cortar y trocear mis días tan miserablemente ¡en pequeños pedazos! Cuando era niño, mi vientre era mi reloj solar, uno más seguro, más verdadero y más exacto que cualquiera de ellos. Este reloj me decía cuándo era el momento adecuado para ir a cenar, cuándo debía comer. Pero, ahora, incluso aunque tenga apetito, no puedo comer, a menos que el sol me dé permiso. La ciudad está llena de estos malditos relojes...

Existían además otras maneras de medir el tiempo a través no de relojes, sino más bien de cronómetros. Así, las clepsidras, o relojes de agua, marcaban una duración fija haciendo que el agua fluyera a través de un pequeño orificio para marcar el tiempo que tardaba un recipiente en llenarse o vaciarse. En torno al siglo XIII aparecieron los primeros relojes mecánicos verdaderos. A diferencia de las clepsidras, los relojes mecánicos no se congelaban en invierno. Y, a diferencia de los relojes de sol, funcionaban de noche y en días nublados. Cabe preguntarse, a falta de vuelos que coger, películas que ver o trabajos en los que hubiera que fichar, ¿qué impulsaba a la gente a necesitar saber la hora exacta durante el día o la noche? Determinadas personas tenían una obligación que cumplir a intervalos regulares, lloviera o hiciera sol: rezar. Los monasterios eran entidades muy reglamentadas y, según decretó el papa Sabiniano en el siglo VII, este régimen incluía tocar la campana para convocar a los monjes a la oración siete veces al día. Así pues, los relojes «no eran un mero medio de llevar la cuenta de las horas, sino de sincronizar las acciones de los hombres».[5] Los monasterios y las iglesias fueron los primeros en adoptar la tecnología de cronometraje mecánico. En las iglesias crecieron los campanarios, y a menudo eran los monjes y sacerdotes los responsables de vigilar el reloj de la iglesia y tocar la campana para anunciar la hora al pueblo (siempre que no se quedaran dormidos):

> ¡Hermano John, hermano John! ¿Estás durmiendo? ¿Estás durmiendo? ¡Tocad las campanas de la mañana! ¡Tocad las campanas de la mañana! Ding, dang, dong. Ding, dang, dong.[6]

Péndulos

Galileo parece haber sido el primer ser humano en darse cuenta de que el tiempo que tardaba un peso colgado de una cuerda en realizar una oscilación completa era casi independiente de la amplitud de la oscilación. Pero, hasta después de la muerte de Galileo, no se utilizaron sus conocimientos para construir relojes. Sin embargo, durante la vida de Galileo, las propiedades del péndulo se utilizaron para crear uno de los primeros dispositivos médicos inventados: el *pulsilogium*. Consistía en una pesa atada a una cuerda que se sujetaba a una regla horizontal. La regla permitía acortar o alargar la longitud de la cuerda. Al cambiar la longitud de la cuerda, el *pulsilogium* permitía al médico ajustar el periodo de oscilación del péndulo para que coincidiera con el latido del corazón del paciente. De este modo, la longitud de la cuerda proporcionaba una medida bastante reproducible de la frecuencia cardíaca.[7]

Christiaan Huygens empleó los conocimientos de Galileo para construir los primeros relojes de péndulo de alta calidad. Siendo mejor matemático que Galileo, fue capaz de comprender realmente los entresijos de la dinámica de un peso que se balancea hacia delante y hacia atrás en una cuerda. Gracias a sus conocimientos y a una serie de innovaciones técnicas, el reloj que diseñó en 1657 representó un salto cualitativo en la tecnología del cronometraje. Antes de Huygens, los mejores relojes se retrasaban aproximadamente 15 minutos al día, sin embargo, su reloj solo perdía 10 s por día.[8] Diez segundos equivalen aproximadamente al 0,01 % de un día de 24 horas. Este nivel de precisión marcó un hito en la historia del cronometraje: se trataba de un reloj diseñado por la mente humana que era que los relojes internos del cerebro humano. Como hemos visto, el mejor cronómetro biológico, el reloj circadiano que rige nuestro ciclo de sueño-vigilia, tiene un rendimiento de alrededor del 1 % (15 minutos), es decir, el periodo de un reloj circadiano con un periodo medio de 24 horas fluctuará mayoritariamente entre 23 horas y 45 minutos y 24 horas y 15 minutos.[9]

Sin embargo, los relojes de péndulo de Huygens no resolvieron el que posiblemente fuera uno de los retos científicos y tecnológicos más acuciantes de la historia de la civilización: el problema de la longitud.

A finales del siglo XV y principios del XVI, los exploradores europeos se dedicaron a surcar los océanos, descubrir nuevas rutas comerciales, islas, continentes e incluso circunnavegar el planeta. También pasaban mucho tiempo perdidos en el mar porque no podían calcular con fiabilidad su longitud, es decir, dónde se encontraban en el eje este-oeste. La latitud podía calcularse con bastante precisión a partir del ángulo del sol en su punto más alto (mediodía local). Pero no había forma de calcular con precisión la longitud de una persona basándose en el sol, la luna o las estrellas. Esto tuvo un profundo impacto económico durante un periodo en el que Portugal, España, Francia, Inglaterra e Italia competían por las riquezas del Nuevo Mundo. Las tripulaciones fueron diezmadas por el escorbuto y el hambre mientras buscaban tierra firme, los capitanes encallaron los barcos y enormes tesoros se hundieron en el fondo del océano. En uno de esos catastróficos accidentes, en 1707, el almirante británico sir Clowdisley Shovell navegó con su flota hasta las islas Sorlingas. Cuatro de sus cinco barcos, junto con aproximadamente dos mil hombres, se perdieron. En parte como consecuencia de esta tragedia, la reina Ana de Inglaterra estableció en 1714 la Ley de la Longitud y ofreció un premio monetario de más de un millón de dólares actuales a quien inventara un método para calcular con precisión la longitud en el mar.

La longitud consiste en determinar un punto en el espacio. Así que cabe preguntarse qué tiene que ver con los relojes. Matemáticamente, el espacio (la distancia) es hijo del tiempo y la velocidad (la distancia es igual al tiempo multiplicado por la velocidad). Por tanto, cualquier cosa que se mueva a una velocidad constante puede utilizarse para calcular la distancia, siempre que se sepa durante cuánto tiempo se ha estado moviendo. Muchas cosas tienen velocidades constantes, como la luz, el sonido y la rotación de la Tierra. El cerebro utiliza la velocidad casi constante del sonido para calcular de dónde proceden los sonidos. Como vimos en el capítulo anterior, sabes que alguien está a tu izquierda o a tu derecha porque el sonido de su voz tarda aproximadamente 0,6 milisegundos en viajar desde tu oído izquierdo al derecho. El tiempo que tarda un sonido en llegar al oído izquierdo y al derecho permite que el cerebro identifique si la voz procede directamente de la izquierda, de la derecha o de un punto intermedio.

La Tierra gira a una velocidad constante, lo que da lugar a una rotación completa (360 grados) cada 24 horas. Por tanto, existe una correspondencia directa entre los grados de longitud y el tiempo. Saber cuánto tiempo ha transcurrido equivale a saber cuánto ha girado la Tierra. Por ejemplo, si te sientas a leer este libro durante una hora (1/24 de un día), la Tierra habrá girado 15 grados (360/24). Por tanto, si estás sentado en medio del océano al mediodía local y sabes que son las 16:00 en Greenwich, entonces estás a «cuatro horas de Greenwich», exactamente a 60 grados de longitud de Greenwich. Problema resuelto. Todo lo que se necesita es un *cronómetro marino* realmente bueno.

Las mentes más brillantes de los siglos XVII y XVIII no podían pasar por alto el problema de la longitud: Galileo Galilei, Blaise Pascal, Robert Hooke, Christiaan Huygens, Gottfried Leibniz e Isaac Newton le dedicaron su atención. Al final, sin embargo, no fue un gran científico, sino uno de los artesanos más destacados del mundo, quien recibió finalmente el Premio de Longitud. John Harrison (1693-1776) fue un relojero autodidacta que llevó al extremo la dedicación obsesiva.

Para Harrison y otros estudiosos era evidente que, si los relojes iban a resolver el problema de la longitud, tendrían que ser accionados mecánicamente por resortes metálicos oscilantes (resortes de equilibrio). Un péndulo era inútil en el mar porque el movimiento de un barco alteraría gravemente su oscilación. Además, las fluctuaciones de temperatura en tierra y mar alteraban la longitud de la barra metálica que soportaba el peso (la masa) del péndulo. De hecho, ya sean de origen humano o biológico, los cambios de temperatura suponen uno de los mayores retos para los relojes de alto rendimiento. Así pues, tanto los relojeros como la evolución se enfrentaron al reto de crear relojes invariables a los cambios de temperatura. Uno de los primeros inventos de John Harrison fue la creación del péndulo de rejilla, en el que la varilla se sostenía mediante un sistema de varillas de diferentes metales unidas en direcciones opuestas. El resultado era que un aumento de la longitud de una varilla inducido por la temperatura se contrarrestaba con un alargamiento en la otra dirección y, por tanto, la longitud total del péndulo se mantenía invariable. Sin embargo, la especialidad de Harrison eran los relojes mecánicos, por lo que inventó la *tira bimetálica*, que consistía en la unión de dos cintas delgadas de dos metales diferentes (cada uno con coeficientes de dilatación térmica distintos). Estas tiras, sensibles a la temperatura, podían utilizarse para regular los muelles del volante de modo que mantuvieran un periodo constante a diferentes temperaturas.

Como resultado de una serie de avances de este tipo, y de su magnífica artesanía, el legado de Harrison descansa en la construcción del primer cronómetro marino que cumple los criterios de precisión establecidos por la Junta de Longitud. La solución al problema de la longitud sentó el precedente de una tendencia tecnológica que se repetiría una y otra vez: la mejor manera de medir el espacio es con un reloj.[10]

Cuarzo y cesio

Harrison y otros maestros relojeros prepararon el terreno para más de un siglo de avances graduales en la medición del tiempo. Pero, a medida que el siglo XIX se convertía en el XX, se producían revoluciones temporales. Con la disponibilidad generalizada de relojes que perdían mucho menos de un segundo al día, la cuestión se centraba cada vez más en cómo sincronizarlos. Incluso el hecho de saber si dos relojes distantes estaban sincronizados resultaba complicado: ¿cómo determinar si un reloj de París y otro de Berna sonaban exactamente a la misma hora? La solución estaba en dos tecnologías emergentes: la electricidad y las ondas de radio. A principios del siglo XX, el interés se centró en la *electrocoordinación*: el uso de la electricidad para enviar señales desde un reloj maestro en un lugar a relojes esclavos en otros lugares con retrasos insignificantes. Coordinar el tiempo no era una cuestión académica esotérica, sino un asunto impulsado por los ferrocarriles, los telégrafos y los negocios financieros. Y, como en la mayoría de cuestiones prácticos, los inventores trataban de patentar sus inventos. Como Suiza era un centro neurálgico de la tecnología del tiempo, muchas de esas patentes se presentaron en la oficina de patentes de Berna. Allí, de 1902 a 1909, un funcionario de patentes supuestamente diligente revisó todo tipo de patentes, incluidas algunas relacionadas con la electrocoordinación de los relojes. En 1905, el funcionario de patentes, Albert Einstein, publicó el artículo «Sobre la electrodinámica de los cuerpos en movimiento», que, además de abolir la noción de tiempo absoluto, describe brevemente una forma de sincronizar relojes distantes.[11]

No obstante, hablaremos sobre las implicaciones de los trabajos de Einstein en el próximo capítulo, y, por ahora, nos centraremos en el hecho de que, a principios del siglo XX, tras siglos de avances, los relojes de péndulo y mecánicos estaban a punto de quedarse obsoletos, al menos como dispositivos de medición del tiempo de última generación. En los años veinte se inventaron los primeros relojes de cristal de cuarzo y dos décadas después se fabricaron los primeros relojes atómicos.

La precisión de los relojes depende de su *base de tiempo*. La base de tiempo de un reloj de péndulo es, obviamente, un péndulo. La base de tiempo de un reloj de cuarzo es, como es lógico, un pequeño cristal de cuarzo. Cuando se aplica tensión a un cristal de cuarzo, este vibra físicamente a una frecuencia elevada. La frecuencia de la vibración depende de muchos factores, como el tipo y la forma del cristal, pero en general los cristales de cuarzo de los relojes digitales vibran a 32 768 Hz (215). Estas vibraciones se cuentan con un circuito digital para marcar cada segundo que pasa.

Hoy en día, incluso los relojes de cuarzo baratos pueden superar a los mejores relojes mecánicos. Sin embargo, el cronometraje serio queda en manos de los relojes atómicos. Estos relojes tienen un grado de precisión que habría sido inconcebible para Huygens o Harrison. Mientras que el reloj de péndulo de Huygens podía perder 10 s al día, un reloj atómico podría tener hoy un desfase de 10 s si se hubiera puesto en marcha cuando se formó la Tierra, hace 4500 millones de años.[12]

La base de tiempo de un reloj atómico es un poco difícil de imaginar. Los átomos, como el cesio, tienen una *frecuencia de resonancia*, la frecuencia de la radiación electromagnética que los hace «vibrar», es decir, que un electrón que «orbita» alrededor del núcleo salta a un nivel de energía superior. El isótopo cesio 133 resuena cuando se le estimula con radiación de microondas a la frecuencia precisa de 9 192 631 770 Hz. En cierto modo, es la frecuencia de esta radiación la que sirve de base de tiempo a los relojes atómicos, y los átomos de cesio desempeñan el papel de calibrador que garantiza que la frecuencia es correcta. En 1967, un consorcio internacional definió el segundo como: «La duración de 9 192 631 770 periodos de la radiación correspondiente a la transición entre los dos niveles hiperfinos del estado básico del átomo de cesio 133».[13] La unidad básica de tiempo se divorció definitivamente de la dinámica observable de los planetas y se situó en el dominio del comportamiento imperceptible de un solo elemento.

Al igual que los relojes de última generación de los siglos XVIII y XIX revolucionaron la navegación marítima, los relojes atómicos revolucionaron la navegación en la era de la información. Ya sea en tu teléfono inteligente o en una cabeza de misil, el GPS funciona determinando la distancia entre al menos cuatro satélites y el receptor en la Tierra. Una señal procedente de un satélite situado a 20 000 km de distancia tarda unos 66 ms en llegar hasta ti. Si se aleja 10 m del satélite, la señal tardará 33 ns (nanosegundos) más (0,000000033 s). Los receptores GPS deben captar esas diferencias tan pequeñas entre el tiempo de transmisión y el de llegada. Para lograrlo, el GPS no solo requiere enviar un montón de satélites al espacio, sino colocar un reloj atómico en cada uno de ellos (un maravilloso servicio público proporcionado por los contribuyentes y el ejército estadounidenses). Midiendo las diferencias de tiempo que tarda una señal en llegar desde distintos satélites, un receptor GPS puede utilizar una forma de triangulación para averiguar su latitud, longitud y altitud.[14] Los relojes atómicos y los satélites GPS actuales no solo podrían haber indicado a sir Clowdisley Shovell la posición de su barco, sino también su situación en el mismo.

Tiempo de venta

Nuestros relojes, asombrosamente precisos, se pusieron a trabajar no solo para medir el paso intangible de las horas y los segundos, sino también para medir lo que hacíamos con nuestro tiempo. Con la generalización de los relojes precisos llegaron los salarios por hora. A finales del siglo XIX, un hombre llamado Willard Bundy se dio cuenta de la importancia de controlar y registrar el tiempo de trabajo para los directores de las fábricas e inventó un método para registrar la hora de entrada y salida de los trabajadores a las fábricas. La empresa que fundó, International Time Recording Company, se fusionó en 1911 con Computing Tabulating Recording Company, que más tarde pasó a llamarse International Business Machines.[15]

Cuando Benjamin Franklin escribió «El tiempo es dinero», se refería a los salarios: un día ocioso era dinero perdido en forma de ganancias potenciales. Esta frase es exponencialmente más cierta hoy en día. Los operadores bursátiles pueden aprovechar ventajas de milisegundos para obtener enormes beneficios monetarios. E incluso el simple acto de ver la televisión es una forma de transacción temporal-monetaria. Los telespectadores ceden su tiempo haciendo algo que preferirían no hacer —ver anuncios— a cambio de entretenimiento «gratuito» (que se paga con compras posteriores). En el caso de algunos servicios de música y vídeo por Internet, podemos «recuperar nuestro tiempo» pagando una cuota para no estar sujetos a los anuncios.

El sociólogo Lewis Mumford afirmaba que «el reloj, y no la máquina de vapor, es la máquina clave de la era industrial moderna».[16] Si el reloj fue la máquina clave en la era industrial, sigue siéndolo en la era de la información. Los relojes parcelan nuestras vidas en unidades de tiempo cada vez más pequeñas. Las reuniones de negocios se cronometran al minuto; las citas rápidas duran tres minutos; y reducir una fracción de segundo la duración de los semáforos en ámbar puede provocar un alboroto por el aumento de las multas por saltarse un semáforo en rojo.[17] Pero lo más importante es que la máquina que define la era de la información, el ordenador, no existiría sin los relojes modernos. Los relojes no solo sincronizan las acciones de los hombres, sino que también marcan el ritmo de los miles de millones de operaciones que los ordenadores realizan cada segundo.

* * *

La ambición del hombre por medir el tiempo ha tenido, en cierto sentido, demasiado éxito. Hace siglos, los relojes rara vez coincidían entre sí. Hoy hemos cerrado el círculo no porque los relojes sean imprecisos, sino porque son demasiado exactos.

La teoría de la relatividad general de Einstein dicta que el tiempo medido por cualquier reloj está sujeto a la fuerza de la gravedad. Así pues, el mismo reloj atómico marcará más rápido después de ser lanzado al espacio a bordo de un satélite GPS (hay que tener en cuenta este efecto para que el GPS funcione). De hecho, el tiempo medido por dos relojes atómicos ópticos de última generación se distanciará si uno se coloca en el suelo y el otro sobre una mesa. ¿Qué reloj da la hora exacta? Veremos que la pregunta es incorrecta.

Hoy podemos medir el tiempo con más precisión que cualquier otra cosa. De hecho, el espacio ha sido subsumido por el tiempo: un metro se define como la distancia que recorre la luz en 1/299 792 458 de segundo.[18] Pero no solo es asombrosa la resolución y precisión de los relojes modernos, sino que también lo es su alcance. Para medir el peso de un grano de sal, un ser humano o un camión necesitamos tres tipos de balanzas diferentes. En cambio, un reloj atómico puede utilizarse para medir los retrasos de nanosegundos en las señales de radio de los satélites GPS, así como para cronometrar el viaje anual de la Tierra alrededor del Sol, y añadir el segundo intercalar apropiado cuando la Tierra va lenta (la rotación de la Tierra puede ser irregular como consecuencia de acontecimientos geológicos y climáticos). Ningún dispositivo jamás concebido, y mucho menos creado, por el hombre tiene la precisión o el alcance de los relojes modernos. Pero, al margen de las proezas técnicas, nuestra capacidad para medir el tiempo no nos ha acercado demasiado a la comprensión de la naturaleza del tiempo. ¿Por qué el tiempo solo fluye en una dirección? ¿Son el pasado y el futuro fundamentalmente distintos del presente? ¿O solo parecen ser así por un engaño del cerebro humano? Estas son las preguntas que abordaremos a continuación.

8:00

EL TIEMPO, ¿QUÉ NARICES ES?

De todos los obstáculos que se oponen a una explicación exhaustiva de la existencia, ninguno se cierne de forma más desalentadora que el tiempo. ¿Explicar el tiempo? No, sin explicar la existencia. ¿Explicar la existencia? No, sin explicar el tiempo. Descubrir la conexión profunda y oculta entre el tiempo y la existencia... es una tarea para el futuro.

JOHN WHEELER

El cerebro humano ha descubierto cómo construir relojes atómicos, desmenuzar átomos, viajar a la Luna y volver, trasplantar órganos y genes de una criatura a otra, e incluso ha empezado a desentrañar su propio funcionamiento interno. Estas impresionantes hazañas a veces nos hacen olvidar que no somos más que simios excepcionalmente inteligentes.

El cerebro es un producto de los principios más bien azarosos del «diseño» evolutivo. Durante la mayor parte de los últimos setenta millones de años aproximadamente, el cerebro de los primates ha sido moldeado por la evolución para utilizar con destreza los pulgares oponibles, reconocer objetos, identificarse entre sí y desarrollar habilidades y vínculos sociales que, en última instancia, mejoraban la supervivencia y la reproducción. Parece seguro afirmar que durante este proceso hubo poca presión selectiva para aprender a leer o a deducir el teorema de Pitágoras. El hecho de que seamos capaces de hacer estas cosas es un testimonio de las capacidades computacionales abiertas del cerebro humano. Sin embargo, el cerebro tiene un exceso de errores, limitaciones y sesgos inherentes. Como ejemplo de una tarea que el cerebro hace mal, intenta sumar mentalmente la siguiente secuencia de números:

1000 +

40 +

1000 +

30 +

1000 +

20 +

1000 +

10

La mayoría de las veces, la gente llega a la respuesta de 5000, en lugar de la respuesta correcta de 4100. ¿Por qué el cerebro es tan malo para los cálculos numéricos sencillos cuando, en cualquier caso, reconocer una cara o leer esta frase es una tarea computacional mucho más compleja? La respuesta estándar, aunque parcial, a esta pregunta es que hubo poca presión selectiva para realizar cálculos numéricos. La respuesta completa es un poco más profunda. Los componentes básicos de cualquier dispositivo computacional, ya sea el cerebro o un ordenador digital, determinan las tareas para las que es adecuado (o inadecuado). Ningún ser humano superará jamás a la calculadora más sencilla en la división larga, porque las neuronas son elementos computacionales lentos y ruidosos. Carecen de la velocidad y las propiedades de conmutación de los transistores que forman nuestros ordenadores digitales.[1]

Nuestra escasa capacidad para realizar cálculos numéricos, memorizar cadenas de palabras al azar o intuir rápidamente la probabilidad de que dos monedas salgan cara tras lanzar cuatro monedas al aire son algunos de los tipos de tareas para las que el cerebro está mal preparado. Ante estos hechos, probablemente también deberíamos preguntarnos hasta qué punto las limitaciones y sesgos inherentes al cerebro constriñen el progreso de la ciencia. ¿Cómo influye la arquitectura del cerebro en nuestra capacidad para responder a preguntas para las que no evolucionó? Entre las muchas cosas para cuya comprensión el cerebro no evolucionó se encuentra el propio cerebro. Otra es la naturaleza del tiempo.

Presentismo y eternalismo revividos

El ser humano se ha embarcado en una búsqueda para medir el tiempo con una precisión cada vez mayor. Como vimos en el capítulo anterior, ha sido una búsqueda absurdamente exitosa, pero el éxito en la medición del tiempo del reloj no ha ido acompañado de ningún acuerdo sobre lo que estamos midiendo exactamente.

¿Qué es el tiempo? No me refiero al *tiempo del reloj* o *al tiempo subjetivo*, sino a la palabra *tiempo* en su sentido más profundo: la naturaleza del tiempo. Filósofos y físicos sostienen muchas teorías diferentes.[2] Algunas de estas teorías se excluyen mutuamente, y otras son sutiles giros sobre un tema. Pero, como vimos en el capítulo 1, para nuestros propósitos el *presentismo* y el *eternalismo* recogen los dos puntos de vista principales.

Como recordatorio, según el *presentismo*, solo el presente es real: todo lo que es existe en el presente perpetuo. El pasado se refiere a una configuración del universo que ya no existe, mientras que el futuro representa una configuración aún por determinar. En el *eternalismo*, el tiempo se ha *espacializado* en una dimensión completa en la que el pasado, el presente y el futuro son igualmente reales. El universo se convierte en un «bloque» cuatridimensional con una dimensión temporal y tres espaciales, el llamado *universo bloque*.[3]

El lenguaje ha sido durante mucho tiempo un impedimento para mantener conversaciones unívocas sobre el presentismo y el eternalismo. Por ejemplo, palabras como «real» y «existir» pueden tener significados muy distintos según se hable bajo el paraguas del presentismo o del eternalismo. En el contexto del presentismo, la afirmación «los dinosaurios existen» es falsa. Pero, en el eternalismo, se podría argumentar que la afirmación es verdadera, porque los dinosaurios existen en algún otro momento en el tiempo, un momento que es tan real como el momento que consideramos que es el *ahora*. Así que, en lugar de intentar definir el presentismo y el eternalismo en términos de palabras como *real* y *existir*, sería mejor definir *existir* y *real* según el presentismo o el eternalismo. Para el presentismo, *real* significa que *existe ahora* y solo *ahora*, porque el presente es el único momento en el que algo puede existir. En cambio, para un eternalista, *real* puede referirse a algo que *existe* en cualquier lugar y en cualquier momento dentro de todo el universo de bloques, incluidos los dinosaurios y tus futuros descendientes.

El lenguaje asume una perspectiva inherentemente presentista. Al igual que en el presentismo, en la conjugación verbal, el presente es un marco de referencia privilegiado. De hecho, los términos presentismo y eternalismo están relacionados con lo que algunos filósofos denominan *tiempo tenso* y *tiempo no tenso*, respectivamente. El tiempo tenso se basa siempre en el presente: la frase «Fui al gimnasio esta mañana y ayer por la mañana» define acontecimientos pasados en relación con el presente. La afirmación es cierta hoy, pero no lo será mañana (créeme), y desde luego no lo era hace cien años. Por el contrario, un inventario de eventos como «Ocho de la mañana del 1 de enero de 2016, en el gimnasio; ocho de la mañana del 2 de enero de 2016, en el gimnasio» es un ejemplo de tiempo no tenso. Si esta lista es cierta hoy, seguirá siéndolo mañana y, en cierto sentido, incluso lo sería hace cien años. Ahora los acontecimientos parecen coexistir a lo largo de un continuo, como los cuadrados adyacentes que representan días «contiguos» en un calendario. Es como si el tiempo se hubiera espacializado.

Tiempo, ¿quién lo necesita?

Hay teorías sobre la naturaleza del tiempo que no encajan claramente en el presentismo o el eternalismo. Por ejemplo, el físico George Ellis, entre otros, aboga por un compromiso: un universo de bloques de cuatro dimensiones que solo contiene el pasado. Según esta teoría, el presente es el frente de onda que congela progresivamente un futuro indeterminado en un pasado cada vez mayor e inmutable.[4]

Otros creen que el tiempo no es más que una abstracción, un concepto muy útil para ayudar a explicar cómo funciona el universo, pero que, a diferencia de la masa o la energía, el tiempo no sería un ingrediente fundamental de la física. Para entender un poco mejor esta opinión recordemos que, en la práctica, el tiempo del reloj siempre se mide por el cambio. Independientemente de su precisión o inexactitud, los relojes siempre están cuantificando el cambio de algún fenómeno físico. La consecuencia de este hecho es que siempre es posible expresar el tiempo como alguna otra medida física no temporal. Por ejemplo, los relojes de cuarzo suelen marcar la hora con agujas que giran alrededor de una esfera circular, así, cuando el minutero pasa del 12 al 6, decimos que han transcurrido 30 minutos; pero ¿no podríamos afirmar del mismo modo que han transcurrido 180 grados? O, en el caso de un reloj de péndulo con una frecuencia base de 1 Hz, en lugar de decir que han pasado 30 minutos, podríamos decir que han transcurrido 1800 oscilaciones. De hecho, la unidad de tiempo estándar (el segundo) no se define en realidad como una unidad de tiempo pura, sino como 9 192 631 770 ciclos de la radiación correspondiente a la frecuencia de resonancia del cesio 133, que equivale aproximadamente al tiempo que tarda la Tierra en girar 1/240 de grado alrededor de su eje. 126 de estos segundos se corresponden con el tiempo que tardaron los esquiadores en modificar su posición desde la cima a la base de la montaña durante los Juegos Olímpicos de Invierno de 2014. La cuestión es que la hora del reloj puede entenderse como una convención mediante la cual estandarizamos el cambio. El tiempo proporciona una forma increíblemente útil de establecer relaciones equivalentes entre la velocidad de cambio de diferentes sistemas físicos (los partidarios de este punto de vista habitualmente son denominados *relacionalistas*). Como dijo el físico Ernst Mach en el siglo XIX: «Está totalmente fuera de nuestro alcance medir las transformaciones a través del tiempo. Muy al contrario, el tiempo es una abstracción a la que llegamos por medio de los cambios que se producen en las cosas».[5]

La idea de que el tiempo es una medida del cambio en el estado de los sistemas físicos estaba implícita en los capítulos anteriores que versaban sobre la forma en que el cerebro mide el tiempo. Al igual que podemos utilizar las ondas producidas por una gota de lluvia en un estanque como cronómetro, vimos que el cerebro puede emplear la dinámica de las redes neuronales para establecer correlaciones entre los estados internos de la red y los cambios que se producen en el mundo externo. De modo que la tarea dar golpecitos con el dedo marcando los segundos se reduce, en última instancia, a hacer coincidir los cambios que se producen en el interior del cerebro con los de un reloj artificial. A fin de cuentas, esto es esencialmente todo lo que queremos decir cuando afirmamos que el cerebro indica la hora que es.[6]

La variedad de teorías sobre el tiempo —presentismo, eternalismo, tiempo tenso, tiempo no tenso, universo de bloques en evolución, relacionalismo, etc.— es un síntoma de que no existe un consenso sobre lo que es el tiempo realmente. Sin embargo, podemos afirmar que el eternalismo es la teoría favorita tanto de la física como de la filosofía. Sin embargo, el eternalismo no es simplemente una perspectiva contraintuitiva, sino que se burla de una de las características más universales de la experiencia humana: que el presente es la interfaz entre un pasado que ya no existe y un futuro abierto que aún está por llegar. El eternalismo no se ajusta a nuestra sensación subjetiva de que el tiempo fluye, porque todos los momentos del tiempo son tan reales como todos los lugares del espacio. Por tanto, tanto los físicos como los filósofos deben tener muy buenas razones para abrazar el eternalismo. En este capítulo y en el siguiente examinaremos dos de estas razones. He aquí un pequeño avance: (1) según las leyes de la física, el *ahora* es un momento tan arbitrario en el tiempo como el *aquí* es un punto en el espacio; (2) la teoría de la relatividad especial de Einstein parece implicar que todos los momentos en el tiempo están permanentemente dispuestos a lo largo de la dimensión temporal del universo bloque.

Agnóstico sobre el presente

Nuestro éxito en la deducción de las reglas fundamentales del universo es quizá el mayor logro intelectual de la especie humana. Las leyes de la física son tan poderosas que han destronado a los propios dioses como fuente de respuestas a las preguntas que atormentaban a los primeros humanos. ¿Qué son esos puntos de luz engarzados en el cielo nocturno? ¿Por qué sale y se pone el sol? Los eclipses, las catástrofes naturales y los caprichos del tiempo ya no se atribuyen a los miles de deidades que hemos adorado durante milenios.

Newton dio el primer paso. Describió las leyes que rigen el comportamiento de los objetos que habitan nuestra realidad cotidiana desde la caída de las manzanas hasta el movimiento planetario. Einstein, con sus teorías de la relatividad especial y general, amplió (y corrigió) las leyes de Newton. Gracias a Einstein, comprendemos los cósmicos posteriores al Big Bang, sabemos que el espacio y el tiempo no son independientes y que la gravedad no es una fuerza, sino una consecuencia de la curvatura del espacio-tiempo. Sin embargo, a diferencia de los planetas y de las estrellas, las partículas subatómicas parecían tener su propio libro de instrucciones, uno que desobedecía las leyes de Einstein. Durante las primeras décadas del siglo XX, la mecánica cuántica descifró este código. Ahora sabemos que, en el espeluznante mundo cuántico, las partículas existen en estados superpuestos (parecen ocupar varios puntos del espacio a la vez) y las partículas entrelazadas parecen afectarse instantáneamente entre sí, aunque estén a años luz de distancia.

Pero, a pesar de su asombroso éxito y de su impacto transformador en nuestras vidas, las leyes de la física se quedan vergonzosamente cortas cuando se trata de explicar la que quizá sea la observación más repetida que los seres humanos hayan hecho jamás: el presente es especial. Como explica el filósofo contemporáneo Craig Callender: «Las ecuaciones de la física no nos dicen qué sucesos están ocurriendo ahora mismo; son como un mapa sin el símbolo *usted está aquí*. El momento presente no existe en ellas, y, por tanto, tampoco el flujo del tiempo».[7]

Las leyes fundamentales de la física tampoco tienen nada que decir sobre por qué el tiempo parece tan empeñado en avanzar. Las ecuaciones escritas por Newton y Einstein, las que describen la electricidad y el magnetismo (ecuaciones de Maxwell) y la ecuación que capta el mundo cuántico (ecuación de Schrödinger) son indiferentes a que los acontecimientos se desarrollen hacia delante o hacia atrás.[8] Se dice que estas ecuaciones son *simétricas en el tiempo*, lo que significa que, del mismo modo que conducir entre Los Ángeles y San Francisco es una propuesta igual de realista que conducir de San Francisco a Los Ángeles, las leyes de Newton están abiertas a que los acontecimientos se desarrollen hacia delante o hacia atrás. Imagina un documental sobre la maravillosa danza de la luna girando alrededor de la Tierra mientras esta orbita alrededor del sol. Es posible utilizar las leyes de

Newton para describir matemáticamente esta danza. Es decir, podemos escribir una serie de ecuaciones que sirvan para simular el movimiento de estos tres cuerpos. Supongamos que, después de haber hecho esto, nos dijeran que el documental en el que hemos basado nuestras ecuaciones se reproduce accidentalmente al revés. ¿Tendríamos que tirar a la basura todo nuestro trabajo? No, nuestros cálculos seguirían siendo válidos: lo único que tendríamos que hacer es invertir el signo de la variable t para tener en cuenta las órbitas reales hacia delante.[9] De igual modo, si más tarde descubriéramos que el documental se rodó hace mil años, nuestras ecuaciones volverían a ser totalmente válidas. Las leyes de Newton son tan agnósticas a la dirección del tiempo como lo son al pasado, al presente y al futuro. Y lo mismo ocurre con las ecuaciones de la relatividad y la mecánica cuántica. Las leyes de la física no asignan ningún significado especial a la dirección del tiempo ni a ningún momento concreto: el pasado, el presente y el futuro están en pie de igualdad.

La obstinada flecha del tiempo

Después de leer esto, tal vez estés pensando: «Claro, puedo entender que las ecuaciones que gobiernan la dinámica de los planetas puedan funcionar hacia delante o hacia atrás; después de todo, una escena sobre las órbitas de los planetas parece igualmente plausible cuando se reproduce hacia delante o hacia atrás. Pero seguramente las leyes de la física deben prohibir aquellas cosas que sé por experiencia que son imposibles. Por ejemplo, que los globos no se desinflen, que los vasos de cristal que se caen al suelo no se rompan y que los cubitos de hielo de mi té helado no se deshagan. Está claro que las leyes de la física aseguran que estas cosas no puedan ocurrir».

Pues, sorprendentemente, no es así.

La respuesta estándar al misterio de la flecha del tiempo fue ideada por el físico austriaco del siglo xix Ludwig Boltzmann. Su interpretación estadística de la segunda ley de la termodinámica afirma que la entropía de un sistema aislado tiene una tendencia implacable a aumentar con el paso del tiempo. Podemos pensar que la entropía corresponde al grado de desorden. Por ejemplo, si tiramos diez dados en una caja y la agitamos, la colocación de los dados será desordenada o «aleatoria», por lo que podemos decir que la caja se encuentra en un estado de alta entropía. Pero, si equilibramos cuidadosamente los diez dados uno encima de otro para formar una columna, puede decirse que el sistema está en una configuración altamente ordenada, en un estado de muy baja entropía.

Para entender qué tiene que ver exactamente la entropía con la flecha del tiempo vamos a imaginar que introducimos dos átomos de hidrógeno en el lado izquierdo de una caja. Más tarde nos preguntamos: «¿cuál es la disposición más probable de los dos átomos en el interior de la caja?». Hay tres posibles estados (configuraciones): ambos átomos están situados en el lado izquierdo (II), ambos están a la derecha (DD), o uno está a la izquierda, y el otro, en el lado derecho (puesto que los átomos son indistinguibles entre sí, los estados DI y ID son uno y el mismo). La probabilidad de cada uno de estos estados es ¼ II, ¼ DD y ½ DI(ID). Por tanto, el estado más probable es aquel en el que los átomos están divididos a partes iguales, porque hay dos maneras posibles de tener uno a cada lado. Si volvemos a echar un vistazo a la caja después de haber comprobado este estado de división equitativa, la probabilidad de que el estado de la caja se haya «invertido» a su estado inicial es en realidad bastante alta. En nuestro segundo vistazo hay una probabilidad de ¼ de que la caja vuelva a su estado inicial, en el que ambos átomos están en el lado izquierdo de la caja. Si esta caja con dos átomos comprendiera todo el universo, podríamos decir que el universo retrocedió en el tiempo: volvió a un estado que es indistinguible de su estado inicial (al menos en este nivel grueso de análisis en el que no nos importa la ubicación precisa de los átomos).

Pero, si dejáramos 10 000 átomos de hidrógeno (que sigue siendo un número minúsculo de átomos) en el lado izquierdo de la caja y esperáramos a que el sistema alcance un estado en el que aproximadamente la mitad de los átomos estén en cada lado de la caja, la probabilidad de que todos ellos regresen al estado en el que están todos a la izquierda es ahora inconcebiblemente minúscula: mucho, mucho más pequeña que uno en un gúgol (un gúgol es 10 100, mayor que el número de partículas del universo). Por tanto, cuando decimos que es improbable que los átomos de la caja vuelvan a su estado original, no estamos hablando de que sea improbable ganar la lotería, ni siquiera de que sea improbable ganar la lotería cada semana durante un mes. Hablamos de la improbabilidad de que el boleto ganador vuele por los aires hasta el salón de tu casa cada semana durante un mes (hay que admitir que no tengo ni idea de cómo calcular esa probabilidad; la cuestión es que tristemente no ocurrirá). La afirmación de que es extraordinariamente improbable que los átomos de la caja vuelvan a su estado original es muy profunda, porque puede interpretarse en el sentido de que los átomos de la caja no «viajarán hacia atrás» en el tiempo, lo que de este modo proporciona una flecha del tiempo.

La segunda ley de la termodinámica no es una ley en el mismo sentido que la conservación de la energía. Se trata más bien de una afirmación estadística según la cual invertir el estado de un sistema aislado es ridículamente improbable, pero legal. Así que, si tiraras un vaso al suelo y luego vieras cómo se recompone y vuelve a colocarse sobre la encimera, no infringirías las leyes fundamentales de la física: Newton y Einstein no se retorcerían en sus tumbas. ¿Por qué? Al caer el vaso, la energía potencial del golpe contra el suelo se transforma en energía cinética en forma de aumento del movimiento de las moléculas de aire (de ahí el sonido del vaso al romperse). Gracias a la ley de conservación de la energía, la cantidad total de energía se conserva (sin excepciones) y, al menos en principio, nada impide que todas esas moléculas de aire adopten finalmente la configuración inversa y apliquen la misma cantidad de energía para unir de nuevo todos los fragmentos de cristal entre sí y colocar el vaso intacto sobre la mesa.

Así pues, la segunda ley de la termodinámica no prohíbe que los globos jamás se desinflen, que los vasos no se rompan al caer al suelo o que los cubitos de hielo permanezcan intactos, pero prácticamente garantiza que no estos hechos no se producirán. Así, la llamada *flecha entrópica del tiempo* parece ofrecer una explicación bastante buena de por qué todos los acontecimientos del mundo se desarrollan según la flecha del tiempo. Pero, por desgracia, la flecha entrópica, en sí misma, no es tan flecha como parece en un principio.

La flecha de doble punta

Imaginemos que nuestra caja tiene ahora un total de diez átomos de hidrógeno y que, en un momento determinado (llamémoslo tiempo *t*), observamos cuatro átomos a la izquierda y seis a la derecha; representaremos este estado como [4, 6]. Sabemos que el estado de máxima entropía es cinco átomos a cada lado [5, 5], ya que hay más formas de disponer diez átomos como dos grupos de cinco que en cualquier otra distribución. Así que en el siguiente instante de tiempo, $t + 1$, podemos suponer que es más probable que observemos el estado [5, 5] —un aumento de la entropía— que el estado [3, 7]. Pero, en lugar de mirar hacia el futuro, miremos hacia el pasado y preguntémonos cuál era el estado más probable de nuestra caja en el instante de tiempo anterior, en $t - 1$. Pues bien, por la misma lógica, la respuesta también debería ser [5, 5]. En ausencia de cualquier otra información sobre el sistema, si el estado más probable después de observar una disposición [4, 6] es una división [5, 5], debe darse el caso de que el estado anterior más probable sea también una división [5, 5]. Nótese que en este caso nunca he dicho que el sistema comenzara con los diez átomos en el mismo lado de la caja; de hecho, tal vez la caja comenzara en la configuración [5, 5] y el estado [4, 6] fuera una fluctuación inevitable.

Esto supone un duro golpe. Si vamos a utilizar la segunda ley de la termodinámica como una flecha del tiempo, es decepcionante saber que predice que la entropía debe aumentar hacia delante y a su vez estima que la entropía debe aumentar hacia atrás en el tiempo. La flecha entrópica del tiempo parece ser una flecha de dos puntas. La explicación termodinámica de por qué el tiempo parece ser una calle de sentido único solo tiene sentido porque una suposición oculta la acompañaba. En los primeros ejemplos, empezamos con todos los átomos en el lado izquierdo de la caja, es decir, en un estado de entropía extremadamente baja. Si empezamos en el estado de entropía más baja, entonces la entropía *solo* puede aumentar. Así pues, la segunda ley de la termodinámica solo establece una flecha del tiempo siempre que el universo haya comenzado en un estado de baja entropía.

A menudo se dice que el tiempo comenzó con el Big Bang, hace unos 14 000 millones de años, y que, en los instantes posteriores, el universo se encontraba en un estado de muy baja entropía. Así que la cuestión de la flecha del tiempo pasa a ser: «¿Cómo llegó el universo a encontrarse en este estado inicial de baja entropía?». Ludwig Boltzmann era consciente de la importancia de responder a esta pregunta, y propuso una ingeniosa hipótesis: que el estado de baja entropía del universo es consecuencia de una fluctuación transitoria dentro de lo que una vez fue un universo de mayor entropía. Si esta propuesta parece ir en contra de la propia ley de Boltzmann, es porque en cierto modo lo hace. Pero, como ya se ha dicho, la segunda ley de la termodinámica es de naturaleza estadística: las disminuciones de entropía son improbables, no imposibles, y, con el tiempo suficiente, lo improbable se convierte en probable. Una hipótesis relacionada con el misterio de la baja entropía, pero más moderna, es el escenario del *multiverso*, en el que nuestro universo comenzó como una región local de baja entropía dentro de un multiverso mucho mayor.[10] No obstante, no existe una teoría generalmente aceptada de por qué el universo comenzó en un estado de baja entropía y, por supuesto, no es probable que las cuestiones relacionadas con el principio del universo —y, por tanto, con el principio del tiempo— se resuelvan pronto.

* * *

La segunda ley de la termodinámica ofrece una posible explicación de por qué el tiempo avanza implacablemente o, al menos, de por qué el universo experimenta un aumento progresivo de la entropía desde el desconcertante estado de baja entropía en que se encontraba en el momento del Big Bang. Pero hay otras hipótesis sobre la causa de la flecha del tiempo. Una de ellas es que hay procesos irreversibles en el tiempo («flechas») engarzados en la mecánica cuántica. He dicho antes que todas las leyes conocidas de la física, incluida la ecuación que rige el mundo cuántico (la ecuación de Schrödinger), son reversibles en el tiempo, y lo son. Pero hay una etapa adicional en la mecánica cuántica, que no está no recogida en la ecuación de Schrödinger, que ha desconcertado a los científicos durante casi un siglo. Si disparamos un solo electrón hacia una placa fotográfica, la ecuación de Schrödinger nos ofrece la probabilidad de que el electrón sea observado en cualquier posición en el tiempo *t*. Pero para saber realmente dónde está el electrón, hay que hacer una medición, y la ecuación de Schrödinger no describe lo que ocurre durante la propia etapa de medición. Hasta que se realiza la medición —por ejemplo, cuando el electrón golpea la placa fotográfica— se afirma que el electrón está en todas las posiciones posibles simultáneamente. Solo el acto de medir la posición del electrón le obliga a estar en un lugar determinado: se dice que el acto de medir colapsa la *función de onda* del electrón. Pero no hay un acuerdo sobre qué es exactamente lo que hace que el proceso de medición colapse la función de onda (o si llega a colapsarla). Algunos físicos creen que la etapa de medición de la mecánica cuántica impone una flecha del tiempo al universo.[11] Según esta interpretación de la mecánica cuántica, una vez que se mide la posición del electrón, no hay vuelta atrás. De hecho, una vez realizada la medición, es imposible utilizar la ecuación de Schrödinger para volver a determinar por qué rendija pasó el electrón.[12]

Incluso si resulta que la mecánica cuántica impone una flecha del tiempo en el universo —algo que muchos creen improbable—, el hecho es que la mecánica cuántica, o cualquier otra de las leyes de la física, no asigna un significado especial al *ahora*.[13] Las ecuaciones fundamentales de la física parecen idicar que el *ahora* es al *tiempo* lo que el *aquí* es al *espacio*, lo que puede explicar por qué tantos físicos y filósofos creen que vivimos en el universo de bloques del eternalismo. Pero, para muchas personas, entre las que me incluyo, este no es el argumento más convincente a favor del eternalismo, sino que, más bien, como veremos a continuación, la mejor razón para abrazar el eternalismo sea probablemente la teoría de la relatividad.

9:00
LA ESPACIALIZACIÓN DEL TIEMPO EN FÍSICA

> *Para nosotros, físicos creyentes, la división en pasado, presente y futuro solo tiene el significado de una ilusión, aunque obstinada.*
>
> ALBERT EINSTEIN[1]

Una de las cosas que hace que el baloncesto sea tan emocionante es que el resultado del partido puede reducirse a una carrera contra el reloj. El jugador que realiza el último tiro debe soltar el balón antes de que el reloj llegue a cero y suene la alarma. Si lanza el balón antes de que el reloj llegue a cero, el tiro cuenta. Determinar cuál de estos dos eventos tuvo lugar primero parece una tarea totalmente objetiva: el jugador lanzó el balón antes de que el reloj marcara cero o no lo hizo. Sin embargo, no es así.

Supongamos, a modo de experimento mental, que el árbitro determina que un lanzamiento ganador realizado en un extremo de la cancha tuvo lugar antes de que un reloj atómico situado en el otro extremo de la cancha marcara el cero. Posteriormente, el árbitro confirma con un instrumento de alta tecnología que quedaba un nanosegundo (la milmillonésima parte de un segundo) en el reloj cuando el balón fue lanzado. Como se trataba de una final de la NBA, podemos imaginar que un astronauta seguía el partido a través de un telescopio mientras viajaba en una nave espacial absurdamente rápida a la mitad de la velocidad de la luz.[2] Cuando se entera de que el tiro se ha dado por válido, el astronauta se acuerda de la madre del árbitro, porque ha visto claramente que el reloj marcaba el cero antes de que se lanzara el balón y, por tanto, la canasta no debería contar. Estos informes opuestos sobre si la canasta valía y qué equipo era el campeón legítimo no tienen nada que ver con los retrasos asociados con el tiempo que tarda la información en viajar a la nave espacial, sino que los dos relatos son simplemente dos realidades igualmente válidas: una en la que el equipo vencedor merecía ganar y otra en la que el árbitro regaló el partido.

¿Cómo puede ser? ¿Es posible que dos acontecimientos ocurran en un orden para un observador y en otro distinto para otro? Si es así, ¿qué nos diría eso sobre la naturaleza del tiempo? Para responder a estas preguntas es necesario profundizar en la teoría de la relatividad especial de Einstein.

Relación especial

El humilde título del artículo de Einstein («Sobre la electrodinámica de los cuerpos en movimiento») no hacía sospechar que su contenido fuera a revolucionar el curso de la ciencia. Einstein derivó la teoría presentada en el artículo —la teoría especial de la relatividad— partiendo de dos principios. El primero era que «las leyes de la física son las mismas para todos los observadores que se mueven a una velocidad constante».[3] Einstein tomó prestado de Galileo este principio de la relatividad, quien argumentaba que para un observador dentro de un barco que se mueve suavemente a una velocidad constante es imposible saber si el barco se está moviendo o no —quizá te sientas identificado con esto si alguna vez te has despertado en un avión y, hasta que no has mirado por la ventanilla, no sabías si estabas volando, rodando o parado en la pista—. Como consecuencia del principio de relatividad, siempre definimos la velocidad en relación con otra cosa. Cuando decimos que un coche viaja a 100 km/h, implícitamente lo hacemos en relación con objetos inmóviles del planeta Tierra, como la señal de límite de velocidad que indica 80 km/h. Pero, estrictamente hablando, no existe un marco de referencia correcto o absoluto. En relación con el coche de policía que pasa a toda velocidad en dirección contraria, la velocidad del coche será muy superior a 100 km/h; además, sería igualmente válido decir que el coche está en reposo y la valla publicitaria viaja a 100 km/h. Así pues, la velocidad a la que viaja un objeto determinado es relativa al sistema de referencia elegido. Con una excepción: «La velocidad de la luz en el espacio vacío es constante e independiente del movimiento del cuerpo que la emite». Este es el segundo principio de Einstein. A primera vista, la noción de que la velocidad de la luz es constante puede parecer bastante inocua, pero, junto con el principio de relatividad, echa por tierra el concepto de tiempo absoluto. Para comprender las consecuencias de la constancia de la velocidad de la luz, convengamos primero en la noción de sentido común de velocidad. Si estás en un tren que viaja a 100 km/h y disparas una bala en la dirección del movimiento del tren —y sabes que esa pistola tiene un disparo de 300 km/h— observarás que la bala se aleja de ti a 300 km/h. Sin embargo, si yo viera tu disparo desde el andén de la estación, mediría la velocidad de la bala como la velocidad del tren más la velocidad de la bala, es decir, 400 km/h.[4] Consideremos ahora una situación similar, pero en el contexto del segundo principio de Einstein: la constancia de la velocidad de la luz. Tu tren viaja ahora a la inaudita velocidad de 100 000 km/s (un tercio de la velocidad de la luz), y, en lugar de una pistola, tienes un láser que disparas hacia delante. El rayo láser se alejará de ti a 300 000 km/s (aproximadamente la velocidad de la luz, representada como c). Sería lógico pensar que yo, situado en el andén, observe que su velocidad es la velocidad del tren más la velocidad de la luz, es decir, 400 000 km/s (1,33 c). Esto, sin embargo, sería una grave violación del principio de la constancia de la velocidad de la luz, que insiste en que todo el mundo siempre medirá la velocidad de la luz como igual a c, con independencia de su propia velocidad (además, esto también violaría un resultado relacionado de la relatividad especial: nada puede viajar más rápido que la velocidad de la luz). En definitiva, tanto tú como yo diremos que el rayo láser viaja exactamente a la misma velocidad.

Desde un punto de vista intuitivo, esto resulta muy inquietante. Al cabo de un segundo, tú calcularías que el extremo del rayo láser se ha desplazado 300 000 km por delante del tren. Como yo también observo que el rayo se desplaza a la misma velocidad, calcularé que el rayo está a 300 000 km de la estación de tren y, como sé que tu tren viaja a 100 000 km/s, el tren debería estar situado exactamente 100 000 km más arriba en las vías. Por tanto, desde mi sistema de referencia, la distancia entre el tren y el rayo láser debería ser la diferencia entre ambas posiciones: 300 000 - 100 000 = 200 000 km. Pero acabas de observar que el haz de luz está 300 000 km por delante de ti. *Algo va mal.* Sencillamente: si la velocidad de la luz es absoluta, el precio que hay que pagar es que el espacio y el tiempo no lo sean. Nuestros cálculos no coinciden porque no experimentamos el tiempo ni el espacio de la misma manera.

1905 fue el «año milagroso» de Einstein, pues publicó cuatro artículos fundamentales mientras trabajaba como empleado de patentes en Berna. En su artículo sobre la relatividad especial dedujo una serie de ecuaciones que describen cómo se dilata el tiempo (y se contrae el espacio) en función de la velocidad. Curiosamente, las ecuaciones se denominan transformaciones de Lorentz porque fueron descritas por primera vez por el físico holandés Hendrik Lorentz. Pero Lorentz no comprendió plenamente las consecuencias de sus ecuaciones, ni se dio cuenta de que podían derivarse de los dos principios antes mencionados.

Merece la pena echar un vistazo rápido a una versión reducida de la transformación de Lorentz para el tiempo,[5] pues se trata de una de las ecuaciones más importantes de la historia del tiempo. La ecuación solo implica álgebra, y convierte el tiempo que marca tu reloj ($t^{tú}$) mientras viajas en el tren en el tiempo que marca mi reloj (t^{yo}) mientras estoy de pie en el andén de la estación (suponiendo que ambos pusimos en marcha nuestros cronómetros en el instante en que pasaste por delante de mí). En la ecuación, v representa la velocidad entre nosotros, y la constante c es de nuevo la velocidad de la luz:

$$t^{yo} = \frac{t^{tú}}{\sqrt{1 - \frac{v^2}{c^2}}}$$

Dado que c es un número enorme, a velocidades cotidianas, el término X será próximo a cero, y el denominador será muy próximo a 1 , es decir, 1. Así, t^{yo} será aproximadamente igual a $t^{tú}$. Esta es precisamente nuestra experiencia normal: todos nuestros relojes marcan el mismo ritmo y permanecen sincronizados porque, incluso cuando nos movemos, lo hacemos a velocidades bajas (en relación con la velocidad de la luz). Sin embargo, a velocidades cercanas a la de la luz, los relojes marcan ritmos diferentes entre sí. Volviendo al ejemplo en el que viajas en un tren a un tercio de la velocidad de la luz, después de un segundo de viaje medido por tu reloj ($t^{tú} = 1$), t^{yo} será igual a 1,06 s. No es una gran diferencia, pero, si viajaras a una velocidad mucho más cercana a la de la luz, digamos $v = 0{,}999$ c, durante un año ($t^{tú} = 1$ año), t^{yo} equivaldría a más de veintidós años. Decimos que el tiempo se ha dilatado para ti: Yo he envejecido veintidós años, mientras que tú solo has envejecido uno.[6]

Uno de los primeros experimentos para demostrar la dilatación del tiempo se realizó llevando relojes atómicos en vuelos de líneas aéreas comerciales y comparando después su tiempo con el de los relojes atómicos terrestres. Los relojes registraron cientos de horas en vuelos en dirección este (la dirección del vuelo importa debido a la rotación de la Tierra). Como predecía la relatividad especial, los relojes que viajaban se retrasaron decenas de milmillonésimas de segundo con respecto a los relojes atómicos que permanecían en el Observatorio Naval de Washington.[7]

Este y muchos otros experimentos han confirmado que el tiempo no es absoluto. Newton se equivocaba: el tiempo no «fluye equitativamente sin tener en cuenta nada externo».

Simultaneidad perdida

Ya sea por la oscilación de un péndulo o por la cantidad de la proteína Period en una neurona supraquiasmática, el tiempo del reloj siempre se mide por el cambio, y el cambio es un fenómeno local. Aceptamos de buen grado que el ritmo al que cambian algunas cosas puede verse influido por su entorno local. Por eso inventamos los frigoríficos: un tomate en el frigorífico «envejece» más despacio que su gemelo en la encimera. De hecho, el tiempo, medido por un reloj de péndulo o el reloj circadiano de una mosca de la fruta, también puede verse alterado por la temperatura ambiente. Pero la temperatura afecta a los distintos relojes de manera diferente, o no afecta en absoluto. Por ejemplo, los tiempos de desintegración de los radioisótopos analizados en el capítulo 7 son prácticamente los mismos a temperaturas cercanas al cero absoluto. En cambio, el efecto de la velocidad sobre la frecuencia de todos y cada uno de los relojes es absoluto e innegociable. Cualquier proceso físico, ya sea un reloj atómico o el cuerpo humano, cambiará a un ritmo más lento o más rápido dependiendo de la velocidad a la que se desplace. Aunque esto puede resultar desconcertante, hay una consecuencia aún más inquietante de la teoría de la relatividad especial de Einstein.

Volvamos a nuestro experimento mental del tren y el andén y consideremos de nuevo el mundo del sentido común en el que todo ocurre a baja velocidad. En esta ocasión, atenderemos al ejemplo de disparar balas en direcciones opuestas desde el interior de un tren en movimiento. Imagina que te encuentras en medio de un tren de 400 metros de largo que viaja a 200 metros por segundo (m/s) con respecto a mí, que estoy de pie en el andén (figura 9.1). Mientras el testero de tu tren pasa zumbando a mi lado, disparas dos pistolas cuyas balas también viajan a 200 m/s: una bala se dirige hacia la ventanilla de la parte delantera del tren y la otra hacia la ventanilla de la parte trasera. Desde tu perspectiva, las balas viajan a la misma velocidad y deben recorrer la misma distancia, por lo que ambas balas romperán las ventanas de la parte delantera y trasera del tren al mismo tiempo, exactamente 1 segundo después de que aprietes el gatillo. Desde mi perspectiva, veré que la bala que viaja hacia la parte delantera se mueve a una velocidad de 400 m/s (la velocidad del tren más la velocidad de la bala), y que la ventanilla delantera se rompe en 1 segundo porque la bala tuvo que recorrer 400 m (la mitad de la longitud del tren más la distancia que recorrió el tren en un segundo). Por otro lado, observaré que la bala que se dirige hacia atrás se mueve a 200 m/s (la velocidad del tren) menos 200 m/s (la velocidad de la bala es negativa porque va en dirección contraria). En otras palabras, observaré la bala detenida en el aire mientras la ventanilla de la parte trasera del tren choca con la bala (este ejemplo resulta mejor si fingimos que todo esto ocurre en el vacío y en un planeta con poca gravedad). Esto también tarda exactamente 1 s porque la parte trasera del tren se encontraba a 200 m del lugar desde el que disparaste la pistola. Como Newton habría esperado, tanto tú como yo seremos testigos de la rotura simultánea de las ventanillas delantera y trasera del tren. En este caso diríamos que la simultaneidad es absoluta: los dos sucesos que tú presencias como ocurriendo simultáneamente también ocurren simultáneamente desde mi perspectiva.

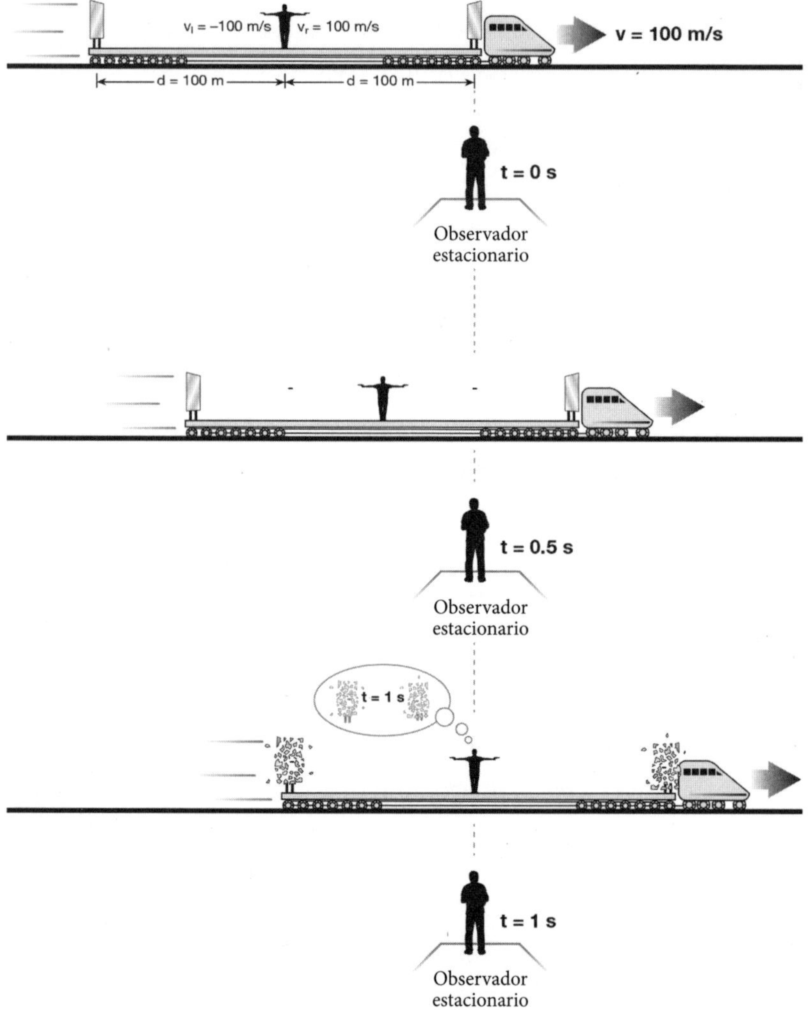

Figura 9.1. El tren de Newton. Según las leyes de Newton, si un observador situado en el centro de un tren en movimiento dispara dos balas en direcciones opuestas (t = 0), los cristales de la parte delantera y trasera del tren se romperán simultáneamente para todos los observadores en t = 1 s.

Consideremos ahora lo que ocurre cuando realizamos un experimento mental similar, pero a velocidades mucho mayores y distancias mucho más largas (figura 9.2). Ahora viajas en el vagón central de un tren inimaginablemente largo de 400 000 km de longitud[8] a dos tercios de la velocidad de la luz: aproximadamente 200 000 km/s (0,667 c). Una vez más, todo está preparado para que, cuando el testero de tu tren me alcance, dispares dos pistolas de partículas, aún por inventar, cuyas balas también viajan a 200 000 km/s. Estas balas de partículas viajan en direcciones opuestas hacia las ventanas de ambos extremos del tren. De nuevo, como estás justo en la mitad del tren, verás que las dos ventanas se rompen al mismo tiempo: exactamente un segundo después de disparar las pistolas, porque ambas balas tuvieron que viajar 200 000 km a la velocidad de 200 000 km/s. Y, de nuevo, cómo la bala que se dirige hacia la parte trasera permanece suspendida en el aire (porque la velocidad del tren menos la velocidad de la bala es cero), mientras que la ventana trasera se precipita hacia la bala a una velocidad de 200 000 km/s. Pero ¿a qué velocidad observo que viaja la bala delantera? Para que ambas ventanas se rompan simultáneamente desde mi punto de vista, la bala delantera debe recorrer una distancia igual a la longitud total del tren (la mitad de la longitud inicial más la distancia que ha recorrido el tren) en el mismo tiempo que tarda la parte trasera del tren en alcanzar a la bala trasera. Como la bala disparada hacia delante tiene que recorrer el doble de distancia que la bala que se dirige hacia atrás, tendría que viajar a velocidades muy superiores a la de la luz, pero la relatividad especial nos dice que la velocidad de la bala disparada hacia delante será de unos 277 000 km/s (0,92 c). Por tanto, resulta evidente que no veré cómo se rompen ambas ventanillas al mismo tiempo, sino que, mientras que tú observas que ambas ventanillas se rompen a la vez, yo, sin embargo, veré que la ventanilla trasera es la primera en romperse. Esta discrepancia no tiene absolutamente nada que ver con los retrasos de transmisión relacionados con el tiempo que tardan las señales de las distintas partes del tren en llegar hasta mí o hasta ti,[9] sino que, más bien, estas experiencias aparentemente contradictorias representan dos realidades distintas, pero igualmente válidas. La simultaneidad y el orden en el que se producen dos acontecimientos pueden ser relativos.[10]

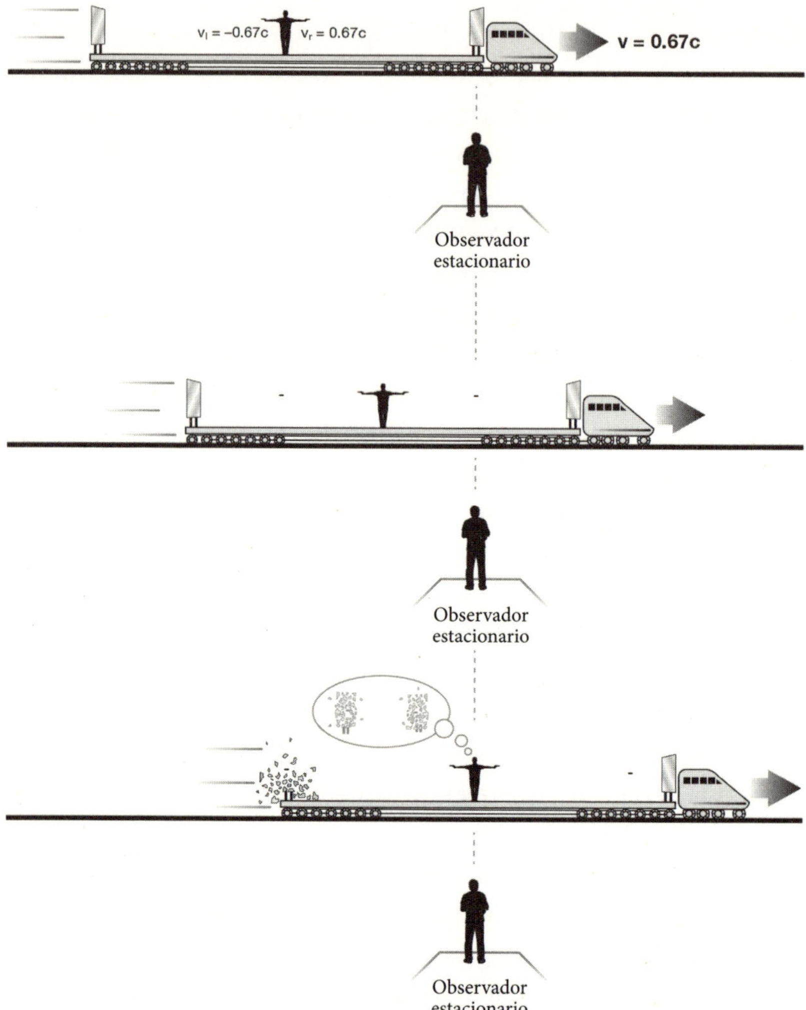

Figura 9.2. El tren de Einstein. A altas velocidades, la relatividad especial nos dice que los distintos observadores experimentarán el espacio y el tiempo de forma diferente (lo que hace muy difícil hacer cálculos sobre el espacio y el tiempo). Los relojes del tren y del andén se ajustan para que marquen $t = 0$ cuando el cristal delantero alcanza al observador del andén. Cuando los observadores del tren y del andén se encuentren uno frente a otro, el observador del tren presenciará la rotura simultánea de ambos cristales, pero, para el observador del andén, el cristal trasero ya se habrá roto y el delantero seguirá intacto.

Espacio

Exploremos un poco más los resultados de estos experimentos mentales. Desde tu marco de referencia, en cada momento, ambas ventanas están siempre intactas o rotas. Sin embargo, para mí habrá un momento en el que la ventana trasera esté rota, pero la delantera no. Esto es, sin duda, profundamente desconcertante. ¿Cómo es posible que ambos cristales estén rotos para ti, pero uno de ellos siga intacto para mí? Es como si viviéramos en universos alternativos.

Una solución a este enigma es la espacialización del tiempo, es decir, el universo bloque. Si suponemos que todos los acontecimientos que han ocurrido o que ocurrirán alguna vez están situados permanentemente en algún punto del universo bloque —como postula el eternalismo—, la relatividad de la simultaneidad no resulta más desconcertante que el hecho de que dos objetos en el espacio puedan parecer alineados o no dependiendo del lugar en el que nos encontremos. Dos postes telefónicos situados en una autopista parecen estar alineados si uno se encuentra a un lado de la carretera, pero no si está en medio de ella: es una cuestión de perspectiva. Del mismo modo, ambas ventanas pueden parecer rotas simultáneamente, porque están «alineadas» en el espacio-tiempo desde tu perspectiva, pero no desde la mía. Por eso, la teoría especial de la relatividad es uno de los argumentos más convincentes a favor del eternalismo.[11]

Curiosamente, cuando Einstein publicó por primera vez su teoría especial de la relatividad, no argumentó que el tiempo debiera considerarse la cuarta dimensión de un universo de bloques. Fue el profesor de Einstein en Zúrich, Hermann Minkowski (que al parecer creía que Einstein era un «perro perezoso» durante su época de estudiante), el primero en comprender las implicaciones radicales de la relatividad especial para la relación entre el espacio y el tiempo. En 1908, tras desarrollar el trabajo de su antiguo alumno, Minkowski anunció con grandiosidad: «En adelante, el espacio por sí mismo y el tiempo por sí mismo están condenados a desvanecerse en meras sombras, y solo una especie de unión de ambos preservará una realidad independiente».

Minkowski había fusionado el espacio y el tiempo en el espacio-tiempo. Desarrolló una reformulación geométrica de la teoría especial de la relatividad de Einstein, en la que existían las tres dimensiones espaciales estándar y una dimensión temporal adicional. La idea de Minkowski era que, aunque el espacio y el tiempo son relativos, una amalgama de espacio y tiempo es absoluta. Si te embarcas en un viaje en tu nave espacial mientras yo te observo desde la Tierra, cuando regreses, discutiremos sobre el tiempo que has pasado fuera y la distancia que has recorrido, pero, sin embargo, estaremos de acuerdo en la «distancia» que has atravesado en el espacio-tiempo. Podemos simplificar el universo cuatridimensional de Minkowski en una única dimensión espacial, representada como el eje horizontal de un gráfico, con la dimensión temporal como eje vertical. Estar en reposo consiste en moverse a lo largo del eje vertical: el tiempo pasa, pero mi posición en el espacio es la misma. En cambio, el viaje de tu nave espacial está representado por un movimiento diagonal. A partir del cambio de posición a lo largo de ambos ejes, es posible calcular la distancia recorrida en el espacio-tiempo, un valor en el que todos los observadores estarán de acuerdo. Esta distancia está relacionada con el llamado *tiempo propio* (tiempo «local»): el tiempo medido por el reloj de tu nave espacial.

La relatividad especial recibe ese nombre porque se aplica a un universo simplificado en el que podemos ignorar las influencias de la gravedad. Tras publicar su teoría especial de la relatividad, Einstein dedicó diez arduos años a desarrollar una teoría más general. El resultado fue su obra maestra, la teoría general de la relatividad, en la que estableció una equivalencia entre gravedad y aceleración. La ley de la gravitación de Newton describía la relación entre la fuerza de la gravedad, la masa y la distancia, pero ofrecía pocas pistas sobre lo que era realmente la gravedad. La relatividad general ofrecía una respuesta sorprendente: la gravedad no es realmente una fuerza en sí, sino la deformación del espacio-tiempo. La relatividad general legitimó aún más la unión de Minkowski del espacio y el tiempo en el espacio-tiempo. Algunos sostienen que la relatividad general proporciona un argumento aún más poderoso que la relatividad especial a favor del eternalismo, porque ciertas soluciones de las ecuaciones de la relatividad general admiten la posibilidad de viajar en el tiempo, es decir, a partir de ciertos supuestos y condiciones iniciales, estas ecuaciones permiten saltar hacia atrás y hacia delante en el tiempo. Una discusión detallada de la relatividad general está fuera del alcance de este libro, por no mencionar de la experiencia de su autor. Afortunadamente, para nuestros propósitos, la relatividad especial captura el argumento clave a favor del eternalismo y del universo bloque.

La idea de que el pasado, el presente y el futuro son igualmente reales se burla de nuestra percepción de la realidad, así que, si los físicos y los filósofos optan por el eternalismo frente al presentismo deben tener razones muy convincentes para hacerlo. Ya hemos visto tres de estas razones:

1. Las leyes de la física no demuestran que el *ahora* sea más especial que el *aquí*, lo que implica que todos los momentos del tiempo son tan reales como todos los lugares del espacio.
2. La relatividad especial establece que dos acontecimientos distantes experimentados como simultáneos por un observador no serán simultáneos en el marco de referencia de otro observador y, por tanto, que todos los momentos del tiempo están dispuestos eternamente dentro del universo bloque.[12]
3. Algunas soluciones a las ecuaciones de la relatividad general implican que los viajes en el tiempo son posibles, lo que indica que vivimos en un universo eternalista en el que el pasado y el futuro ya están en cierto sentido «ahí fuera».

Sin embargo, a pesar de estos persuasivos argumentos a favor del eternalismo, debemos reconocer que las leyes de la física no logran explicar lo que parece ser una de las observaciones más sólidas e inequívocas que los seres humanos han hecho jamás: que el presente es especial y que el tiempo fluye.

¿Podemos conciliar la física y la neurociencia del tiempo?

Como sugiere la cita que abre este capítulo, Einstein era un eternalista,[13] pero también parecía luchar contra la aparente singularidad del presente. Al relatar una discusión con Einstein, el filósofo Rudolf Carnap se explayó sobre este punto:

> Una vez Einstein afirmó que el problema del ahora le preocupaba seriamente. Explicó que la experiencia del ahora significa algo especial para el hombre, algo esencialmente distinto del pasado y del futuro, pero que esta importante diferencia no se da ni puede darse dentro de la física. Que esta experiencia no pueda ser captada por la ciencia le parecía una cuestión de dolorosa pero inevitable resignación. Señalé que todo lo que ocurre objetivamente puede describirse en la ciencia; por un lado, la secuencia temporal de los acontecimientos se describe en la física, y, por otro, las peculiaridades de las experiencias del hombre con respecto al tiempo, incluida su diferente actitud hacia el pasado, el presente y el futuro, pueden describirse y (en principio) explicarse en psicología.[14]

Como insinuó Carnap, muchos físicos y filósofos creen que la única forma de conciliar la noción de que vivimos en un universo en el que el tiempo no fluye y el hecho de que ciertamente parece hacerlo es relegar nuestra sensación del paso del tiempo a un truco de la mente.

En la práctica, los físicos pueden ignorar la disonancia entre la física y la neurociencia del tiempo. Las ecuaciones de la relatividad especial y general explican los datos experimentales notablemente bien, con independencia de si la persona que las utiliza es eternalista o presentista. Sin embargo, la paradoja «universobloque/flujo-tiempo» es profunda. Como ha dicho el físico-matemático Roger Penrose:

> Me parece que existen graves discrepancias entre lo que sentimos conscientemente, en relación con el flujo del tiempo, y lo que afirman nuestras teorías (maravillosamente precisas) sobre la realidad del mundo físico. Estas discrepancias seguramente nos están diciendo algo profundo sobre la física que presumiblemente debe subyacer a nuestras percepciones conscientes.[15]

Del mismo modo, el físico y escritor Paul Davies escribe:

> En mi opinión, el mayor enigma pendiente se refiere a la flagrante discordancia entre el tiempo físico y el tiempo subjetivo, o psicológico. La abrumadora impresión de un tiempo que fluye y se mueve, tal vez adquirida a través de una «puerta trasera» mental, es un misterio muy profundo. ¿Está relacionado con los procesos cuánticos del cerebro? ¿Refleja una cantidad de tiempo objetivamente real «ahí fuera», en el mundo de los objetos materiales, que simplemente hemos pasado por alto? ¿O se demostrará que, después de todo, el flujo del tiempo es una construcción mental, una ilusión o una confusión?[16]

¿Cómo es posible que algo tan evidente como el flujo del tiempo sea una ilusión perpetrada por el cerebro? Una respuesta a esta pregunta podría ser: podemos pensar en el universo bloque como si se tratara de una serie de fotogramas estáticos en la cinta de una película. Aunque una película contiene muchos fotogramas diferentes —cada uno representa un momento en el tiempo—, puede decirse que todos los fotogramas coexisten dentro de la bobina. Al igual que los fotogramas de una película casera, tú estás presente en muchos de los fotogramas del universo bloque. En cada uno de estos fotogramas, tu mente tiene recuerdos de los fotogramas inmediatamente anteriores. Se ha planteado la hipótesis de que este acceso integrado a múltiples momentos en el tiempo dentro de un único momento conduce de algún modo a nuestra sensación subjetiva del paso del tiempo. El físico Julian Barbour lo explica observando el movimiento de un martín pescador (un pájaro que, como su nombre indica, es excelente pescando):

> Cuando creemos ver movimiento en un instante determinado, la realidad subyacente es que nuestro cerebro contiene en ese instante datos correspondientes a varias posiciones distintas del objeto percibido en movimiento. Mi cerebro contiene, en un instante dado, varias «instantáneas» a la vez. El cerebro, a través de la forma en que presenta los datos a la conciencia, de alguna manera «reproduce la película» para mí... Veo, codificadas en los patrones neuronales, seis o siete instantáneas del martín pescador tal y como se produjeron en el vuelo que creí ver. Esta configuración cerebral, con su codificación simultánea de varias instantáneas, pertenece, sin embargo, a una sola.[17]

Como se mencionó en el capítulo 1, Barbour, junto con algunos otros físicos, suscribe una versión bastante extrema de la espacialización del tiempo. Toma el universo bloque del eternalismo, lo corta a lo largo del eje temporal y, a continuación, distribuye las rebanadas alrededor de un universo atemporal al que denomina *Platonia*. Barbour sostiene que todos los momentos posibles —es decir, todas las configuraciones diferentes de la materia que comprenden todos los momentos del tiempo— existen como *ahoras* estáticos.

En el contexto de la visión más estándar del eternalismo, el físico Brian Greene presenta una idea similar para explicar cómo percibimos que el tiempo fluye a pesar de estar atrapados en una porción del universo bloque:

> Cada momento en el espacio-tiempo —cada trozo de tiempo— es como uno de los fotogramas de una película... para ti, que estás

> en ese momento, es el ahora, la experiencia que estás viviendo en este instante. Y siempre lo será. Además, dentro de cada fragmento individual, tus pensamientos y recuerdos son lo suficientemente ricos como para producir una sensación de que el tiempo ha fluido continuamente hasta ese momento. Este sentimiento, esta sensación de que el tiempo fluye, no necesita que los momentos anteriores —los fotogramas anteriores— se «iluminen secuencialmente».[18]

No cabe duda de que, en cada momento, el cerebro conserva recuerdos de los momentos anteriores. Como hemos visto en el capítulo 6, el cerebro es un sistema dinámico que codifica cada acontecimiento en el contexto de los acontecimientos previos. Si no fuera así, no sería posible entender el habla, ya que el significado de cada palabra debe interpretarse en el contexto de las palabras precedentes (y, a veces, como veremos en el capítulo 12, en el contexto de las palabras posteriores). Sin embargo, aunque el cerebro tenga acceso a los fotogramas anteriores desde el fotograma actual, me sigue pareciendo inverosímil la idea de que el flujo del tiempo sea una ilusión. De hecho, no está nada claro si esta solución de *momentos dentro de un momento* a la paradoja del universo bloque/flujo del tiempo es coherente con la neurociencia.

¿Es el universo bloque compatible con la neurociencia?

El cerebro es una fábrica de ilusiones, y la mayoría de los neurocientíficos y psicólogos probablemente estarían de acuerdo en que nuestra sensación subjetiva del paso del tiempo es una ilusión. Así que descartar el flujo del tiempo como un truco de la mente no es descabellado. Sin embargo, el problema es que la palabra *ilusión* puede significar cosas distintas en física y en neurociencia. Cuando un físico propone que el flujo del tiempo es una ilusión, está sugiriendo que solo existe en nuestra mente y que no es una característica del mundo externo. Cuando un neurocientífico afirma que nuestra sensación subjetiva del paso del tiempo es una ilusión, está sugiriendo que, como todas las experiencias subjetivas, es una construcción mental, pero que representa, aunque sea infielmente, un fenómeno físico que sí existe en el mundo externo.

El cerebro es un producto de la evolución, y el éxito evolutivo es una prueba bastante rigurosa de la capacidad de un animal para captar y aprovechar implícitamente las leyes de la física (al menos, un subconjunto de ellas). El vuelo del martín pescador, por ejemplo, sería imposible sin la capacidad del sistema nervioso de utilizar las leyes de Newton: además de aplicar los principios de la aerodinámica para controlar el vuelo y la velocidad de una zambullida, el martín pescador debe proyectarse en el futuro para que su entrada en el agua coincida con la imagen proyectada del pez nadando. Además, la visión puede no transmitir la verdadera posición del pez, debido a la refracción de la luz que se produce entre el agua y el aire, pero algunos animales saben compensar este efecto óptico.[19]

La cuestión es que el sistema nervioso está muy coordinado con las leyes de la física. Esto no solo es válido para el control motor, como representa la capacidad de un gimnasta para realizar un doble salto mortal, sino también para nuestras experiencias mentales subjetivas. Nuestras percepciones del color, la música y los olores son ejemplos de construcciones mentales subjetivas: los *qualia*. Se trata de ilusiones, en el sentido de que no existen en el mundo exterior, pero adaptativas porque cada una de ellas está correlacionada con fenómenos físicos reales: la longitud de las ondas electromagnéticas, los patrones particulares de las ondas sonoras y la estructura química de las moléculas, respectivamente. Sin embargo, no hay nada intrínsecamente «azul» en la radiación electromagnética de 470 nm, ni nada inherentemente podrido en las moléculas de azufre. De hecho, para diferentes animales y personas, un mismo olor puede resultar desagradable, neutro o atractivo.

Para comprender el valor adaptativo potencial de nuestras experiencias subjetivas, volvamos a la ilusión más íntima que el cerebro confiere a la mente: *la conciencia del cuerpo*. Como se explica en el capítulo 4, si alguien te diera un martillazo en el dedo, te sentirías invadido por el dolor. De manera sorprendente, aunque el dolor se genera en el cerebro, no se percibe como si ocurriera dentro del cerebro. De alguna manera, se proyecta hacia el mundo exterior, al mismo lugar donde se encuentra el trozo de carne que es tu mano. El cerebro está tan empeñado en proporcionar una ilusión de propiedad del hueso, el músculo y los nervios que constituyen nuestras extremidades que a veces persevera en generar la ilusión aunque la extremidad haya sido amputada. Así pues, el dolor es una ilusión en el sentido de que es una construcción mental. Sin embargo, cuando uno siente dolor proyectado en el dedo, nadie parece sugerir que el martillo sea una ilusión o que no haya golpeado el dedo. Así pues, la ilusión de la conciencia corporal no es gratuita; existe una correlación muy fuerte entre los acontecimientos externos (el martillo que golpea el dedo) y las experiencias subjetivas internas (el dolor). Qué mejor manera de proteger nuestra posesión más importante que dotar al cerebro de la capacidad de *sentir* dolor: la conciencia corporal es la integración definitiva entre mente y cuerpo, la interfaz más sofisticada entre ordenador y dispositivo periférico jamás construida.

Ahora que tenemos algunas ideas sobre los diferentes significados de la palabra *ilusión*, y el vínculo potencial entre la experiencia subjetiva y los fenómenos físicos, vamos a analizar dos argumentos contrarios a la idea eternalista de que el flujo del tiempo es una construcción mental de un fenómeno físico que en realidad no existe.

1. **Evolución**. Si vivimos en un universo presentista en el que el tiempo fluye, podemos imaginar numerosas razones por las que podría ser adaptativo sentir subjetivamente este flujo. Del mismo modo que nuestras percepciones conscientes

del color o del dolor son adaptativas porque se correlacionan con acontecimientos importantes del mundo exterior, quizá nuestra sensación del flujo del tiempo sea adaptativa porque se correlaciona con acontecimientos que se desarrollan en el mundo. Nuestra sensación subjetiva del paso del tiempo nos permite no solo experimentar la zambullida de un martín pescador, sino anticipar, reproducir y ensayar todos los acontecimientos externos que se desarrollan en el tiempo. Tal vez la sensación del paso del tiempo fuera incluso decisiva para nuestra capacidad de proyectarnos en un futuro lejano y realizar viajes mentales en el tiempo (capítulo 11). Pero si, por el contrario, vivimos en un universo eternalista en el que el flujo del tiempo es irreal, ¿cómo podría haber sido evolutivamente ventajoso percibirlo como fluyendo? Por supuesto, no todos los rasgos biológicos tienen por qué proporcionar un beneficio evolutivo, pero lo cierto es que la mayoría lo hacen, sobre todo aquellos tan destacados y universales como nuestro sentido del paso del tiempo. La sugerencia de que nuestro sentido subjetivo del tiempo es una ilusión mental, en el sentido más profundo de la palabra *ilusión*, parece implicar que se trata de algo gratuito, en contraposición a una poderosa adaptación que permite al cerebro realizar mejor su trabajo principal: predecir el futuro.

2. **Conciencia y dinámica neuronal**. La solución de *los momentos dentro de un momento* a la paradoja del universo bloque/flujo temporal supone implícitamente que tiene sentido hablar de la conciencia dentro de un marco. Aunque no entendemos cómo el cerebro genera la conciencia, sin duda hay firmas neuronales que están estrechamente vinculadas a los estados conscientes. Por ejemplo, los cambios más evidentes que tienen lugar cuando el cerebro pasa de la conciencia (vigilia) a la inconsciencia (sueño de ondas lentas y anestesia) se producen en los patrones temporales de la actividad cerebral, sobre todo en la frecuencia de las ondas cerebrales, que son una medida

global de la sincronía y el tiempo de la actividad neuronal. El sueño se caracteriza por ondas cerebrales lentas, mientras que la vigilia se asocia con actividad neuronal asíncrona y ondas cerebrales rápidas.[20] En general, lo poco que sabemos sobre la neurociencia de la conciencia nos dice que es un proceso muy dinámico, y que hablar de conciencia en el contexto de un solo fotograma puede ser similar al intento de determinar si un gato está vivo o muerto a partir de un único fotograma. ¿Respira? ¿Late su corazón? ¿Las moléculas de cada una de las células del animal participan activamente en el antídoto de la evolución contra la segunda ley de la termodinámica: el metabolismo? La vida se define por cambios metabólicos continuos; si no hay metabolismo, no se puede decir que un animal esté vivo. Para determinar si un animal está vivo o no, tenemos que fijarnos no solo en un fotograma, sino en los fotogramas anteriores y posteriores. La vida, sin embargo, no representa un argumento contra el eternalismo, porque no hay necesidad de restringirnos a un solo fotograma para determinar si un animal está vivo o no (podemos esperar a ver múltiples fotogramas de la película para emitir un veredicto).[21] Un punto relacionado tiene que ver con la paradoja de la flecha de Zenón: ¿puede decirse que una flecha voladora se mueve si observamos fragmentos de tiempo infinitesimales? En cierto sentido, la respuesta es sí, porque podemos definir la velocidad instantánea de un objeto. Pero, a diferencia de la flecha, los seres conscientes deben ser conscientes de su propio «movimiento» dentro de esos marcos instantáneos. Así que la cuestión es si un fragmento del universo bloque puede sostener el fenómeno de la conciencia, o si la conciencia requiere cierto espesor temporal. Es decir, ¿es la conciencia algo que solo puede existir a través de instantes de tiempo, algo más parecido a la música que a la imagen estática de un fotograma? Steven Pinker parece insinuar el reto de comprender la conciencia dentro de fotogramas estáticos al afirmar: «La materia se extiende en el espacio, pero la conciencia existe en el tiempo con la misma seguridad con la que procede del *pienso* al *soy*».[22]

Veremos que la conciencia no proporciona una narración continua ni lineal de los acontecimientos que se desarrollan a nuestro alrededor. Más bien parece generarse a trompicones, y la conciencia de los acontecimientos externos puede tardar cientos de milisegundos en desarrollarse. Por tanto, sigue sin estar claro si tiene sentido hablar de conciencia instantánea y si el fenómeno de la conciencia es compatible con la solución de momentos dentro de un momento a la paradoja del universo bloque/flujo temporal.

* * *

Las leyes de la física no afirman sin ambigüedad que vivamos en un universo de bloques 4D. Es cierto que el universo de bloques ofrece la interpretación más coherente de la relatividad especial y general, pero es un hecho ampliamente reconocido que ni siquiera dentro de la física existe un acuerdo universal sobre la naturaleza del tiempo. Existe una lucha constante para crear una interpretación coherente de la naturaleza del tiempo en toda la física. Existen diferencias fundamentales en cuanto al papel del tiempo en la relatividad general y la mecánica cuántica, razón por la cual el tiempo representa un escollo en la búsqueda de una teoría de la gravedad cuántica, el intento de unificar la relatividad general y la mecánica cuántica. Y, desde luego, no hay pruebas experimentales de que el pasado, el presente y el futuro sean igualmente reales. De hecho, hay pocas predicciones experimentales explícitas que permitan distinguir entre eternalismo y presentismo. La prueba más obvia sería un viaje en el tiempo: después de todo, cualquier discusión sobre viajes en el tiempo supone implícitamente que vivimos en un universo de bloques.[23] Las ecuaciones de la relatividad especial y general posibilitan los viajes en el tiempo, pero solo bajo condiciones extremadamente exóticas —si no directamente imposibles—. Por ejemplo, comunicación más rápida que la luz en el caso de la relatividad especial,[24] y agujeros de gusano estabilizados con energía negativa en el caso de la relatividad general. Así que, por ahora, aunque las leyes de la física parecen respaldar el eternalismo, carecemos de evidencias experimentales directas que lo respalden.

Por tanto, la pregunta sería: «¿es necesario adaptar las leyes de la física (o nuestra interpretación de estas leyes) para explicar nuestra experiencia consciente del flujo del tiempo, o precisa la neurociencia encontrar una manera de explicar nuestra sensación subjetiva del flujo del tiempo?».

Brian Greene expone este dilema de manera elocuente:

> ¿Es la ciencia incapaz de captar una cualidad fundamental del tiempo que la mente humana asimila tan fácilmente como los pulmones absorben el aire, o es que la mente humana impone al tiempo una cualidad de su propia creación, que es artificial y que, por tanto, no aparece en las leyes de la física? Si me hicieran esta pregunta durante la jornada laboral, me inclinaría por la segunda perspectiva, pero, al anochecer, cuando el pensamiento crítico se integra en la rutina de la vida, es difícil mantener una resistencia total al primer punto de vista.[25]

Descifrar si el flujo del tiempo es una ficción creada por la mente o algo que elude las leyes actuales de la física es un problema singularmente complejo que se sitúa en la frontera entre la física y la neurociencia. Y por si este misterio no fuera ya de por sí un reto suficiente, hay que tener en cuenta otra arista: las leyes de la física y el cerebro humano no son independientes entre sí. No se trata simplemente de que el funcionamiento interno del cerebro humano deba obedecer las leyes de la física, sino de que nuestra interpretación de las leyes de la física está filtrada por la arquitectura del cerebro humano. Si la pregunta es si podemos confiar en el relato de nuestro cerebro sobre algo tan evidente como el flujo del tiempo, ¿no deberíamos cuestionar también la imparcialidad del cerebro a la hora de interpretar las leyes actuales de la física? Como veremos a continuación, la especie humana parece haber desarrollado la capacidad de entender el concepto de tiempo cooptando los circuitos dedicados a entender el espacio; en otras palabras, el propio cerebro parece espacializar el tiempo. Esto plantea una cuestión fascinante: ¿gravitamos hacia determinadas interpretaciones de las leyes actuales de la física debido a la forma en que el cerebro representa y piensa el tiempo?

10:00

LA ESPACIALIZACIÓN DEL TIEMPO EN NEUROCIENCIA

Un aspecto de la teoría de Einstein sí tiene una contrapartida en la psicología del tiempo, al menos tal y como se expresa en el lenguaje: la profunda equivalencia del tiempo con el espacio.

STEVEN PINKER

En 1928, Albert Einstein asistió a una conferencia interdisciplinar en Davos. Uno de los participantes era el distinguido psicólogo suizo Jean Piaget, que revolucionó el campo de la psicología del desarrollo al estudiar el modo en que aprenden los niños a razonar sobre conceptos abstractos como la cantidad, el espacio y el tiempo. En referencia a la idea de Piaget de que los niños experimentan una progresión estereotipada en su comprensión de los números, el espacio y el tiempo, se dice que Einstein afirmó que la teoría de Piaget era «tan simple que solo a un genio se le podría haber ocurrido».[1]

En su libro *The Child's Conception of Time*, Piaget escribió: «Este trabajo fue impulsado por una serie de preguntas amablemente sugeridas por Albert Einstein hace más de quince años, cuando presidió el primer curso internacional de conferencias sobre filosofía y psicología en Davos». Una de las preguntas era: «¿Nuestra comprensión intuitiva del tiempo es primitiva o derivada?». En otras palabras, ¿nuestra concepción del tiempo es innata o aprendida?

Al parecer, Einstein no solo reflexionaba sobre la naturaleza del tiempo, sino sobre nuestra manera de pensar el tiempo, una cuestión tan profunda como cualquier otra.

Los niños y el tiempo

La teoría especial de la relatividad de Einstein estuvo muy en boga en las primeras décadas del siglo XX e influyó en el pensamiento de científicos de muy diversos campos, Piaget incluido. En cuanto a la dependencia del tiempo respecto a la velocidad, Piaget se preguntaba si existía un paralelismo entre la psicología y la física: «La hipótesis que quiero defender es que el tiempo psicológico depende de la velocidad o de los movimientos con su velocidad»[2] (refiriéndose a la velocidad a la que se movían los objetos, o los propios niños).

Para vislumbrar cómo se representa el tiempo en la mente de un niño, Piaget les pidió a los niños que realizaran una serie de tareas sencillas. Una de estas tareas consistía en mover dos caracoles de juguete durante unos segundos a lo largo de líneas paralelas. Por ejemplo, un caracol azul y otro amarillo podían empezar en la misma posición y en el mismo momento, y detenerse en el mismo instante, pero el caracol azul viajaba más lejos porque se movía a mayor velocidad. Los niños de entre cinco y seis años afirmaron erróneamente que el caracol azul había llegado más lejos porque se había detenido más tarde.[3]

Los estudios de Piaget, y muchos otros posteriores, demuestran que los niños llegan a comprender el tiempo —o al menos a responder correctamente a preguntas sobre la duración de los acontecimientos— solo después de comprender los conceptos de espacio y velocidad. Por ejemplo, cuando se les pregunta sobre trenes de juguete que recorren distancias y velocidades diferentes durante periodos de tiempo distintos, los niños de cinco a nueve años responden más a menudo correctamente sobre la distancia y la velocidad que sobre la duración. Incluso niños mayores suelen cometer errores sobre la duración del movimiento de los objetos. En un estudio, el 42 % de los niños de once a doce años concluyeron incorrectamente que el tren de juguete que llegaba más lejos en un periodo de tiempo menor era el tren que había viajado durante un periodo de tiempo más largo.[4]

Una de las razones por las que los niños entienden los conceptos temporales más tarde puede tener que ver con que la forma en que medimos y cuantificamos el tiempo es extraordinariamente complicada. Las unidades de tiempo se expresan mediante una jerarquía compleja y arbitraria: los meses constan de entre 28 y 31 días; hay 24 horas en un día; 60 minutos en una hora, y 60 segundos en un minuto (aquí no hay sistema métrico). Además, una misma hora puede expresarse de distintas maneras: las ocho cuarenta y cinco y las nueve menos cuarto representan lo mismo, pero ambas pueden referirse a una hora de la mañana o de la tarde. Y por si esto no fuera suficientemente confuso, empleamos la aritmética modular para expresar la hora: 30 minutos después de las 8:45 no son las 8:75.

Dado que el lenguaje sobre el tiempo y las convenciones que utilizamos para indicar la hora parecen haber sido diseñados por alguna organización malvada con el único propósito de confundir a los cerebros jóvenes, no es especialmente sorprendente que los niños sean lentos a la hora de captar los conceptos relacionados con el tiempo. Sin embargo, es interesante que los niños dominen las cuestiones sobre la velocidad antes que sobre el tiempo, porque generalmente definimos la velocidad en relación con las nociones aparentemente más fundamentales de espacio y tiempo. Inspirándose en la relatividad especial, Piaget parecía creer en la primacía psicológica de la velocidad sobre el tiempo. De forma un tanto turbia afirmaba: «El tiempo relativo es, por tanto, simplemente una extensión, al caso de velocidades muy grandes y muy particularmente a la velocidad de la luz, de un principio que se aplica a nivel más humilde en la construcción del tiempo físico y psicológico, un principio que, como vimos, se encuentra en la raíz misma de las concepciones del tiempo de los niños muy pequeños».[5] Con lo cual está sugiriendo que los niños captan intuitivamente la noción de tiempo relativo, y su dependencia de la velocidad.

Espacio, tiempo y lenguaje

En el capítulo 1 señalé que los animales no humanos tienen una «comprensión» del espacio más fundamental que la del tiempo. El simple acto de llevarse la comida a la boca o de buscar una presa escondida detrás de un árbol requiere algún tipo de representación interna del espacio más sofisticada que la necesaria para enfrentarse al dominio temporal unidimensional e innavegable. Los ratones aprenden a recorrer complejos laberintos. Las abejas no solo pueden desplazarse con seguridad entre su colmena y las flores, sino que incluso comunican a otras abejas la ubicación de determinados conjuntos florales. Los animales también son capaces de extraer señales espaciales, como la distancia, de sus sentidos de forma mucho más directa que la información temporal. Por ejemplo, el tamaño de la imagen de una serpiente en la retina transmite información sobre si la serpiente está lejos o cerca, lo que permite tomar decisiones rápidas sobre la respuesta más adecuada. El sistema nervioso de los animales desarrolló formas sofisticadas de representar coordenadas espaciales, como arriba y abajo, izquierda y derecha, antes de desarrollar la capacidad de representar explícitamente el continuo temporal de pasado, presente y futuro.

Esta línea de razonamiento es coherente con la teoría de que nuestra capacidad para captar el concepto de tiempo fue cooptada de los circuitos neuronales que evolucionaron para navegar, representar y comprender el espacio.[6] Como escribe el psicólogo cognitivo Rafael Núñez: «En las últimas cuatro décadas, los estudiosos han coincidido en la idea de que los humanos conceptualizan el tiempo principalmente en términos de espacio, un dominio mucho más manejable».[7]

Una prueba que se suele citar a favor de esta teoría es que a menudo utilizamos términos espaciales para hablar del tiempo. De hecho, el lingüista George Lakoff y el filósofo Mark Johnson han argumentado que «la experiencia del tiempo es un tipo natural de experiencia que se entiende casi por completo en términos metafóricos (a través de la espacialización del tiempo y de la metáfora *el tiempo es un objeto en movimiento…*)».[8] En realidad, es difícil hablar de duraciones temporales sin recurrir a adjetivos y adverbios espaciales: «Ha sido un anuncio refrescantemente *corto*; Llevamos un tiempo *largo* estudiando el tiempo». Del mismo modo, también tomamos prestados términos espaciales para hablar del pasado y del futuro: «Mirando hacia atrás, aquella fue una mala idea; La comida de Navidad está próxima a la cena de Nochevieja».

En español, cuando espacializamos el tiempo, colocamos el pasado *detrás* de nosotros y el futuro *delante*. Pero, aunque todas las lenguas utilizan metáforas espaciales, el tiempo no siempre se espacializa de la misma manera. En aimara, una lengua hablada en las tierras altas del oeste de Bolivia y el norte de Chile, la palabra para pasado, *nayra*, también significa *ojos* o *vista*, mientras que una palabra para futuro, *qhipa*, también significa *atrás* o *detrás*, lo que sugiere una perspectiva fundamentalmente diferente en la forma en que los aimaras utilizan el espacio para conceptualizar el tiempo. Rafael Núñez confirmó la singularidad de la perspectiva espacio-temporal de los aimaras estudiando sus gestos durante el habla. Vídeos de hablantes nativos aimaras muestran que a menudo señalaban hacia delante cuando hablaban de los «viejos tiempos», y hacían gestos hacia atrás cuando se referían al futuro.[9] Esta inversión de la perspectiva no es tan extraña como puede parecer en un principio. Al fin y al cabo, igual que sabemos lo que ocurrió en el pasado, sabemos lo que tenemos delante porque podemos verlo; lo que desconocemos es el futuro y lo que hay detrás de nosotros.

Miércoles

Aunque vivamos en un bloque de espacio-tiempo congelado en el que el tiempo no pasa ni fluye, subjetivamente el tiempo parece fluir. Y el lenguaje refleja este hecho, una vez más, tomando prestado del ámbito espacial: «El tiempo *vuela*. El fin del mundo se *acerca*. El día *pasa*». Pero ¿quién o qué pasa, se acerca o vuela? ¿Me muevo en el tiempo o estoy quieto mientras el río del tiempo pasa a mi lado? Desde el punto de vista lingüístico, la respuesta es ambas cosas.

Quizá te hayas encontrado alguna vez ante el dilema de que te digan que «la reunión del próximo miércoles se ha avanzado dos días». Entonces, ¿te presentas a la reunión el lunes o el viernes? Por *avanzar* se entiende generalmente la dirección del movimiento. Por tanto, si te estás moviendo por una línea de tiempo estática, y la línea de tiempo se mueve hacia delante, el día objetivo se situará más lejos, el viernes. Pero, si estás quieto y consideramos que el tiempo fluye a tu lado, avanzar la reunión la situará más cerca de ti, el lunes. La primera interpretación (viernes) se describe como una perspectiva de movimiento del ego, y la segunda (lunes), como una perspectiva de movimiento del tiempo (figura 10.1).

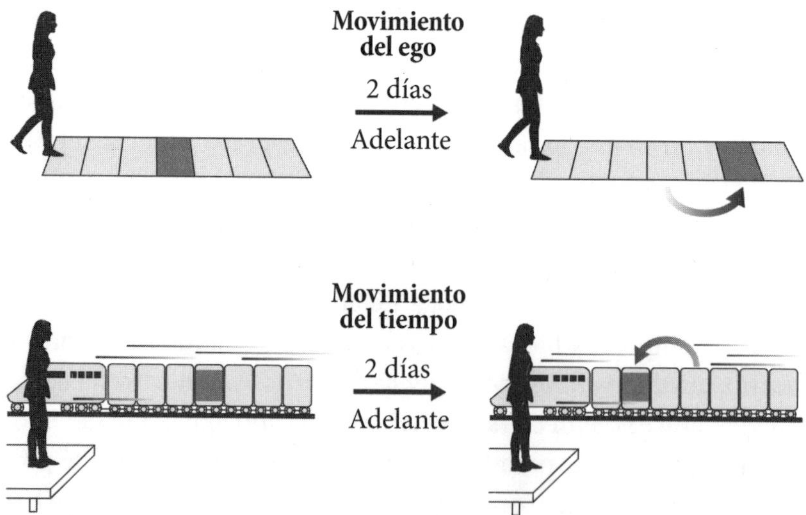

Figura 10.1. Perspectivas de movimiento del ego y del tiempo.

Esta ambigüedad es el equivalente lingüístico de la relatividad galileana: el movimiento debe definirse en relación con algo. Como hemos visto, una afirmación como «la carrera entre tú y un león es de 10 km/h» deja abierta la cuestión de quién se está moviendo; de hecho, en el espacio vacío no tiene sentido intentar determinar quién se está moviendo hacia quién: todo es relativo. Sin embargo, en la práctica es muy útil saber si el que se está moviendo eres tú o el león, por lo que podríamos aclararlo diciendo: «el león está corriendo hacia ti a 10 km/h». Queda implícito que su velocidad está en relación con nuestro marco de referencia estándar, el suelo. Sin embargo, cuando se trata de afirmaciones sobre el movimiento en el tiempo, no existe un marco de referencia estándar. Los estudios demuestran que, cuando se le pregunta a la gente en qué día se celebrará la reunión del miércoles si se avanza dos días, se obtiene casi un 50-50: aproximadamente el 50 % de la gente asume que la reunión es el lunes, el resto piensa que es el viernes. Curiosamente, estas perspectivas no son inamovibles. Resulta que la respuesta depende del movimiento físico reciente de la gente. Por ejemplo, cuando a las personas que estaban en un aeropuerto para recoger a alguien se les hizo la pregunta del miércoles, el 51 % respondió el viernes, pero hasta el 76 % de las personas que acababan de llegar respondieron que el viernes. La interpretación es que los viajeros se encontraban en un estado mental de movimiento del ego porque acababan de experimentar un movimiento significativo a través del espacio. Otros estudios demuestran que, en realidad, no es necesario el movimiento físico; el simple hecho de incitar a la gente a pensar en moverse por el espacio puede influir en la proporción de elecciones entre el lunes o el viernes.[10]

Desde el punto de vista lingüístico, la relación entre espacio y tiempo es asimétrica. Las metáforas espaciales se utilizan a menudo para hablar del tiempo, pero las metáforas temporales rara vez se emplean para describir el espacio (aunque de vez en cuando usamos unidades de tiempo para describir distancias espaciales: «Vivo a diez minutos de aquí»). Esta asimetría se ha presentado como prueba de que nuestra capacidad para conceptualizar el tiempo se basa en nuestra comprensión del espacio. Sin embargo, los argumentos lingüísticos por sí solos no pueden justificar plenamente esta conclusión. Quizá tomemos prestados términos espaciales para hablar del tiempo por razones más generales: el espacio puede ser una fuente universal de metáforas porque ofrece un dominio más natural y rico. De hecho, utilizamos metáforas espaciales para describir prácticamente todo:[11] «Nos hemos *acercado* mucho desde que se *separó* de su marido. Los gatos son muy *distantes*. No sé si tu estado de ánimo está *elevado* o *deprimido*». Resulta, sin embargo, que el vínculo entre espacio y tiempo es mucho más profundo que el mero uso del lenguaje, puesto que influye en nuestra percepción del tiempo.

Kappa

Imagina dos luces que están a unos metros una de otra. Cada luz se enciende y se apaga brevemente, y el intervalo entre los destellos es de 8 s. A continuación, se te pide que reproduzcas este intervalo manteniendo pulsado un botón durante el tiempo calculado. La pregunta es: «¿influirá la distancia entre las dos luces en tu percepción del tiempo (más concretamente, en tu intento de reproducir el intervalo percibido)?». Uno de los primeros estudios que se hizo esta pregunta reveló que, cuando las luces estaban a 8, 16 y 32 metros de distancia (siempre parpadeaban con 8 s de diferencia), la media de tiempo estimada entre los parpadeos era de 6,5; 7,15 y 8,05 s, respectivamente.[12] Así que la respuesta es *sí*, el espacio (la distancia entre las luces) influye en nuestra percepción del tiempo. Este llamado *efecto kappa* se ha demostrado muchas veces y de muchas maneras. Por ejemplo, en otro estudio se hicieron parpadear tres puntos en la pantalla de un ordenador, uno a la izquierda, otro en el centro y otro a la derecha. Los puntos estaban distribuidos uniformemente en el tiempo: el primer punto aparecía en el momento $t_1 = 0$, el segundo punto en $t_2 = 0{,}5$ s, y el tercero en t_3 =1 s. Se preguntó a los sujetos si el primer intervalo ($t_2 - t_1$) era más largo que el segundo ($t_3 - t_2$). Aunque ambos intervalos eran iguales, la distancia entre los puntos influyó mucho en las respuestas: era mucho más probable que la gente considerara que el primer intervalo era más largo si la distancia entre el primer punto (izquierdo) y el segundo (central) era mayor que la distancia entre el segundo (central) y el tercero (derecho).[13]

El efecto kappa establece que la distancia entre dos acontecimientos tiene un profundo efecto en la valoración que hacen las personas de la cantidad de tiempo que transcurre entre ellos. Esta relación entre el espacio y el tiempo en nuestro cerebro se ve reforzada por el fenómeno inverso. Aumentar el tiempo de retardo entre dos destellos que siempre están a la misma distancia hace que las personas aumenten progresivamente sus estimaciones de la distancia espacial entre ellos (esta ilusión se denomina *efecto tau*). Aunque la existencia de los efectos kappa y tau parece indicar una relación simétrica entre espacio y tiempo, otros experimentos sugieren una asimetría. Los estudios realizados por la psicóloga cognitiva Lera Boroditsky demuestran que, a veces, la distancia influye más en los juicios sobre la duración que la duración en los juicios sobre la distancia. Boroditsky y su colega Daniel Casasanto pidieron a estudiantes del MIT que observaran líneas que crecían lentamente en longitud en la pantalla de un ordenador. Las líneas crecían hasta alcanzar diferentes longitudes en periodos de tiempo que oscilaban entre 1 y 5 s. Después de observar cada línea, se pidió a los participantes que reprodujeran el tiempo total que había durado la línea o la longitud que había alcanzado. Los resultados volvieron a demostrar que, para una misma duración, la estimación de la duración estaba muy influida por la distancia a la que crecía la línea. Si una línea que estuvo presente durante 3 s se alargaba mucho, la gente juzgaba correctamente que su duración era de 3 s, pero, si se expandía solo un poco, las estimaciones de duración se acercaban más a los 2,7 s.[14] En cambio, el tiempo que la línea estuvo presente tuvo poco efecto en las estimaciones de longitud de los sujetos. Boroditsky comentó con ironía: «Piaget llegó a la conclusión de que los niños no podían distinguir de forma fiable los componentes espaciales y temporales de los acontecimientos hasta los nueve años. Al igual que muchos resultados contemporáneos de la ciencia cognitiva, nuestros hallazgos sugieren que Piaget tenía razón sobre el fenómeno que observó, pero se equivocaba sobre la edad a la que los niños resuelven su confusión: al parecer, los estudiantes universitarios del MIT tampoco pueden distinguir de forma fiable los componentes espaciales y temporales de su experiencia».

¿Reloj o memoria?

El cuentakilómetros y el reloj del salpicadero de tu coche están incomunicados. Tanto si conduces 100 km en una hora como si, atrapado en el tráfico de Los Ángeles, recorres apenas 10 km, el reloj de tu coche te dirá que han pasado 60 minutos (por supuesto, estamos ignorando los insignificantes efectos de la relatividad especial). Por el contrario, el efecto kappa parece sugerir que el reloj del cerebro, responsable del cronometraje a escala de segundos, está influido de algún modo por el cuentakilómetros del cerebro, más concretamente por los circuitos neuronales responsables de estimar las distancias. Pero no es necesariamente cierto que haya un reloj en el cerebro que se acelere durante el efecto kappa; como hemos visto en capítulos anteriores, las ilusiones temporales también pueden surgir como resultado de distorsiones de la memoria.

Los paradigmas experimentales utilizados para estudiar la percepción del tiempo siempre requieren que los participantes juzguen un intervalo temporal concreto y recuerden ese intervalo para compararlo con otros. Por tanto, si se utilizara algún tipo de cronómetro neuronal en el cerebro para resolver la primera tarea descrita anteriormente (en la que dos luces parpadean con 8 s de intervalo a diferentes distancias), se emplearía para cronometrar 8 s, se almacenaría temporalmente ese número en la memoria y, a continuación, se volvería a utilizar el cronómetro para reproducir la duración almacenada en la memoria. Así pues, el efecto kappa podría surgir no porque la distancia altere la velocidad del reloj *per se*, sino porque la distancia altera el almacenamiento o la memoria de la duración temporal percibida.

Se ha propuesto que el cerebro tiene un sistema polivalente encargado de procesar la información sobre la magnitud[15] —específicamente, que hay circuitos dentro del córtex parietal dedicados a procesar la información sobre la cantidad, independientemente de si la cantidad es espacial, temporal o numérica—. Por tanto, es posible que las distorsiones temporales impuestas por el espacio sean el resultado de interacciones en la forma en que estos circuitos almacenan la información sobre la magnitud. Por ejemplo, almacenar una magnitud temporal pequeña y una magnitud espacial grande podría sesgar la magnitud temporal hacia arriba. Podemos pensar en esto como un tipo de *efecto de regresión a la media*: tener dos magnitudes almacenadas en la memoria hace que ambas adopten algunas de las características de la otra. En consonancia con la teoría de un sistema de magnitudes compartidas en el cerebro, los juicios temporales no solo se ven afectados por la distancia: el brillo o el tamaño de un estímulo también influyen en la duración aparente de un estímulo. De hecho, como ya se ha mencionado, hay estudios que sugieren que si en una pantalla se muestra un número bajo (por ejemplo, 1) o un número alto (9) durante el mismo tiempo, las personas tienden a considerar que el número alto dura un poco más.[16]

Otra prueba de la existencia de un área cerebral que representa magnitudes espaciales y temporales es la noción de línea temporal mental, el equivalente mental de representar el tiempo a lo largo de una dimensión de un diagrama cartesiano (el eje temporal de un gráfico). Los que hemos tenido el privilegio de recibir una educación formal solemos conceptualizar el tiempo a lo largo de una línea con los intervalos temporales cortos (o el pasado) a la izquierda, y los intervalos más largos (o el futuro) a la derecha. Esta línea temporal mental y su relación con el espacio pueden ponerse de manifiesto de muchas maneras, incluido el efecto crípticamente denominado *STEARC* (asociación espacio-temporal de códigos de respuesta). Imagínate que tienes que escuchar una secuencia de muchos tonos de distinta duración y que, después de cada tono, tienes que indicar si ha sido más corto o más largo que una duración de referencia pulsando un botón u otro. Resulta que el rendimiento en esta tarea temporal depende de la ubicación espacial de los botones. Las personas son más rápidas y rinden mejor si tienen que informar de la duración corta con el dedo índice izquierdo y de la duración larga con el dedo índice derecho, en comparación con la disposición opuesta con el botón «corto» a la derecha y el botón «largo» a la izquierda. En otras palabras, informar sobre duraciones cortas es más natural con la mano izquierda que con la derecha, como si existiera una línea de tiempo mental dispuesta de izquierda a derecha en los circuitos neuronales.[17] El laboratorio de Lera Boroditsky aporta más pruebas de la existencia de una línea de tiempo mental. Las personas que han sufrido un ictus en el córtex parietal inferior derecho suelen presentar heminegligencia espacial: no son plenamente conscientes de los objetos situados a su izquierda. Por ejemplo, los pacientes con heminegligencia pueden no tomarse la comida situada en la parte izquierda del plato, o incluso no acicalarse el lado izquierdo de la cara. Boroditsky y sus colegas han demostrado que los pacientes con heminegligencia también tienen un déficit en la colocación de la información sobre el pasado y el futuro a lo largo de una línea temporal mental, lo que se traduce en un deterioro de su capacidad para recordar el contexto temporal de los acontecimientos.[18]

También existen pruebas de que el espacio y el tiempo se entremezclan en el nivel más básico de las neuronas individuales.[19] Por ejemplo, como se ha mencionado antes, los neurocientíficos llevan décadas registrando la actividad de neuronas que representan el espacio; en concreto, de células de lugar dentro del hipocampo que se disparan preferentemente cuando un animal se encuentra en un lugar específico dentro de una habitación. Pruebas más recientes sugieren que un pequeño porcentaje de células del hipocampo puede codificar la distancia que ha recorrido una rata en una cinta; por ejemplo, una neurona de «distancia» puede activarse cuando la rata ha recorrido cinco metros, más o menos independientemente del tiempo que haya estado corriendo (o, lo que es lo mismo, al margen de la velocidad de la cinta). Otras células parecen codificar el tiempo que la rata ha estado corriendo en la cinta, tal vez disparándose después de que la rata haya estado corriendo durante veinte segundos, de nuevo, más o menos independientemente de la distancia recorrida. Sin embargo, la gran mayoría de las células se comportan de una forma más compleja: su patrón de disparo está determinado por una compleja amalgama de posición, distancia recorrida, tiempo transcurrido y velocidad.

En general, aún no comprendemos cómo las neuronas del hipocampo —o de cualquier otra parte del cerebro— miden, representan o almacenan las magnitudes espaciales y temporales. Sin embargo, las pruebas lingüísticas, psicofísicas y neurofisiológicas demuestran que el espacio y el tiempo están entrelazados en nuestros circuitos neuronales.

Relatividad en física y neurociencia

En los últimos capítulos hemos visto que la relación entre espacio y tiempo guarda interesantes paralelismos con la física y la neurociencia. Recapitulemos y ampliemos estos paralelismos:

1. **El tiempo es relativo.** Einstein nos enseñó que, aunque la velocidad de la luz es absoluta, el tiempo y el espacio son relativos: a altas velocidades, los relojes se ralentizan. Einstein también aludió a la relatividad del tiempo subjetivo cuando supuestamente dijo: «Una hora sentado con una chica guapa en un

banco del parque pasa como un minuto, pero un minuto sentado sobre una estufa caliente parece una hora».[20] Como ya comentamos en el capítulo 4, nuestra sensación subjetiva del tiempo transcurrido es relativa, pero depende de multitud de factores, como el contexto, el estado emocional, la atención, las características del estímulo (distancia y velocidad, por ejemplo) y si los sujetos están bajo la influencia de compuestos psicoactivos.

2. **El espacio y el tiempo no son independientes.** La relatividad especial impone un equilibrio entre espacio y tiempo: viajar a gran velocidad por el espacio hace que el tiempo se detenga, mientras que permanecer inmóvil es la forma más «rápida» de viajar por el eje temporal. Desde un punto de vista subjetivo, el espacio y el tiempo también son interdependientes. El efecto kappa, por ejemplo, establece que, cuando dos acontecimientos separados por el mismo intervalo temporal ocurren a distancias mayores entre sí (reflejando velocidades más altas), la gente tiende a juzgar esos intervalos temporales como más largos.[21]
3. **Relatividad de la simultaneidad.** Una de las consecuencias más sorprendentes de la relatividad especial es que dos sucesos simultáneos desde mi punto de vista no son simultáneos desde la perspectiva de alguien en movimiento relativo a mí, es decir, la simultaneidad es relativa. Aunque todavía no hemos hablado de ello, la simultaneidad también es relativa desde una perspectiva subjetiva. Por ejemplo, debido a la diferencia de un millón de veces entre la velocidad de la luz y la del sonido, las señales visuales y auditivas de un mismo acontecimiento llegan a nuestros órganos sensoriales con diferente retraso. Sin embargo, mientras estamos sentados en los asientos más baratos del auditorio, percibimos la imagen y el sonido de los platillos chocando como simultáneos, a pesar de que puede haber un retraso de cerca de 100 ms en la llegada del sonido. Veremos en el capítulo 12 que, para crear una narración

conveniente de los acontecimientos que se desarrollan en el mundo que nos rodea, el cerebro se toma la libertad de falsear nuestra percepción de lo que percibimos como simultáneo.

Piaget, por ejemplo, estaba cautivado por tales paralelismos. Parece haber creído en un vínculo más profundo entre la noción inherentemente relativa del tiempo que tiene un niño y el tiempo relativo de Einstein.[22] Pero cualquier paralelismo aparente entre la relatividad especial y nuestra percepción del tiempo es simplemente eso. La interdependencia del espacio y el tiempo en la física revela algo profundo sobre el universo, pero no nos dice nada sobre la psicología del tiempo. El hecho de que la distancia pueda influir en nuestros juicios temporales no revela nada sobre la verdadera naturaleza física del espacio y el tiempo, pero sí algo profundo sobre la arquitectura del cerebro.[23] Pero ¿qué exactamente? Sin duda, hay múltiples respuestas a esta pregunta. Una de ellas es que, desde nuestro primer aliento hasta el último, el cerebro registra las estadísticas de lo que vemos, oímos y experimentamos, y utiliza los patrones que encuentra para dar sentido al mundo que nos rodea.

Veamos la imagen de la figura 10.2:

Figura 10.2. Ilusión cóncavo-convexa. Vemos el círculo central con el borde inferior oscuro como convexo (sobresaliendo de la página) y los círculos con el borde superior oscuro como cóncavos porque el cerebro supone que la luz viene de arriba.

Es de suponer que, de los tres círculos, el del medio da la ilusión de ser convexo —como si sobresaliera de la página—, mientras que los círculos situados a ambos lados dan la impresión de ser cóncavos —parecidos a un agujero excavado en la página (si pones el libro bocabajo, verás que los círculos solo difieren en su orientación, y que el del medio ahora parece cóncavo). Esta ilusión es consecuencia del hecho de que, desde el día en que naciste, tu sistema visual ha ido muestreando las estadísticas del mundo: la luz suele venir de arriba, por lo que un bulto en la pared proyectará una sombra en su mitad inferior, mientras que un agujero producirá una sombra a lo largo de su borde superior.

Al igual que el cerebro utiliza información previa sobre las fuentes de luz para inferir formas tridimensionales, el cerebro utiliza sus experiencias pasadas para hacer inferencias sobre el tiempo y el espacio. Todos tenemos una amplia base de datos de observaciones sobre objetos y animales que se mueven en el espacio y el tiempo, generalmente a velocidades bastante limitadas. Así, sabemos que la distancia y el tiempo están correlacionados: un niño que observa una gota de lluvia deslizarse por una ventana puede ver que, cuanto más tiempo transcurre, mayor es la distancia que recorre la gota. Los relojes del cerebro distan mucho de ser perfectos y, a falta de un reloj perfecto, utilizan la experiencia previa para guiar nuestros juicios. De hecho, el grado en que la información irrelevante, como la distancia entre dos destellos de luz, influye en las decisiones temporales es relativamente pequeño, más o menos dentro del mismo rango que la precisión de los relojes del cerebro. Lo que todo esto significa es que, si tienes un cronómetro inexacto dentro de tu cerebro y necesitas saber durante cuánto tiempo viajaron dos trenes de juguete, tiene sentido que tengas en cuenta en tu estimación la distancia que recorrió cada tren.[24]

Sospecho que el espacio y el tiempo están entrelazados en nuestros circuitos neuronales al menos por dos razones. En primer lugar, como la propia evolución, el cerebro tiene un *modus operandi* muy oportunista: siempre está tomando prestadas y reciclando características existentes. Es probable que nuestra capacidad para entender el concepto de tiempo se lograra en parte cooptando circuitos que evolucionaron para navegar y conceptualizar el espacio. En segundo lugar, el cerebro es experto en recoger información de los patrones del mundo exterior y, como los intervalos espaciales y temporales están fuertemente correlacionados, el cerebro utiliza las distancias para optimizar sus estimaciones del paso del tiempo.

* * *

En el eternalismo, el tiempo está espacializado: todos los momentos temporales están dispuestos y congelados dentro del universo bloque, lo que nos lleva a la conclusión de que el devenir del tiempo es una ilusión creada por la mente. Pero ¿podría ser al revés? ¿Podría la arquitectura del cerebro sesgar nuestras interpretaciones de las leyes de la física?

El físico Lee Smolin sugiere que la progresiva espacialización del tiempo en física ha sesgado nuestra concepción de la naturaleza del tiempo: «La capacidad de congelar el tiempo... ha sido una gran ayuda para la ciencia porque no tenemos que ver cómo se desarrolla el movimiento en tiempo real. Pero, más allá de su utilidad, este invento tiene profundas consecuencias filosóficas, porque apoya el argumento de que el tiempo es una ilusión. El método de congelar el tiempo ha funcionado tan bien que la mayoría de los físicos no son conscientes de que les ha jugado una mala pasada en su comprensión de la naturaleza».[25]

Ahora que sabemos que el propio cerebro espacializa el tiempo, también cabe preguntarse si la aceptación del eternalismo se ha beneficiado del hecho de que resuena con la arquitectura del órgano responsable de elegir entre eternalismo y presentismo.[26] En otras palabras, desde que desarrollamos teorías y métodos matemáticos para representar el tiempo como una dimensión similar al espacio, quizá nos sentimos más cómodos con el eternalismo que con el presentismo debido a la forma en que el cerebro conceptualiza el tiempo. Es difícil responder a la pregunta, pero, como estamos a punto de ver, la mente humana habita efectivamente un universo eternalista: mentalmente hablando, no solo existen el pasado y el futuro, sino que son destinos de viaje válidos. De hecho, nuestra especie se define en parte por nuestra incesante tendencia a saltar mentalmente entre el pasado, el presente y el futuro.

11:00

VIAJE MENTAL EN EL TIEMPO

Ser inmortal es un lugar común; salvo el hombre, todas las criaturas son inmortales, pues ignoran la muerte.

JORGE LUIS BORGES

El 11 de marzo de 2011, un terremoto de magnitud 9,0 desencadenó un tsunami masivo que golpeó la costa noreste de Japón. Aproximadamente 15 000 personas murieron y cientos de miles se quedaron sin hogar. Durante las operaciones de limpieza posteriores se hallaron numerosas rocas del tsunami, llamadas así porque recogían advertencias grabadas sobre la piedra siglos atrás, como, por ejemplo: «¡No construyas tu casa por debajo de este punto!».[1] Estas advertencias fueron atendidas o no, caso por caso y pueblo por pueblo. Pero quienes tallaron estas rocas pensaban claramente en un futuro lejano, imaginando que un día algunas personas se encontrarían ante el dilema de decidir dónde construir sus casas. Los autores de las advertencias miraban hacia el futuro y ofrecían consejos basados en sus propias experiencias trágicas.

Los psicólogos Thomas Suddendorf y Michael Corballis se han referido a nuestra capacidad de proyectarnos mentalmente en el futuro como *viaje mental en el tiempo.*[2] Y, como señalamos en el capítulo 2, nuestra capacidad de convertir una piedra en una herramienta, plantar una semilla para asegurarnos la comida en el futuro, construir una cabaña, trabajar por un sueldo o ahorrar para la jubilación dependen de nuestra capacidad de imaginar futuros diferentes y comprender que, actuando en el presente, podemos esculpir el futuro. La capacidad de viajar mentalmente en el tiempo, por citar de nuevo al psicólogo Endel Tulving, «trajo consigo un cambio radical en la relación de los seres humanos con la naturaleza. En lugar de utilizar su ingenio para adaptarse a los caprichos de la naturaleza, incluidas las incertidumbres sobre la disponibilidad de alimentos, refugio y protección frente a los depredadores, los humanos empezaron a anticiparse a estos problemas y a tomar medidas para mitigar su imprevisibilidad».[3]

Muchos psicólogos, como Endel Tulving y Thomas Suddendorf, creen que el viaje mental en el tiempo es una capacidad cognitiva exclusivamente humana y que, de hecho, es un ingrediente clave del ser humano.

Revisitar y previsitar

Tengo un recuerdo de mi infancia cuando paseaba por la orilla del lago del parque Roger Williams. Era invierno y algunas zonas del lago estaban congeladas. Pesé que sería buena idea comprobar el grosor del hielo y, cuando me dispuse a caminar, se rompió y caí al agua helada. Mi capacidad para recordar y revivir mentalmente este suceso se basa en dos tipos distintos de memoria: semántica y episódica. La distinción entre estos dos tipos de memoria humana se expresa a veces como la diferencia entre saber y recordar. La memoria semántica se refiere al conocimiento, como el nombre del parque, y que el parque se encuentra en la ciudad de Providence, que a su vez está situada en Rhode Island. La memoria semántica también abarca el conocimiento de hechos aún más fundamentales y necesarios para dar sentido a esta historia, como que el agua puede convertirse en hielo y que el agua helada está demasiado fría. La memoria episódica se refiere a mi capacidad para revivir mentalmente el episodio, ver el hielo en mi mente, evocar el contenido emocional del frío y recordar que la poca profundidad del agua me permitió regresar a la orilla.

Una diferencia que a menudo se pasa por alto entre la memoria semántica y la episódica es la ausencia o presencia de una marca temporal. Sabes que el agua puede convertirse en hielo, pero me arriesgo a apostar que no tienes ni idea de cuándo aprendiste este importante dato. Puede que sepas cuál es la capital de Nepal, pero ¿recuerdas cuándo aprendiste que es Katmandú? Nuestra memoria semántica almacena conocimientos sobre el mundo, pero no la fecha en que se adquirió una determinada información, ni siquiera el orden en que se aprendió. Por el contrario, al igual que la fecha asociada a cada archivo de tu ordenador, los recuerdos episódicos suelen tener algún tipo de marca temporal, no necesariamente la fecha exacta, sino el año o tu edad o simplemente si el episodio ocurrió antes o después de otro acontecimiento memorable de tu vida: si recuerdas tu primer beso y la cosa más embarazosa que te ha pasado nunca, probablemente sepas qué ocurrió primero (con suerte, fueron dos episodios diferentes).

La memoria episódica y nuestra capacidad para proyectarnos mentalmente en el tiempo dependen en gran medida de nuestra memoria semántica. Sería difícil viajar mentalmente en el tiempo a unas vacaciones en una playa tropical sin saber lo que es la arena, el sol, el océano y la piña colada. En consonancia con la idea de que la memoria semántica puede servir de infraestructura para asentar los recuerdos episódicos, los estudios sobre el desarrollo sugieren que la memoria semántica emerge antes que la episódica en los niños. Por ejemplo, cuando se le enseña a un niño de cuatro años los nombres de colores nuevos, como verde botella o añil, aprende rápidamente a aplicar ese conocimiento cuando se le pide que coja el objeto del color apropiado. Pero, cuando se les pregunta cuándo aprendieron los nombres de esos colores, a menudo afirman que siempre han conocido los colores que aprendieron hace solo unos minutos.[4] Las personas con *amnesia anterógrada* suelen perder la capacidad de almacenar nuevos recuerdos semánticos y episódicos, aunque todavía pueden aprender tareas motoras, como montar en bicicleta, y otros tipos de recuerdos *implícitos* o de *procedimiento*. Los recuerdos semánticos almacenados previamente (por ejemplo, los nombres de los miembros de su familia o la capital de Francia) están prácticamente intactos, pero algunos pacientes amnésicos también tienen una capacidad deficiente para recordar episodios antiguos de su vida (los que sucedieron antes de la aparición de la amnesia).[5]

No es de extrañar que una persona con amnesia tenga dificultades para describir lo que hizo ayer: esa es más o menos la definición de amnesia. Pero ¿las personas con amnesia tienen problemas para planificar o describir lo que harán mañana? La respuesta a esta pregunta parece ser afirmativa. Las investigaciones de las dos últimas décadas han puesto progresivamente de relieve que algunos pacientes amnésicos luchan por proyectarse tanto en el pasado como en el futuro. Uno de estos pacientes, conocido por las iniciales K. C., sufrió grandes daños en el hipocampo como consecuencia de un accidente de moto. Además de perder la mayor parte de sus recuerdos episódicos, tenía un déficit pronunciado en su capacidad para pensar en su propio futuro. A continuación reproducimos un fragmento de una conversación entre K. C. y Endel Tulving:

E. T.: Vamos a intentar resolver de nuevo la pregunta sobre tu futuro. ¿Qué harás mañana?

[*Pausa de quince segundos*]

K. C.: No lo sé.

E. T.: ¿Te acuerdas de la pregunta?

K. C.: ¿Sobre lo que haré mañana?

E. T.: Sí. ¿Cómo describirías tu estado mental cuando intentas pensar en ello?

[Pausa de cinco segundos].

K. C.: En blanco, supongo.[6]

Sin duda, K. C. entendía los conceptos de pasado, presente y futuro. Podía ordenar acontecimientos en el tiempo y sabía que su hermano había fallecido. El déficit de K. C. parece estar bastante restringido a lo que Suddendorf y Corballis considerarían viajes mentales en el tiempo. Estas y otras observaciones concuerdan con la idea de que viajar mentalmente hacia atrás o hacia delante en el tiempo depende en parte de las mismas capacidades cognitivas que utilizamos para almacenar y reconstruir información autobiográfica sobre el pasado.

A través del tiempo mental en animales

¿La capacidad de proyectarse mentalmente en el pasado o en el futuro es exclusiva del *Homo sapiens*? Hemos visto que todos los animales miden el tiempo y se anticipan de forma natural a los acontecimientos externos: aprenden a salivar en respuesta a la campana antes de que llegue la comida, y pueden despertarse antes de que salga el sol para salir en busca de alimento. También sabemos que algunos animales parecen prepararse deliberadamente para el futuro: los pájaros hacen nidos, los castores construyen presas para proteger sus refugios y las ardillas almacenan nueces. Pero ¿implica alguno de estos comportamientos que los animales piensan en el futuro o que comprenden el concepto de tiempo?

Saber la hora no equivale a pensar en el futuro; un reloj marca la hora, pero no la entiende. Además, el hecho de construir nidos o almacenar comida no implica que un animal entienda las consecuencias a largo plazo de sus actos. Nadie sugeriría que, mientras una oruga busca el lugar ideal para transformarse en pupa, esté pensando para sí misma: «Este es el lugar perfecto para transformarme en una hermosa mariposa». La mayoría de los ejemplos de aparente planificación a largo plazo en los animales parecen ser, en realidad, instintos innatos. Como afirma el psicólogo Daniel Gilbert: «La ardilla que esconde una nuez en mi jardín *sabe* sobre el futuro aproximadamente lo mismo que una roca que cae *sabe* sobre la ley de la gravedad»[7] —de hecho, las ardillas jóvenes que nunca han vivido un invierno esconderán nueces a pesar de todo—. Los animales realizan todo tipo de comportamientos sin saber por qué los llevan a cabo ni su importancia a largo plazo. Incluso se sabe que los humanos adoptan comportamientos bastante complejos sin pensar en lo que ocurrirá dentro de nueve meses.

Pero el hecho de que muchos comportamientos orientados hacia el futuro estén programados no significa que los animales *no puedan* viajar mentalmente en el tiempo. De hecho, si lo hacen o no es una cuestión muy debatida en los campos de la cognición animal y la psicología evolutiva.

Uno de los principales candidatos a animales capaces de viajar mentalmente en el tiempo son las aves de la familia de los córvidos (arrendajos, cuervos y urracas). La psicóloga británica Nicola Clayton ha dirigido gran parte de las investigaciones destinadas a determinar si una especie concreta de arrendajo, el arrendajo azul, puede realizar viajes mentales en el tiempo orientados al futuro. Los arrendajos guardan pequeñas cantidades de comida en lugares distribuidos espacialmente, y su excelente memoria espacial les permite recuperar la comida conservada en momentos posteriores. Como ya se ha dicho, el hecho de almacenar no implica un viaje mental en el tiempo, pero Clayton utilizó una serie de manipulaciones inteligentes que, en conjunto, sugieren que las aves hacen mucho más que seguir su instinto de almacenar comida. Las urracas comen tanto gusanos (larvas de polilla) como frutos secos, pero prefieren los gusanos, al menos cuando están frescos. Por ejemplo, cuando se les da a elegir entre gusanos frescos y frutos secos, se quedan con los gusanos, pero, cuando se les presentan frutos secos y gusanos en descomposición de cinco días, rechazan los gusanos y se decantan por los frutos secos. Así que la pregunta es: si se permite a los arrendajos guardar tanto gusanos frescos como frutos secos, pero solo se les permite volver a sus escondites cuatro horas o cinco días después, ¿qué elegirán recuperar, los gusanos o los frutos secos? Después de un retraso de cuatro horas, los pájaros se dirigían a los lugares donde habían colocado los gusanos, pero buscaban preferentemente los frutos secos cuando solo se les permitía volver cinco días más tarde (para asegurarse de que los pájaros no basaban sus elecciones en los olores que emanaban de los escondites, los investigadores siempre robaban la comida almacenada antes de la fase de recuperación de estos experimentos). Por ejemplo, en el grupo de cuatro horas, el 83 % de los primeros eventos de recuperación se dirigieron a las ubicaciones de los gusanos, mientras que este valor fue del 0 % en el grupo de cinco días. Las aves parecían darse cuenta de que los gusanos habrían alcanzado su fecha de caducidad al cabo de cinco días.

En otro experimento, Clayton y sus colegas aprovecharon el hecho de que los arrendajos son conocidos por sus actividades delictivas. Los arrendajos que observan a otro arrendajo almacenar comida pueden robarla más tarde. Como contramedida, se sabe que los arrendajos vuelven a almacenar su comida: si saben que han sido observados mientras la almacenan, pueden recuperarla más tarde, no para comérsela, sino para volver a esconderla. Clayton y sus colegas demostraron que, si un arrendajo sabía que lo estaban observando, era más probable que volviera a buscar las golosinas que cuando las escondía en privado. Esto sugiere de nuevo un viaje mental en el tiempo, ya que se podría argumentar que los arrendajos se anticipan a un episodio futuro en el que un ladrón les roba la comida. Estos y otros experimentos han llevado a Clayton a sugerir que estas aves realizan verdaderos viajes mentales en el tiempo.[8]

Los arrendajos no son los únicos candidatos serios a viajar mentalmente en el tiempo. Otros estudios se han preguntado si los grandes simios (chimpancés, bonobos, gorilas y orangutanes) muestran lo que llamaríamos previsión. Un enfoque para responder a esta pregunta consiste básicamente en determinar si los grandes simios podrían llegar a utilizar el dinero. Un estudio se llevó a cabo con simios que habían aprendido previamente a intercambiar fichas por comida: aprendieron que los entrenadores aceptarían ciertas fichas valiosas, como un trozo de tubo de PVC de color, a cambio de comida; otras fichas, sin embargo, no tenían valor. En los experimentos de «previsión», los simios también aprendieron que, después de tener acceso a un montón de fichas, treinta minutos más tarde tendrían la oportunidad de cambiar las fichas valiosas por comida. Así que los experimentadores preguntaron cuántas de estas fichas cogían los simios antes de ser trasladados a una sala de espera durante treinta minutos. Seis de los ocho animales sometidos a la prueba llevaron más fichas valiosas a la sala de espera en comparación con el número que llevaron durante una condición de control en la que no podían intercambiar las fichas. Los orangutanes parecían rendir mejor que los bonobos, que a su vez eran mejores que los chimpancés. En general, parece que al menos algunos grandes simios son lo suficientemente previsores como para coger su billetera antes de ir al mercado.[9]

Algunos científicos no están convencidos de que estos resultados demuestren que los simios hacen viajes mentales en el tiempo. Quizá los simios estén aprendiendo sin pensar una secuencia de acciones, una versión mucho más compleja de las ratas que aprenden a apretar una palanca para obtener comida. Además, los efectos eran a menudo débiles; por ejemplo, no todos los individuos de los estudios con aves y simios «lo entendían». No obstante, estos estudios aportan datos convincentes de que algunos animales pueden ajustar con flexibilidad su comportamiento para satisfacer necesidades futuras. Pero el debate sobre si los animales son capaces de viajar en el tiempo mentalmente continuará sin duda hasta que haya una definición o pruebas universalmente aceptadas del viaje mental en el tiempo.

Vivir en el presente

Con independencia de que nuestros parientes vivos más cercanos también sean capaces de viajar mentalmente en el tiempo, no cabe duda de que existe un abismo entre los humanos y los simios a la hora de pensar y planificar el futuro. La primatóloga Jane Goodall ha declarado: «Los chimpancés pueden aprender el lenguaje de signos, pero, en la naturaleza, por lo que sabemos, son incapaces de comunicarse sobre cosas que no están presentes. No pueden enseñar lo que ocurrió hace cien años, o hace diez, salvo mostrando miedo en determinados lugares. Desde luego, no pueden hacer planes para dentro de cinco años».[10]

Los seres humanos no solo se comunican sobre acontecimientos pasados y hacen planes para el futuro, sino que saltan hacia delante y hacia atrás en una línea temporal mental para expresar relaciones temporales complejas. Pensemos en la siguiente frase: «El mes pasado un predicador predijo que el mundo se acabará en tres meses, así que gastaré todos mis ahorros el mes que viene». Sin el lujo del lenguaje y la capacidad de realizar formas sencillas de aritmética, ¿cómo podría un animal dar sentido a ideas temporales tan complejas?

Los estudios sobre una remota tribu de cazadores-recolectores del Amazonas, los pirahã, demuestran la interdependencia entre el lenguaje, los números y el viaje mental en el tiempo. Su lengua tiene tiempos para el pasado simple y el futuro, pero no la estructura gramatical para expresar relaciones temporales integradas, como el «mes que viene me habré gastado todos mis ahorros» (en este caso, el futuro perfecto «me habré gastado» se refiere al pasado desde la perspectiva de algún punto en el futuro).

Numéricamente, los pirahã tienen un sistema de conteo *uno-dos-muchos*: las cantidades superiores a dos se denominan simplemente *muchos*. Son capaces de distinguir entre números pequeños y grandes de objetos, como cinco y diez, pero tienen dificultades para emparejar el número de objetos entre dos grupos diferentes. Si se les muestran cuatro pilas AA y se les pide que coloquen sobre la mesa el mismo número de tuercas que de pilas, lo harán con bastante precisión, pero generalmente fracasarán en esta tarea si hay diez objetos. No es de extrañar que, dado su sistema numérico uno-dos-muchos, no parezcan tener mucha noción de su edad.[11]

El lingüista y exmisionero Daniel Everett cree que los pirahã están anclados en el presente: «Los pirahã no almacenan comida, no planifican más de un día a la vez, no hablan de un futuro lejano ni de un pasado lejano: parecen centrarse principalmente en el ahora».[12] Everett se propuso originalmente aprender su lengua, traducir la Biblia al pirahã y convertirlos al cristianismo. Llegó a hablar su lengua con fluidez, pero fracasó épicamente en sus aspiraciones misioneras, ya que los pirahã acabaron llevándole al ateísmo. Cree que parte del fracaso se debió a su falta de interés y escepticismo ante hechos que no habían vivido directamente o de los que, al menos, tenían conocimiento de segunda mano: les interesaron poco las historias de Jesús cuando se dieron cuenta de que Everett nunca había conocido a Jesús. Del mismo modo, no parecían preocuparse por el futuro ni por lo que ocurre después de la muerte, si es que ocurre algo. Everett no cree que la restringida perspectiva temporal de los pirahã refleje ningún tipo de déficit neurológico heredado, ya que son inteligentes y exquisitamente hábiles para sobrevivir en la selva: «Pueden entrar en la selva desnudos, sin herramientas ni armas, y salir tres días después con cestas de fruta, frutos secos y caza menor».[13] En su opinión, la existencia basada en el presente de los pirahã es una característica de su cultura. Sin duda, su entorno y la disponibilidad más o menos continua de alimentos les permiten vivir en cada momento. Su indiferencia hacia el futuro no favorecería la supervivencia en las culturas indígenas inuit, donde la previsión y la preparación son fundamentales para sobrevivir a los duros inviernos.

Enviar mensajes al futuro

Las personas y las culturas varían enormemente en cuanto al grado de reflexión y esfuerzo que dedican al futuro y a la distancia mental que recorren. Todos conocemos a personas que, un poco como los pirahã, parecen vivir el día a día: son los que parecen estar contentos, a pesar de encontrarse con más dificultades económicas y personales de las deseadas. En el otro extremo del espectro están aquellos cuyos pensamientos y acciones están dirigidos a alcanzar algún objetivo en un futuro lejano.[14]

Y luego están los visionarios que sueñan décadas y siglos en el futuro. Esta capacidad de viajar en el tiempo más allá del tiempo de vida de cualquier individuo es quizá la piedra angular de la cultura humana. A través de los cuentos populares, las pinturas rupestres, las tablillas de piedra y madera y, finalmente, los escritos en papiros y libros, el *Homo sapiens* ha entablado una conversación unidireccional con las generaciones futuras.

El tsunami del océano Índico de 2004 mató a 230 000 personas en comunidades costeras de catorce países diferentes. Una comunidad isleña de Tailandia, habitada por el pueblo indígena moka («gitanos del mar»), quedó destruida, pero apenas hubo víctimas. Los ancianos conocían historias sobre los espíritus hambrientos del mar. Creían que el retroceso del mar (que precede a un tsunami) era una advertencia del hambre del mar. Esta creencia llevó a los moka a correr a tierras más altas antes de que las olas gigantes llegaran a la costa. Para ellos, el tsunami se producía porque «la gran ola no se había comido a nadie en mucho tiempo, y quería volver a saborearlo».[15] Las historias contadas por los supervivientes de tsunamis pasados deben de haberse transmitido a lo largo de los siglos y almacenado no como hechos aburridos en la memoria semántica («cuando el mar retroceda, corre a tierras más altas»), sino como historias visualmente ricas y emocionalmente atractivas sobre ser devorado por el mar, y por lo tanto muy adecuadas para ser almacenadas en sus bancos de memoria episódica.

Los recuerdos semánticos y episódicos almacenados en nuestros circuitos neuronales son, en última instancia, una receta para la supervivencia. Pero los recuerdos de cualquier ser humano son de capacidad y precisión limitadas, y acaban borrándose por completo. El viaje mental en el tiempo nos ha permitido ver que las generaciones futuras pueden beneficiarse de estos recuerdos, y crear dispositivos de almacenamiento externos que pueden utilizarse para transmitir conocimientos entre individuos que nunca se encontrarán cara a cara. Sin esos comportamientos orientados al futuro y esos recuerdos intergeneracionales, la cultura, la tecnología y la ciencia modernas no existirían.

Miopía temporal

Los humanos somos las únicas criaturas del planeta que podemos pensar y planificar el futuro lejano. Solo nosotros plantamos semillas que pueden tardar años en dar fruto o construimos estructuras para que duren siglos. Y, sin embargo, muchos de los problemas más graves a los que se enfrenta el hombre moderno (y otras especies) son consecuencia de la miopía humana.

A nivel personal, muchos problemas financieros y de salud están relacionados con nuestra miopía temporal. Las dificultades financieras, como las deudas de las tarjetas de crédito y las jubilaciones insuficientes, son a menudo consecuencia de acciones miopes: gastar dinero que no tenemos o no ahorrar el dinero que sabemos que algún día necesitaremos.[16] Además, a menudo sucumbimos a la gratificación a corto plazo de una dieta poco saludable, o no hacemos ejercicio con regularidad a expensas de nuestro bienestar a largo plazo. A nivel social, las turbulencias económicas suelen ser consecuencia de los mismos defectos que provocan los problemas financieros personales. Al igual que los individuos, los Gobiernos a menudo no pueden retrasar la gratificación o aplicar sacrificios a corto plazo, optando a veces por endeudarse aún más en lugar de aumentar los impuestos o recortar gastos. La deuda insostenible, a su vez, provoca crisis económicas que tienen profundas consecuencias a largo plazo, como el desempleo y el colapso de los planes de pensiones. Incluso en ausencia de crisis económicas, los fondos de pensiones están crónicamente infrafinanciados; las razones son múltiples, pero al final todas subrayan el adagio de Mark Twain: «Nunca dejes para mañana lo que puedas hacer pasado mañana».[17]

Un síntoma notable de nuestra miopía temporal a nivel social puede ser el cambio climático. Incluso una vez que vemos las consecuencias a largo plazo de nuestras acciones sobre la salud del planeta, resulta difícil actuar. A pesar de nuestra capacidad para prever el futuro, a menudo nos cuesta preocuparnos por plazos que van más allá de nuestra propia vida.

Como el jugador que siempre cree que su próxima apuesta resolverá todos sus problemas a largo plazo, nuestro pensamiento a corto plazo crea un círculo vicioso de acciones miopes que agravan aún más nuestros problemas a largo plazo. Quizá una de las consecuencias más graves de nuestra miopía temporal es que obstaculiza la eficacia del propio proceso democrático. Imaginemos un escenario en el que cien de cada cien economistas están de acuerdo en que la solución para la salud económica a largo plazo es subir inmediatamente los impuestos. A la hora de votar, ¿quién tiene más probabilidades de ganar unas elecciones: un político que se presenta siguiendo el consejo de los economistas o uno que se presenta con una plataforma para bajar los impuestos?

La verdad es que, aunque los seres humanos somos mucho mejores planificando a largo plazo que el resto de los animales, no se nos da especialmente bien. Esto no debería sorprendernos. El cerebro humano es el producto de un proceso evolutivo que se desarrolló a lo largo de cientos de millones de años. Así que la mayor parte de nuestro bagaje neuronal procede de animales que vivieron, cognitivamente hablando, en el presente inmediato. En consecuencia, como especie, los humanos seguimos aprendiendo a perfeccionar nuestras habilidades recién adquiridas para equilibrar mejor el atractivo de la gratificación inmediata con los beneficios de la gratificación diferida.

¿Cuál de las dos opciones siguientes elegirías: recibir 1000 dólares ahora mismo o 2000 dólares dentro de un año? Aquí no hay elección correcta o incorrecta, aunque el economista medio se vería obligado a señalar que un rendimiento del 100 % en un año es difícil de superar. Esta pregunta refleja la clásica disyuntiva *intertemporal*: la gratificación inmediata de una recompensa disponible de inmediato frente a la gratificación diferida de una recompensa mayor. Estas decisiones intertemporales están muy presentes en nuestra vida. ¿Debo comprar hoy un televisor de última generación y pagar los intereses de la tarjeta de crédito, o ahorrar unos meses hasta que tenga el dinero? ¿Debo jugar una partida más o volver al trabajo? ¿Debo gastar más dinero y adquirir un coche ecológico para contribuir al bienestar de las generaciones futuras?

El *descuento temporal* se refiere al hecho de que el valor subjetivo de algo disminuye con el tiempo. Recibir 1000 dólares hoy es, en cierto sentido, más «valioso» que recibir la misma cantidad dentro de un año. Existe la posibilidad de que ya no esté vivo dentro de un año, por lo que recibir 1000 dólares dentro de un año puede tener un valor nulo para mí. Pondré un ejemplo más ecológico: para uno de nuestros antepasados que habitaba en la sabana, la promesa de una pequeña comida inmediata era mucho más importante que la de una comida abundante dentro de una luna llena, pues cabía la posibilidad de que muriera de hambre mientras tanto. Durante la mayor parte de la evolución, nuestros antepasados vivieron en un mundo muy incierto, en el que el hambre, la depredación y las enfermedades eran continuas amenazas. En circunstancias tan precarias, la supervivencia a corto plazo tiene prioridad sobre el lujo relativo de preocuparse por el futuro. No es de extrañar que el ser humano esté predispuesto a la gratificación inmediata.

El equilibrio entre la gratificación inmediata y la diferida puede cuantificarse pidiendo a las personas, como en el ejemplo anterior, que elijan entre pequeñas recompensas inmediatas y grandes recompensas diferidas. Manipulando el tamaño de las recompensas y los retrasos es posible calcular la *tasa de descuento temporal* de una persona en un contexto específico. Como es lógico, existe una gran variabilidad individual. Por ejemplo, en un estudio, algunas personas eran muy pacientes y estaban dispuestas a esperar seis meses para recibir 25 dólares en lugar de recibir 20 inmediatamente; otras eran mucho más impulsivas y optaban por un pago inmediato de 20 dólares hoy en lugar de 68 dentro de un mes.[18] Numerosos estudios han demostrado que los índices de descuento temporal medidos en estas tareas de elección monetaria intertemporal están inversamente correlacionados con la salud, la estabilidad financiera y la propensión al abuso de sustancias.[19] Es decir, las personas que son más propensas a elegir pequeñas recompensas inmediatas en lugar de grandes recompensas diferidas son un poco más propensas a tener problemas de salud o financieros.

Cuando se les da a elegir entre 100 dólares ahora y 120 dentro de un mes, la mayoría de la gente elige la opción inmediata. Sabiendo esto, ¿qué crees que prefiere la gente cuando ambas opciones se posponen la misma cantidad de tiempo, es decir, entre 100 dólares dentro de un mes o 120 dentro de dos meses? Lógicamente, si alguien elige los 100 dólares inmediatos frente a los 120 en un mes, también debería elegir los 100 dólares en un mes frente a los 120 en dos meses, puesto que en ambos casos están esperando treinta días más por 20 dólares. Sin embargo, esto no es así.[20] Cuando ambas opciones se sitúan en el futuro, la gente se vuelve más paciente. No merece la pena esperar treinta días para conseguir 20 dólares más si ahora obtenemos 100, pero la espera merece la pena si ambas recompensas se sitúan en el futuro. En otras palabras, preferimos las recompensas inmediatas no porque no nos apetezca esperar treinta días para conseguir 20 dólares más, sino, como era de esperar, porque nos gusta conseguir cosas ahora mismo.

Las entidades financieras y los vendedores se aprovechan a menudo de nuestra tendencia a la gratificación inmediata. El uso de tarjetas de crédito, por ejemplo, pone un velo entre el acto de comprar algo y el hecho de que estamos renunciando a nuestro dinero ganado con esfuerzo. Los estudios demuestran que la gente tiende a gastar más cuando paga con tarjeta de crédito que cuando lo hace en efectivo. En un estudio, los estudiantes estaban dispuestos a pagar el doble por entradas deportivas si tenían que pagar con tarjeta de crédito que si pagaban en efectivo.[21] Además, los programas de recompensas de las tarjetas de crédito pueden engatusarnos aún más para que nos endeudemos, ofreciéndonos «recompensas» inmediatas (millas aéreas, puntos o devolución de dinero) cada vez que hacemos una compra: «¡gasta más, consigue más!». (Los consumidores, por supuesto, acaban pagando estas «recompensas»).[22]

Muchos de los asombrosos logros científicos, tecnológicos y culturales de nuestra especie son el resultado de nuestra capacidad para viajar mentalmente en el tiempo y ejecutar planes a largo plazo. Pero muchos de nuestros fracasos personales y sociales reflejan el hecho de que muchas de nuestras decisiones se guían por la gratificación inmediata.[23] Afortunadamente, el equilibrio entre los resultados a corto y largo plazo no está grabado en nuestros genes. Retrasar la gratificación y tomar decisiones intertemporales óptimas es un proceso que se beneficia enormemente de la práctica, la educación, la deliberación y el simple hecho de pararse a pensar en el futuro. Los estudios demuestran, por ejemplo, que los índices de descuento temporal pueden ampliarse —pasando de decisiones impulsivas a otras más pacientes— haciendo que las personas realicen viajes mentales en el tiempo mientras toman decisiones. En un estudio, a los sujetos se les ofreció una serie de opciones intertemporales (por ejemplo, 20 dólares ahora o 60 dentro de un mes). En algunos ensayos, las elecciones iban acompañadas de una frase, como «vacaciones en París», destinada a desencadenar imágenes mentales de acontecimientos futuros. Los participantes se mostraron menos impulsivos —es decir, eligieron con más frecuencia las recompensas mayores en diferido— en los ensayos de viaje mental en el tiempo en comparación con los ensayos de control.[24] Así pues, el viaje mental en el tiempo en sí puede ofrecer un medio para depurar nuestra propensión a la gratificación a corto plazo.

A TRAVÉS DEL TIEMPO MENTAL EN EL CEREBRO

¿Qué hace que el *Homo sapiens* sea la única especie capaz de viajar mentalmente en el tiempo? ¿Hay algo diferente en las neuronas de los seres humanos? ¿Es el tamaño de nuestro cerebro? ¿O tal vez nuestra especie posee áreas cerebrales que no están presentes en otros animales?

Los neurocientíficos se verían en apuros para distinguir una neurona de ratón de una neurona humana midiendo la actividad eléctrica de estas células. Del mismo modo, al microscopio, las neuronas de todos los mamíferos se parecen mucho. El cerebro humano, por supuesto, destaca por su tamaño, pero no es el mayor del reino animal. No es sorprendente que los animales más grandes tiendan a tener cerebros más grandes, por lo que los elefantes y las ballenas tienen cerebros mucho más grandes que el nuestro. Cuando se tiene en cuenta la masa corporal y se examina la relación entre cerebro y masa corporal, el ser humano sigue destacando, pero de nuevo no ostentamos el récord. Los animales pequeños tienden a tener cerebros más grandes en relación con el tamaño de sus cuerpos, por lo que incluso los ratones tienen proporciones cerebro-cuerpo ligeramente mayores que los humanos. El animal que ostenta el récord es la musaraña arborícola: su cerebro representa alrededor del 10 % del peso de su cuerpo de menos de medio kilo, mientras que en los humanos es de alrededor del 2 %. Cuando se realizan los ajustes necesarios para tener en cuenta que la relación entre el cerebro y el peso corporal no es lineal —el llamado *cociente de encefalización*—, los humanos ostentan el récord. Dado el peso del cuerpo humano, el cerebro humano es más de siete veces mayor de lo que cabría esperar, basándose en la relación entre cerebro y masa corporal en todos los vertebrados. Los delfines tienen un cociente de encefalización algo superior a 5. Los chimpancés se quedan muy atrás, en torno a 2,5, y los ratones apenas llegan a 0,5.[25]

No cabe duda de que el tamaño del cerebro, cuantificado por el cociente de encefalización, contribuye a las capacidades cognitivas únicas de los seres humanos. Pero el tamaño relativo de áreas cerebrales concretas, o las especializaciones dentro de áreas cerebrales concretas, también desempeñan un papel importante. Por ejemplo, en relación con todo el cerebro, la corteza auditiva tiene un tamaño similar en primates y roedores; sin embargo, otras áreas son proporcionalmente mayores en los primates. Una de ellas es el córtex prefrontal.

El córtex prefrontal, situado justo detrás de la frente, es un área cerebral muy bien conectada, es decir, está bien situado para escuchar e influir en lo que ocurre en muchas otras áreas cerebrales. Aunque el córtex prefrontal experimentó una expansión preferente en los primates, el tamaño relativo del córtex prefrontal no es proporcionalmente mayor en los humanos que en los grandes simios.[26] Sin embargo, hay indicios de que el córtex prefrontal de los humanos es distinto en otros aspectos: por ejemplo, las neuronas del córtex prefrontal humano parecen recibir más sinapsis.[27]

¿Qué hace el córtex prefrontal? Las personas que han sufrido lesiones en el córtex prefrontal pueden parecer completamente normales a primera vista. Sus habilidades motoras están prácticamente intactas, pueden entender el habla y hablar con normalidad; sin embargo, dependiendo de la localización precisa y la extensión de la lesión, presentan déficits distintivos en las funciones cognitivas de orden superior. Esto incluye alteraciones en la memoria a corto plazo, la personalidad, la atención, la toma de decisiones y la inhibición de conductas socialmente inapropiadas. Aunque las personas con lesiones prefrontales pueden seguir instrucciones y realizar muchas tareas con normalidad, tienen dificultades para ejecutar planes que requieren múltiples pasos y adaptarse con flexibilidad a medida que cambian las circunstancias.[28]

El córtex prefrontal también contribuye a nuestra capacidad de hacer planes a largo plazo, retrasar la gratificación y realizar viajes mentales en el tiempo, por lo que las personas con lesiones prefrontales no son de las que ahorran mucho para la jubilación. Un estudio utilizó la tarea de descuento temporal para examinar cómo las personas con lesiones en el córtex prefrontal equilibran las recompensas inmediatas y a largo plazo. En comparación con los controles sanos y las personas que sufrían lesiones en otras partes del cerebro, los pacientes con lesiones en el córtex prefrontal eran significativamente más propensos a elegir recompensas menores a corto plazo en lugar de recompensas mayores a largo plazo.[29] Del mismo modo, varios estudios de imagen cerebral indican que el grado de actividad en partes del córtex prefrontal está correlacionado con el tiempo que las personas están dispuestas a retrasar la gratificación en tareas de descuento temporal.[30]

Los estudios de imágenes cerebrales en humanos sanos también sugieren que el córtex prefrontal contribuye a nuestra capacidad de viajar mentalmente en el tiempo. Por ejemplo, cuando se pedía a las personas que imaginaran un escenario futuro basado en el nombre de una persona y un lugar que conocían, la actividad en el córtex prefrontal era mayor que cuando se les pedía simplemente que crearan frases con esas mismas palabras. Además, los estudios también sugieren que el córtex prefrontal es más activo cuando se pide a las personas que imaginen posibles acontecimientos futuros que cuando recuerdan episodios pasados de sus vidas.[31]

Aunque el córtex prefrontal es importante para el viaje mental en el tiempo, sería ingenuo decir que es ahí donde se produce. Atribuir una tarea concreta a un área específica del cerebro es un poco como ver un partido de fútbol y preguntarse de quién es la tarea de marcar goles: los jugadores de la defensa o del ataque tienen, sin duda, papeles diferentes, pero marcar es un trabajo de equipo y, al final, cualquiera puede meter un gol. El viaje mental en el tiempo orientado al futuro es una tarea complicada que requiere la orquestación de una serie de funciones cognitivas diferentes, como el acceso a recuerdos episódicos y semánticos del pasado, el uso de estos recuerdos para evocar escenarios futuros, la comprensión de la diferencia entre el pasado y el futuro y la capacidad de juzgar si el resultado simulado es deseable o no. Además, no basta con imaginar escenarios futuros: debemos recordar lo que imaginamos, es decir, debemos aprender de nuestras simulaciones mentales. Por ejemplo, cuando uno planea una acampada, quiere recurrir a sus recuerdos de viajes anteriores para decidir qué equipo debe llevar. También querrá extrapolar esos recuerdos para simular los peores escenarios posibles: «¿qué pasaría si me hiciera un esguince de tobillo o me mordiera una serpiente?». Una vez que haya simulado estos escenarios —y suponiendo que siga yendo de acampada—, es importante aprender de ellos y hacer los preparativos adecuados en caso de que se produzca alguno de estos escenarios.

Dada la complejidad cognitiva del viaje mental en el tiempo, es de esperar que dependa de un conjunto de diferentes áreas cerebrales que trabajan de forma concertada. De hecho, los estudios sobre lesiones e imágenes implican varias áreas diferentes en el viaje mental en el tiempo. Como ya se ha mencionado, el paciente amnésico K. C. no solo se esforzaba por recordar episodios pasados de su vida, sino también por pensar en lo que podría hacer en el futuro. La principal lesión cerebral de K. C. se produjo en los lóbulos temporales, la estructura que contiene el hipocampo (recordemos que *temporal* en *lóbulo temporal* no se refiere al tiempo, sino a las sienes o al hueso temporal del cráneo, que está junto a las orejas). En un estudio se pidió a personas con lesiones en el lóbulo temporal medial que imaginaran, y luego describieran, diferentes escenarios futuros potenciales, como, por ejemplo, cómo sería ganar la lotería. En comparación con los controles sanos, los amnésicos con lesiones del lóbulo temporal proporcionaron descripciones empobrecidas y relativamente pocos detalles sobre cómo sería la experiencia.[32]

Como suele ocurrir, las tareas cognitivas complejas, como el viaje mental en el tiempo, no dependen de una única área cerebral, sino de una red de apoyo formada por muchas áreas diferentes, cada una de las cuales contribuye a su manera. En el caso del viaje mental en el tiempo, los lóbulos temporales medios pueden proporcionar acceso a una base de experiencias pasadas, mientras que el córtex prefrontal podría manipular con flexibilidad estos recuerdos para soñar y evaluar escenarios novedosos. Curiosamente, algo que el viaje mental en el tiempo puede no requerir explícitamente es la capacidad de decir la hora. Del mismo modo que un calendario representa el tiempo pero no lo cuenta (no es un reloj), los circuitos neuronales responsables del tiempo mental deben representar el pasado, el presente y el futuro, pero no tienen por qué ser capaces de medir activamente el paso del tiempo.

* * *

La capacidad de los animales para predecir los ciclos de la naturaleza y anticipar el comportamiento de depredadores, presas y parejas por igual fue una poderosa adaptación evolutiva. El viaje mental en el tiempo fue el siguiente paso: convirtió la mera anticipación de los acontecimientos del mundo exterior en una tecnología anticuada. El viaje mental en el tiempo permitió a los humanos pasar de predecir pasivamente el futuro a crearlo activamente. ¿No hay suficiente comida? Crea un futuro en el que haya abundancia de alimentos gracias a la agricultura. ¿No hay suficiente agua para la agricultura? Crea presas, canales y sistemas de riego.

¿Cómo adquirieron nuestros antepasados la capacidad de proyectarse mentalmente en el pasado y el futuro? ¿Comprendemos el concepto de tiempo porque somos capaces de viajar mentalmente en el tiempo, o realizamos viajes mentales en el tiempo porque comprendemos los conceptos de pasado, presente y futuro? Las respuestas a estas preguntas no surgirán de los estudios con animales. Tanto si lo llamamos viaje mental en el tiempo como si no, los arrendajos y los grandes simios tienen la capacidad de guiar sus acciones presentes hacia resultados futuros deseables, pero, en comparación con los humanos, existe claramente un gran abismo en su capacidad de pensamiento orientado hacia el futuro. Aunque solo sea por eso, es difícil planificar los días, meses y años venideros sin una comprensión semántica de los días, meses y años, o la capacidad de captar el concepto de tiempo. El viaje mental en el tiempo es un rasgo cognitivo multidimensional. Es probable que sea producto de numerosos pasos evolutivos convergentes, como la memoria semántica y episódica, el lenguaje, el sentido numérico y la espacialización del tiempo en una línea temporal mental.

Como ya hemos dicho, el viaje mental en el tiempo es a la vez un don y una maldición. Nuestros viajes al futuro suelen llevarnos a lugares que consideramos superiores a nuestras circunstancias actuales y a menudo sirven para escapar del presente. Pero, como se subraya en las filosofías orientales, viajar al pasado o al futuro puede impedirnos abrazar el aquí y el ahora como fuente primaria de felicidad y alegría.[33] Daniel Everett alude a ello: «Los pirahã simplemente hacen de lo inmediato su foco de concentración, y así, de un plumazo, eliminan enormes fuentes de preocupación, miedo y desesperación que nos asolan a tantos en las sociedades occidentales». Pero, si vivir en el presente proporciona una vida más despreocupada, también otorga una vida más corta (la esperanza media de vida de los pirahã es de unos cuarenta y cinco años, sin tener en cuenta la mortalidad infantil).[34] Garantizar un suministro continuo de alimentos, proporcionar un refugio permanente, dedicarse a tareas científicas y artísticas, y prevenir y curar enfermedades son actos que requieren grandes dosis de previsión y planificación. Y ahí reside la paradoja del viaje mental en el tiempo: parece ser la solución y a la vez la causa de todos nuestros problemas.

12:00

LA CONCIENCIA: UNIR EL PASADO Y EL FUTURO

Hay una teoría que afirma que, si alguna vez alguien descubre para qué sirve exactamente el universo y por qué está aquí, desaparecerá instantáneamente y será sustituido por algo aún más extraño e inexplicable. Hay otra que afirma que esto ya ha sucedido.

DOUGLAS ADAMS

Cuando un bebé abre los ojos por primera vez, ¿qué percibe? Seguramente verá un revoltijo de patrones, líneas y halos desenfocados, carentes de significado e imposibles de interpretar. En cambio, cuando tú y yo observamos el entorno, vemos una reconstrucción coherente e impresionante del mundo que nos rodea: olas rompiendo en una playa de arena, martines pescadores zambulléndose en el agua e incluso nuestro propio reflejo en la superficie del agua. Por lo general, tomamos erróneamente esta reconstrucción por real. Pero, en el mejor de los casos, lo que experimentamos está relacionado con el mundo físico exterior. Los colores que vemos, por ejemplo, no son más que una interpretación de la longitud de onda de la radiación electromagnética, tan arbitraria como el vínculo entre las letras del alfabeto y los sonidos que les hemos asignado. En el peor de los casos, vemos una ficción impuesta a la mente desde dentro: desde las visiones de alguien que sufre esquizofrenia, pasando por las alucinaciones inducidas por las drogas, hasta los sueños que experimentamos cada noche. Y hay tantas cosas que no vemos: las bacterias que viven en nuestra piel, las galaxias invisibles en el cielo, las partículas de muones que se crean en la atmósfera y las firmas de calor infrarrojo de quienes nos rodean.

La sensación del paso del tiempo —nuestra percepción del cambio— también es una construcción mental. Para los neurocientíficos, esta construcción está correlacionada con la realidad: percibimos las olas que rompen y los pájaros que se zambullen en el agua porque el *tiempo fluye realmente;* estos acontecimientos se desarrollan en un universo en el que solo el presente es real. Para muchos físicos y filósofos, el paso del tiempo también es una construcción mental, pero de algo que no tiene equivalente en el mundo físico. Dentro del universo bloque del eternalismo, nuestra sensación del paso del tiempo es más parecida a las visiones de una persona con esquizofrenia, algo que solo existe en nuestro interior.

Estas dos visiones ofrecen nociones incompatibles de la naturaleza del tiempo, pero ambas consideran que nuestra sensación del paso del tiempo representa un problema fundamental. Resolver este problema, sin embargo, resultará una tarea formidable, ya que nuestra sensación subjetiva del tiempo se sitúa en el centro de una tormenta perfecta de misterios científicos sin resolver: la conciencia, el libre albedrío, la relatividad, la mecánica cuántica y la naturaleza del propio tiempo.

Fragmentos de tiempo

Supongamos por un momento que vivimos en un universo presentista en el que solo el ahora es real. Nuestra percepción consciente del tiempo concuerda con el presentismo, ya que la conciencia parece proporcionarnos un informe continuo de los acontecimientos que se desarrollan a nuestro alrededor. Pero esto también es una ilusión en el sentido de que, mientras el cerebro inconsciente muestrea y procesa continuamente información sobre los acontecimientos que se desarrollan en el tiempo, la propia conciencia se genera de forma muy discontinua. El cerebro inconsciente transmite historias a la mente consciente a trompicones.

Cuando escuchas a una actriz en una obra de teatro pronunciar su soliloquio, no percibes conscientemente el flujo continuo de cada sílaba de su discurso. Más bien, el significado de las palabras y las frases se materializa completamente formado en tu mente. Puedes identificar fácilmente la sílaba *mi* cuando la oyes de manera aislada, pero no eres consciente de esa sílaba cuando escuchas la palabra *camino*, ni adviertes conscientemente que el nombre *Mónica* es un anagrama de la palabra *camino*. Está claro que nuestros cerebros no proporcionan un relato lineal de los acontecimientos sensoriales que se desarrollan en el mundo exterior.

La estructura temporal de la conciencia es en realidad una versión muy editada de la realidad. Si miras fijamente a los ojos de una amiga mientras le pides que los mueva hacia arriba y hacia abajo, podrás ver fácilmente cómo se producen estos movimientos a lo largo del tiempo. Ahora bien, si te miras profundamente a los ojos utilizando un espejo, y los mueves hacia arriba y hacia abajo, te darás cuenta de que eres incapaz de ver cómo se mueven tus propios ojos. Estos rápidos movimientos voluntarios de los ojos se denominan sacadas, y experimentos más rigurosos que intentar mirarse a los ojos en el espejo demuestran que la visión se suprime parcialmente durante las sacadas.[1] Por ejemplo, si se proyecta una imagen en una pantalla mientras se desplazan los ojos a una nueva posición, y se retira antes de que el movimiento ocular haya terminado, es probable que no se perciba conscientemente la imagen proyectada. En lo que respecta a la conciencia, el cerebro suele borrar los fotogramas que se producen durante los movimientos oculares. Del mismo modo, cada parpadeo que hacemos deja en blanco la entrada bruta al sistema visual; estos espacios en blanco no se perciben conscientemente porque el cerebro rellena los huecos empalmando los fotogramas anteriores y posteriores al parpadeo. Según una estimación, entre sacadas y parpadeos se pierde una hora entera de información visual a lo largo de un día, sin que se perciban espacios en blanco en nuestra corriente visual de conciencia.[2]

Tiempo de recalibrado

El trueno y el relámpago son causados por el mismo acontecimiento, pero, con un poco de suerte, los percibimos por separado porque la velocidad de la luz es cerca de un millón de veces superior a la del sonido. El sonido del trueno llega a nuestros oídos bastante después de que los fotones generados por el rayo alcancen nuestros ojos. En otros casos, sin embargo, el cerebro no solo debe procesar los flujos de entrada de los ojos y los oídos en paralelo, sino que también debe intentar alinear y sincronizar las entradas de ambas modalidades sensoriales. Como ya se ha dicho, cuando chocan los platillos de una orquesta, las ondas luminosas y sonoras llegan a los ojos y los oídos en momentos diferentes, pero no se perciben como sucesos distintos. Más bien, la visión y el sonido de los platillos chocando se integran en una experiencia multimedia unificada antes de ser «entregados» a la conciencia. Lo mismo ocurre con el habla. Cuando alguien pronuncia la palabra *bebé*, vemos cómo sus labios se juntan y luego se abren para soltar las sílabas *be* y luego *bé*. De nuevo, la visión de los labios abriéndose llegará a los ojos un poco antes de que el sonido llegue a los oídos. El retraso puede ser importante: en una clase grande, la voz del profesor puede tardar 50 ms en llegar al fondo de la sala. Del mismo modo, el sonido de un bate golpeando una pelota de béisbol tardará algo más de 100 ms en llegar al campo corto. Sin embargo, solemos percibir los movimientos de los labios y el habla de un orador (o la visión y el sonido de un bate golpeando la pelota) como acontecimientos unificados. Se podría sospechar que, en general, no registramos el retraso entre las señales visuales y auditivas porque el cerebro no tiene la resolución temporal necesaria para detectar diferencias de 50 o 100 ms. Pero no es así. Con la práctica, las personas pueden detectar retrasos de unos 20 ms entre la aparición de dos tonos de frecuencias diferentes.[3] La razón por la que no registramos conscientemente el retraso entre señales visuales y auditivas es que el cerebro inconsciente hace todo lo posible por ofrecer una interpretación integrada de los acontecimientos. El lapso de tiempo durante el cual el cerebro integra la información visual y auditiva en una sola percepción unificada se denomina, con bastante propiedad, *ventana temporal de integración*. Dentro de esta ventana, subjetivamente hablando, el cerebro considera que los acontecimientos auditivos y visuales son simultáneos. La ventana puede ser de más de 100 ms en el caso del habla; por ejemplo, si hay un desajuste de menos de 100 ms entre las pistas auditiva y visual de una película, rara vez nos llama la atención. Pero esta ventana es asimétrica, es decir, si la señal auditiva precede a la visual en 50 ms, los sujetos pueden notar que algo va mal, pero no si la auditiva sigue a la visual en 50 ms.[4] Otro indicio de que el cerebro intenta activamente alinear las señales de las modalidades auditiva y visual es que la ventana temporal de integración no está grabada en piedra: no es consecuencia de un retraso fijo en el sistema visual (aunque la información visual tarda más en llegar al córtex porque el ojo es más lento que el oído[5]), sino que es adaptativa. Los estudios demuestran que después de ver varios cientos de destellos luminosos, seguidos cada uno de ellos 200 ms más tarde por un tono auditivo, las personas pueden juzgar que un destello y un tono posteriores, separados por 20 ms, se han producido simultáneamente. Sin embargo, podrían juzgar que este mismo par de destello-tono no se ha producido simultáneamente si acabaran de escuchar cientos de destellos precedidos de tonos. En otras palabras, al exponer sistemáticamente a las personas a retardos visuales-auditivos artificialmente prolongados, es posible desplazar o ampliar la ventana temporal de integración de las personas, por lo que la simultaneidad subjetiva es relativa. Basándose en experiencias pasadas, el cerebro crea de forma complaciente una narrativa en la que esas señales visuales y auditivas se integran ahora en un único acontecimiento.[6]

Tal vez el ejemplo más convincente de cómo la conciencia refleja un relato de la realidad editado temporalmente sea que acontecimientos sensoriales posteriores pueden alterar nuestra percepción consciente de acontecimientos anteriores. Un buen ejemplo es el habla. Si escuchamos las frases «el ratón se rompió» y «el ratón murió», el significado de la palabra *ratón* solo puede establecerse al final de cada frase. Sin embargo, no suele ocurrir que uno sea consciente de la presencia de un ratón de ordenador o de un roedor y espere a la última palabra para interpretar la frase. El ejemplo estándar de esta *edición hacia atrás en el tiempo* procede de la llamada *ilusión cutánea del conejo saltando*. Imagina que alguien te da dos golpecitos en el antebrazo, cerca de la muñeca, y luego, en rápida sucesión, te vuelve a dar dos golpecitos cerca del codo. Lo que la gente suele decir que ha ocurrido no es lo que realmente ha sucedido. La percepción no es la de dos golpecitos cerca de la muñeca y luego otros dos cerca del codo, sino la de cuatro golpecitos saltando a lo largo del brazo: empezando por la muñeca hasta el codo con dos puntos intermedios.[7] Si alguien te diera dos golpecitos en la muñeca y nada más, dirías correctamente que has sentido dos golpecitos en la muñeca. Pero, en la ilusión del conejo saltando, el tercer y el cuarto golpecito alteran la localización percibida del segundo golpecito. El mensaje es que la localización de estímulos posteriores altera la percepción consciente de la localización de los anteriores, por lo que la conciencia no puede ser un relato uniforme y continuo del flujo del tiempo. Más bien parece que el cerebro inconsciente está procesando continuamente el flujo de entrada, pero espera a que se produzcan coyunturas críticas antes de enviar una narración pulida a la conciencia.[8]

Correlatos de la conciencia

No sabemos cómo realiza el cerebro estas proezas temporales, y mucho menos cómo genera la conciencia. Pero se ha avanzado en el intento de identificar algunos de los *correlatos neuronales de la conciencia*: los patrones de actividad neuronal que pueden subyacer a la percepción consciente.[9] Un experimento típico utiliza grabaciones de EEG en las que los electrodos del cuero cabelludo recogen pequeñas señales eléctricas del córtex. Una estrategia empleada para buscar los correlatos neuronales de la conciencia consiste en comparar la actividad eléctrica generada por un estímulo que se percibe conscientemente con las señales generadas cuando el mismo estímulo solo se registra subliminalmente, es decir, cuando el cerebro detecta el estímulo, pero este no burbujea en la conciencia.

En el laboratorio, los investigadores pueden traspasar el umbral de la percepción consciente haciendo parpadear un estímulo, como una línea inclinada, durante menos de 100 ms en un cuadrante de la pantalla de un ordenador. En un estudio, se pidió a los sujetos que indicaran rápidamente en qué cuadrante creían que se presentaba el estímulo (adivinando si era necesario) y si realmente veían la línea, es decir, si la percibían conscientemente o si la adivinaban. En los ensayos en los que los sujetos informaron de que estaban adivinando, debían acertar aproximadamente el 25 % de las veces. Sin embargo, lo interesante es que los participantes acertaron mucho más a menudo, lo que indica que los sujetos detectaban el estímulo de forma subliminal; en otras palabras, el cerebro inconsciente sabía dónde estaba el estímulo, pero no se molestaba en transmitir esta información a la mente consciente. Ahora la pregunta es ¿cuál es la diferencia entre lo que ocurre en el cerebro entre los ensayos correctos en los que los sujetos informaron haber visto el estímulo (correcto/consciente) y los ensayos correctos en los que los sujetos estaban «adivinando» (correcto/inconsciente)? La actividad eléctrica en los ensayos correctos/conscientes y correctos/inconscientes fue básicamente idéntica durante los primeros 250 ms tras el estímulo, de modo que, tanto si los sujetos eran conscientes del estímulo como si no, no había diferencias detectables en la actividad cerebral. Sin embargo, en torno a los 300 ms, se observó un claro aumento de la actividad cortical en todo el cerebro en los ensayos conscientes.[10] Estos y otros muchos estudios sugieren que los mecanismos neuronales que subyacen a la percepción consciente de un estímulo solo emergen de forma significativa después de que el estímulo haya sido detectado por el cerebro. Como explica el neurocientífico francés Stanislas Dehaene: «No solo percibimos conscientemente una proporción muy pequeña de las señales sensoriales que nos bombardean, sino que, cuando lo hacemos, es con un desfase de al menos un tercio de segundo. La información que atribuimos al *presente* consciente está desfasada al menos un tercio de segundo. La duración de este periodo ciego puede incluso superar el medio segundo cuando la entrada es tan débil que exige una lenta acumulación de pruebas antes de cruzar el umbral de la percepción consciente».[11] Así que la lección no es simplemente que la conciencia proporciona una narración retrasada de los acontecimientos que tienen lugar en el mundo extracraneal, sino que el retraso es variable. Si alguien grita la palabra *fuego*, probablemente tarde relativamente poco en llegar a la conciencia porque el cerebro inconsciente puede encontrar rápidamente una información relevante que enviar a la conciencia. Pero, cuando se escucha «la peonza dejó de girar», el cerebro inconsciente presumiblemente espera una interpretación inequívoca de la palabra *peonza* antes de elaborar una percepción consciente.

El cerebro corta, pausa y pega el carrete de la realidad antes de alimentar la mente con una narración conveniente de los acontecimientos que se desarrollan en el mundo que nos rodea. Sin embargo, a menos que nos paremos a pensarlo, tenemos la impresión de que nuestras experiencias conscientes reflejan un relato instantáneo de la realidad.

Tiempo y libre albedrío

Al igual que la palabra *tiempo*, el *libre albedrío* es uno de esos conceptos que, citando de nuevo a san Agustín: «Sé lo que es, pero, si quiero explicárselo a quien me lo pregunta, ya no lo sé».

Si un árbol cae en un bosque y no hay nadie cerca para oírlo, ¿hace ruido? El enigma reside en la ambigüedad de la palabra *so-*

nido: si se define correctamente el sonido como la vibración de las moléculas de aire, entonces el árbol caído produce un sonido, pero, si se define el sonido como la percepción consciente de esas moléculas vibrantes por un ser humano, la respuesta es *no*.

El enigma de si existe el libre albedrío también gira en torno a la ambigüedad en la definición de *libre albedrío*.[12] Una de las definiciones de *libre albedrío* en el *Oxford English Dictionary* es: «El poder de un individuo para tomar decisiones libres, no determinadas por la predestinación divina, las leyes de la causalidad física, el destino, etc.».[13] Esto es quizá lo que la mayoría de la gente entiende por libre albedrío, pero, científicamente hablando, es una definición desafortunada, porque si, por «causalidad física», uno entiende las leyes de la física, entonces solo nos queda la posibilidad de que el libre albedrío sea el producto de alguna sustancia o entidad inefable parecida al alma. De hecho, como ha dicho el neurocientífico Read Montague, «el libre albedrío es el primo cercano de la idea del alma: el concepto de que tú, tus pensamientos y sentimientos, derivan de una entidad que está separada y es distinta de los mecanismos físicos que conforman tu cuerpo».[14] Por otro lado, la adhesión a esta definición nos permitiría responder realmente al enigma: el libre albedrío no existe, ya que el concepto de alma es una creación de la mente humana, no la fuente de la mente humana.

Las definiciones menos restrictivas del libre albedrío son las siguientes: «la capacidad de elegir entre distintos cursos de acción posibles o la capacidad de actuar sin sugestión ni coacción». Pero estas definiciones son irremediablemente vagas: no determinan si las elecciones deben ser conscientes o no, y parecen permitir la posibilidad de que un programa de ajedrez ejerza su libre albedrío cada vez que me hace jaque mate. Más útiles son las definiciones que equiparan el libre albedrío con la imprevisibilidad. Por ejemplo, Stephen Hawking afirma: «La razón por la que decimos que los seres humanos tienen libre albedrío es porque no podemos predecir lo que harán».[15] Del mismo modo, para Roger Penrose: «La cuestión del libre albedrío se discute en relación con el determinismo».[16] En otras palabras, si las leyes de la física establecen que es posible predecir el estado de cualquier sistema en un momento *t*, incluido el cerebro humano, a partir de momentos anteriores en el tiempo, entonces el libre albedrío no existe. Como explica el filósofo Michael Lockwood: «El determinismo universal es ampliamente considerado como incompatible con la existencia del libre albedrío. Pues el determinismo universal es la tesis de que el universo está sujeto a un conjunto de leyes rígidas que, en conjunción con el estado del universo en un momento dado, prescriben con precisión en qué estado se encontrará el universo en cualquier momento posterior. Si el universo es realmente determinista en este sentido, se deduce que todos los resultados futuros —incluidas, por tanto, todas nuestras propias elecciones y acciones futuras— ya están fijados».[17]

En este contexto, la mecánica cuántica es una teoría espinosa porque, a diferencia del resto de la física, se basa en probabilidades. Sabemos que, a cierto nivel, los sucesos cuánticos deben afectar al estado del cerebro; al fin y al cabo, cada fotón detectado (o no) por la retina se rige por las reglas probabilísticas de la mecánica cuántica. Así que, incluso en teoría, probablemente sea imposible predecir el comportamiento humano con un 100 % de exactitud. No obstante, la mecánica cuántica proporciona una forma de determinismo probabilístico: establece un dominio de opciones y sus respectivas probabilidades, lo que, a ojos de muchos filósofos, deja poco margen al libre albedrío.

Pero, para quienes creen que vivimos en un universo de bloques 4D, la cuestión de si las leyes de la física son deterministas o no es más bien secundaria, ya que el propio universo bloque no deja lugar al libre albedrío. Si el pasado, el presente y el futuro coexisten dentro del universo bloque, todas las decisiones que hay que tomar «ya» se han tomado.

Todas las definiciones anteriores dejan sin abordar un aspecto fundamental del libre albedrío: la irreprimible sensación de que controlamos nuestras propias decisiones. Podemos debatir si somos o no realmente «libres de elegir», pero podemos estar de acuerdo en que ciertamente nos sentimos como si lo fuéramos.[18] Así que quizás deberíamos definir el libre albedrío exactamente como eso: un sentimiento. Tal y como lo definió el psicólogo Daniel Wegner a principios de la década de los ochenta, el libre albedrío «no es más que un sentimiento que le ocurre a una persona. Es a la acción lo que la experiencia del dolor es a los cambios corporales que resultan de la estimulación dolorosa».[19] Definir el libre albedrío como el sabor de la conciencia asociado a los procesos neuronales responsables de la toma de decisiones no es una idea nueva. Hace casi trescientos años, el filósofo David Hume afirmaba que «por voluntad no entiendo otra cosa que la impresión interna que sentimos y de la que somos conscientes cuando, a sabiendas, damos lugar a un nuevo movimiento de nuestro cuerpo o a una nueva percepción de nuestra mente».[20] Thomas Huxley también sostenía que «el sentimiento que llamamos volición no es la causa de un acto voluntario, sino el símbolo de ese estado del cerebro que es la causa inmediata de ese acto. Somos autómatas conscientes, dotados de libre albedrío en el único sentido inteligible de ese término tan abusado».[21]

¿Son predecibles los humanos?

Si optamos por definir el libre albedrío como la sensación que se produce después de que el cerebro tome una decisión —es decir, después de que los procesos neuronales inconscientes dentro del cerebro tomen una decisión—, debería ser posible detectar firmas neuronales de esas decisiones antes de que las personas sean conscientes de ellas. Hay numerosos estudios que sugieren que esto es posible. Este tipo de experimentos solo son posibles gracias a uno de los tratamientos habituales de la epilepsia grave. Los pacientes que sufren epilepsia intratable se someten a veces a una intervención quirúrgica destinada a extirpar la parte del cerebro responsable de desencadenar los ataques. Para localizar con precisión el foco epiléptico, los neurocirujanos implantan electrodos en el cerebro y esperan a que el paciente tenga un ataque. Al registrar la actividad neuronal durante un ataque, pueden localizar con precisión la zona patológica para extirparla quirúrgicamente. En nombre de la ciencia, los pacientes suelen aceptar participar en experimentos mientras los electrodos están implantados y los médicos esperan a que se produzca el ataque. En un estudio dirigido por el neurocirujano de la UCLA Itzhak Fried, se implantaron electrodos en una zona del lóbulo frontal denominada *área motora suplementaria*. Se pidió a los pacientes que realizaran una tarea muy sencilla: ejercer su «libre albedrío» pulsando una tecla del ordenador cuando quisieran. Muchas neuronas cambiaron su nivel de actividad mucho antes de pulsar el botón. De hecho, basándose en la actividad de una población de neuronas, fue posible predecir que un paciente estaba a punto de mover un dedo, con una precisión superior al 80 %, 900 ms antes de que se pulsara la tecla (y 700 ms antes de que los pacientes declararan ser conscientes de haber decidido moverse).[22] Ten en cuenta que 900 ms es tiempo más que suficiente para que el cerebro ejecute el movimiento de un dedo, por ejemplo, si te pidieran que pulsaras una tecla del ordenador en cuanto vieras un destello de luz, el retardo entre el destello y la pulsación de la tecla sería de unos 300 ms. Sorprendentemente, estos estudios sugieren que era posible que los experimentadores supieran que la persona estaba a punto de pulsar la tecla antes de que el voluntario fuera consciente de que iba a hacerlo.

Una serie de estudios relacionados ha confirmado que, al menos en algunas circunstancias, es posible determinar qué acciones realizarán los seres humanos y los animales cientos de milisegundos, o incluso segundos completos, antes de que se lleve a cabo la acción.[23] Pero estos resultados no significan necesariamente que sea posible predecir con exactitud el comportamiento humano a partir de patrones de actividad neuronal, o que la conciencia no contribuya a nuestras decisiones. Las decisiones que se toman en estos estudios son muy simplistas. Decidir cuándo mover el dedo no es comparable a decidir si se acepta o no una oferta de trabajo. Así que, aunque puede darse el caso de que elegir cuándo flexionar el dedo esté determinado por procesos inconscientes que desencadenan el sentimiento consciente de libre albedrío, la decisión de un sujeto de participar en el experimento en primer lugar probablemente dependa de una mezcla de procesos neuronales inconscientes y conscientes. ¿Cómo se llega a pulsar la tecla del ordenador? Pulsar voluntariamente una tecla requiere la contracción de los músculos del dedo, lo que a su vez requiere un aluvión de potenciales de acción que viajan por el nervio mediano, lo que a su vez requiere la activación de las motoneuronas a nivel cervical de la médula espinal, lo que se desencadena por la actividad en la zona de la corteza motora que mapea la mano. Pero ¿qué hace que se activen esas neuronas de la corteza motora? Bueno, ahora las cosas empiezan a complicarse, pero lo esencial es que para desencadenar la actividad de cualquier neurona suele ser necesario un aumento de la actividad en las neuronas que sinapsan con esa neurona (sus socios presinápticos). En términos generales, esta oleada puede consistir en que muchas neuronas presinápticas se activen en un breve espacio de tiempo de unos pocos milisegundos (lo que se denomina *suma espacial*, que es algo así como llenar rápidamente una bañera vertiendo simultáneamente muchos cubos de agua en ella), o en que unas pocas neuronas presinápticas se activen continuamente durante un espacio de tiempo de decenas de milisegundos o más (lo que se denomina *suma temporal*, como utilizar un único grifo para llenar la bañera). En cualquier caso, podemos pensar que se trata de una *acumulación progresiva de impulsos o pruebas* hacia una decisión determinada: puede que decidas ver una película porque en una ocasión muchos amigos te dijeron que fueras a verla (suma espacial) o porque un amigo muy insistente te dijo que la vieras en muchas ocasiones diferentes (suma temporal). Otro dato relevante para este debate es que las neuronas son «ruidosas»: su actividad fluctúa espontáneamente, subiendo y bajando sin motivo aparente (por supuesto, existen causas para estas fluctuaciones, pero las atribuiremos simplemente a ruido de fondo aleatorio). Podemos imaginarnos una simple decisión de pulsar o no un botón como una «carrera» entre dos grupos de neuronas: por ejemplo, las neuronas motoras corticales responsables de bajar el dedo sobre la tecla del ordenador frente a las responsables de levantarlo. Un grupo de neuronas puede tener ventaja debido a fluctuaciones aleatorias, y en un ensayo dado, la decisión «voluntaria» de pulsar o no la tecla podría ser desencadenada por fluctuaciones inconscientes y aleatorias dentro de circuitos específicos del cerebro: una vez que un grupo de neuronas gana la carrera, se genera un movimiento motor y la sensación consciente de libre albedrío. Una explicación de por qué los neurocientíficos pueden predecir el movimiento del dedo de un paciente con cientos de milisegundos de antelación es porque captan qué grupo de neuronas parte con ventaja.

Es demasiado pronto para extraer conclusiones definitivas de los estudios neurofisiológicos sobre el libre albedrío, pero, en un campo famoso por la falta de datos experimentales, estos experimentos sirven de ancla para todos los debates sobre el libre albedrío. Y como resume el neurocientífico Patrick Haggard, cada vez se acepta más que «aunque podamos experimentar que nuestras decisiones y pensamientos conscientes causan nuestras acciones, estas experiencias se basan de hecho en lecturas de la actividad cerebral en una red de áreas cerebrales que controlan la acción voluntaria».[24] Lo que percibimos conscientemente como libre albedrío viene precedido presumiblemente por cálculos neuronales inconscientes responsables de la toma de decisiones. De hecho, es difícil ver cómo podría ser de otro modo. Todo lo que sabemos sobre el cerebro es coherente con el hecho de que todos los estados mentales son producidos por un patrón de actividad neuronal dentro del cerebro, y cualquier patrón neuronal dado es producido por la interacción del estado neuronal previo (tanto los estados activos como los ocultos que se tratan en el capítulo 6), la entrada externa actual y las fluctuaciones estocásticas que se producen a nivel termodinámico y cuántico.

La idea de que el libre albedrío no es más que una sensación que se produce después de que los circuitos conscientemente inaccesibles tomen una decisión puede resultar inquietante. De hecho, se ha argumentado que, si este fuera el caso, entonces la conciencia sería inútil, «el proverbial conductor del asiento trasero, un observador inútil de acciones que siempre están fuera de su control».[25] Pero incluso si la conciencia, junto con el sentimiento de libre albedrío, es una creación mental *a posteriori*, ¡no quiere decir que la conciencia no desempeñe un papel en la toma de decisiones! Si acudes a una cita a ciegas y, durante la cena, tu acompañante coge de repente un tenedor y te lo clava en la mano, la retirada prácticamente instantánea de tu mano es probablemente demasiado rápida para atribuirla a la conciencia, por lo que tu acción fue probablemente independiente de tu percepción consciente del dolor. Pero es probable que la percepción consciente del dolor influya en decisiones posteriores, como la de acudir o no a esa segunda cita. Evolutivamente hablando, las experiencias subjetivas y el libre albedrío pueden ser fenómenos orientados principalmente hacia el futuro. Por ejemplo, quizá sea el sentimiento de libre albedrío lo que nos proporciona la convicción de que controlamos nuestro destino y, por tanto, el impulso para tomar las riendas y realizar las acciones a largo plazo, orientadas al futuro, necesarias para la supervivencia.

Crimen y castigo

El debate sobre si existe o no el libre albedrío es fundamental en cuestiones relacionadas con la responsabilidad moral y el sistema judicial.[26] Algunos sostienen que si nuestras decisiones proceden de procesos deterministas e inconscientes dentro de nuestros circuitos neuronales, no seríamos responsables de nuestras propias acciones; en otras palabras, que el determinismo es incompatible con la responsabilidad moral. Por ejemplo, el físico George Ellis, partidario del universo de bloques en evolución (en el que el pasado es un bloque de espacio-tiempo 4D congelado, pero el futuro aún no existe), cree que el eternalismo impide la expresión de la responsabilidad moral: «Si no somos más que máquinas que viven un futuro que ya ha sido fijado, entonces Adolf Hitler no tuvo más remedio que hacer lo que hizo. Para mí, es una visión insostenible que conducirá a grandes males, porque la gente se quedará de brazos cruzados mientras el mal tiene lugar».[27] De acuerdo con las preocupaciones de Ellis, las encuestas sugieren que, cuando se le dice a la gente que todas nuestras decisiones son consecuencia de acontecimientos deterministas e inconscientes, es menos probable que responsabilicen a los demás de sus actos.[28]

Consideremos tres casos en los que un peatón resulta herido por un motorista: (1) el conductor del coche había ideado cuidadosamente un plan para atropellar al peatón; (2) el conductor perdió el control del coche mientras consultaba sus mensajes de texto, y (3) el conductor perdió el control de su coche mientras sufría su primer ataque epiléptico.[29] Dado que las tres situaciones pueden atribuirse en última instancia al turbio funcionamiento interno del cerebro del conductor, a algunos podría preocuparles que, en ausencia de lo que la mayoría de la gente considera libre albedrío, en las tres situaciones el conductor «no tuviera otra opción que hacer lo que hizo». Esta preocupación, sin embargo, es en parte un atavismo de la creencia en un alma, una forma de *criptodualismo* en el que suponemos implícitamente que la mente es independiente del cerebro. Si tomo la decisión de consultar mis mensajes de texto mientras conduzco, ¿importa si los eventos neuronales clave que desencadenaron esa decisión fueron inconscientes o conscientes, predecibles o impredecibles, o predeterminados o no? La decisión la tomó mi cerebro, es decir, yo: ¡no hay distinción entre mi cerebro y yo! Esto no quiere decir que los tres supuestos anteriores sean en modo alguno equivalentes, ni que el estado mental del conductor no sea relevante a la hora de imponer castigos. Pero no debemos confundir la cuestión del castigo con la de la responsabilidad. En todos los casos anteriores, el conductor es responsable, con independencia de que las decisiones se tomen consciente o inconscientemente. De hecho, esto se refleja actualmente en el sistema judicial: el automovilista será considerado responsable en los tres casos (por ejemplo, responderá de las facturas médicas del peatón). Sin embargo, las penas en cada uno de los casos mencionados diferirán con razón, ya que deben tener en cuenta un complejo conjunto de factores, entre ellos si el delito fue premeditado (lo que establece la intención de hacer daño, independientemente de que la intención surja de un proceso inconsciente o consciente), y la probabilidad de cometer delitos en el futuro y de rehabilitarse.

Neurocientíficos, físicos, filósofos y juristas seguirán debatiendo cuestiones relativas a la responsabilidad moral, el determinismo y el papel de los procesos conscientes e inconscientes en la toma de decisiones. Pero quizá haya llegado el momento de utilizar nuestro «libre albedrío» para abrazar la noción de que el libre albedrío es el sentimiento consciente asociado a los procesos neuronales que subyacen a nuestras decisiones, decisiones de las que somos plenamente responsables porque todos y cada uno de nosotros somos la suma de nuestro yo inconsciente y consciente.

* * *

Hay pocas experiencias más persuasivas que la sensación de que cada fugaz *ahora* se desvanece en el pasado al tiempo que abre las puertas a un sinfín de futuros potenciales. Precisamente porque esta sensación es tan convincente, las ideas del eternalismo se presentan como un asalto a nuestra comprensión de la realidad. Sin embargo, por contraintuitiva que sea, la noción de que el pasado y el futuro son tan reales como el presente es la teoría favorita sobre la naturaleza del tiempo. Pero esta visión del universo bloque no está exenta de fallos. De hecho, no existe un consenso unificado sobre la naturaleza del tiempo, ya que se reconoce ampliamente que el tiempo desempeña distintas funciones dentro de las leyes de la física. La física, por ejemplo, se esfuerza por resolver lo que se conoce como el *problema del tiempo*: el conflicto entre el papel del tiempo en la relatividad general y en la mecánica cuántica. En la relatividad general, el tiempo (como constituyente del espacio-tiempo) puede considerarse parte del tejido del universo, mientras que, en la mecánica cuántica, el tiempo es un parámetro que rige la evolución de un sistema cuántico. Sin embargo, resulta desconcertante que algunos intentos matemáticos de fusionar la relatividad general y la mecánica cuántica acaben sin otorgar ningún papel al tiempo. El parámetro tiempo simplemente desaparece de las ecuaciones,[30] lo que favorece la impresión de que en realidad vivimos en un universo bloque compuesto solo de tres dimensiones espaciales.

Los desafíos al eternalismo y al universo bloque no solo proceden de la física, sino también de la neurociencia. En particular, el universo bloque no logra explicar el hecho de que percibamos que el tiempo fluye, lo que lleva a algunos a sugerir que la experiencia subjetiva del paso del tiempo es un artefacto mental. ¿Podría una de nuestras experiencias más destacadas y universales ser una ilusión en el sentido más profundo de la palabra *ilusión*? El genetista Theodosius Dobzhansky señaló célebremente que «nada en biología tiene sentido si no es a la luz de la evolución». Si hemos de tomarnos en serio esta afirmación, lo lógico es que aquello de lo que somos y no somos conscientes sea producto de presiones evolutivas.[31] Así pues, es de suponer que algunas funciones que realiza el cerebro generan experiencias subjetivas porque la conciencia proporciona una ventaja selectiva a estos procesos. Somos conscientes de los estímulos dolorosos porque la experiencia subjetiva del dolor debe ofrecer una ventaja selectiva que no ofrecen las reacciones de tipo zombi ante las lesiones (quizá la ventaja resida en la protección frente a futuras lesiones). Según este razonamiento, la sensación del paso del tiempo también debería proporcionar una ventaja selectiva. Pero ¿cuál podría ser esta ventaja si vivimos en el universo de bloques congelados del eternalismo?

Otro conflicto entre la física y la neurociencia es que, si el devenir del tiempo es una ilusión creada por la mente, entonces los momentos instantáneos del universo de bloques deben poder sostener el fenómeno de la conciencia. Sin embargo, no somos conscientes de momentos instantáneos, sino de fragmentos de tiempo que capturan acontecimientos significativos e interpretables: el «presente engañoso». Aún más desconcertante es la cuestión de si el propio fenómeno de la conciencia requiere cierta densidad temporal. Tal vez la conciencia sea más parecida a la evolución, un proceso intrínsecamente temporal del que no puede decirse que exista en un marco estático.

Mientras los físicos y filósofos siguen lidiando con los problemas del tiempo dentro de la física, la neurociencia de nuestra percepción del paso del tiempo debería formar parte del debate. Debemos determinar si nuestra sensación subjetiva del discurrir del tiempo refleja un fenómeno físico que debe ser explicado por la física o, más bien, una rara experiencia subjetiva que no se correlaciona en modo alguno con la realidad. A su vez, los neurocientíficos y los psicólogos deben reconocer que el cerebro es, en esencia, un órgano temporal. Si se intentara resumir la función del cerebro en tres palabras, estas podrían ser *anticipar el futuro*. El cerebro cuenta el tiempo, genera patrones temporales, recuerda el pasado y nos dota de la capacidad de proyectarnos mentalmente hacia delante en el tiempo, todo ello con el fin de predecir y prepararnos para el futuro.

Como el tiempo es tan importante para el funcionamiento del cerebro, está integrado en el sistema operativo neuronal en los niveles más profundos: sinapsis, neuronas y circuitos. No tiene sentido preguntarse qué parte del cerebro mide el tiempo, porque la mayoría de los circuitos cerebrales lo indican de una forma u otra. El principio de los relojes múltiples nos dice que, a diferencia de un reloj de pulsera que puede medir desde milisegundos hasta años, el cerebro dispone de una serie de mecanismos distintos para medir el tiempo a diferentes escalas, e incluso dentro de un mismo intervalo temporal, diferentes circuitos son responsables del cronometraje, dependiendo de la tarea que se esté realizando. ¿Por qué los relojes del cerebro humano son tan radicalmente distintos de los diseñados por el cerebro humano? La respuesta radica en parte en los componentes básicos de los relojes artificiales y neuronales. Los relojes artificiales se basan en el recuento de cada tic consecutivo de un oscilador: cuanto más rápido es el periodo del oscilador, más tics hay que contar. Los componentes básicos del cerebro carecen de la precisión y el rango numérico de los componentes digitales de los relojes modernos: las neuronas no pueden contar hasta 32 768, y mucho menos hasta 9 192 631 770.

Medir el tiempo es una habilidad que compartimos con todos los animales, pero lo que hace único al *Homo sapiens* es su capacidad de trascender los caprichos de la naturaleza mirando al futuro y adaptándolo a nuestras necesidades. No obstante, el viaje mental en el tiempo es un don y una maldición. Al asomarse al futuro, nuestros antepasados debieron de prever algo más de lo que estaban preparados para afrontar: su propia muerte inevitable. Esta inquietante visión quizá los llevó aún más lejos en el futuro hasta la invención del viaje mental en el tiempo extremo: una vida después de la muerte.

El viaje mental en el tiempo requiere un delicado equilibrio entre ciencia y arte: extrapolar rigurosamente el pasado recordado y soñar lo inconcebible. Este equilibrio puede fallar. A veces pasamos demasiado tiempo soñando, con lo que no abordamos escenarios que somos perfectamente capaces de prever y prevenir. Hoy nos cuesta reconocer y abordar los problemas económicos, sanitarios y medioambientales a largo plazo a los que se enfrenta nuestra especie. Esta miopía temporal es comprensible: evolutivamente hablando, el viaje mental en el tiempo es una habilidad recién adquirida. Afortunadamente, como otras habilidades cognitivas, el viaje mental en el tiempo se beneficia enormemente de la práctica y la educación.

Quizá vivamos en un universo en el que solo el *ahora* es real, o quizá el *ahora* sea tan arbitrario como el *aquí*. O tal vez la naturaleza del tiempo sea aún más extraña e inexplicable que cualquier cosa que hayamos concebido hasta ahora. Pero, sea cual sea la verdadera naturaleza del tiempo, no hay excusa para no seguir perfeccionando nuestras habilidades mentales para viajar en el tiempo: aprender a distinguir mejor lo improbable de lo imposible, preferir las recompensas a largo plazo a la gratificación a corto plazo y actuar en el presente para crear un futuro en el que queramos vivir cuando se convierta en presente.

AGRADECIMIENTOS

El tiempo del reloj es el mismo para todos: cada uno de nosotros dispone de 86 400 s al día. Se han escrito innumerables libros para ayudarnos a utilizar esta asignación diaria de segundos. El psicólogo Phil Zimbardo sugiere que veamos nuestras parcelas de tiempo, sobre todo el llamado tiempo libre, como paquetes que hay que envolver y regalar a las personas y actividades que más valoramos. Agradezco a los muchos amigos y colegas que me han regalado su tiempo, porque sin ellos este libro no habría sido posible.

Esta obra es fruto de un apasionado interés por la forma en que el cerebro mide el tiempo, un problema al que he dedicado gran parte de mi carrera científica. A lo largo de mi trayectoria, me he beneficiado enormemente del trabajo y del estímulo de varios expertos en el campo del cronometraje, y agradezco especialmente el apoyo de Richard Ivry, Michael Mauk y Warren Meck. También doy las gracias por las enseñanzas y la sabiduría de mis otros amigos en esta área: Domenica Bueti, Catalin Buhusi, Jenny Coull, Mehrdad Jazayeri, Hugo Merchant, Matt Matell, Kia Nobre, Virginie van Wassenhove y Beverly Wright. Parte de la recompensa de escribir un libro es el placer de explorar campos ajenos a la comodidad del estrecho nicho científico propio. Al escribir este libro tomé la decisión de sumergirme en la física del tiempo, y estoy en deuda con varios físicos y filósofos que pacientemente respondieron a mis ingenuas preguntas sobre el tiempo, la relatividad y la mecánica cuántica, entre ellos Richard Arthur, Vincent Buonomano, Sean Carroll, Craig Callender, Per Kraus, Dennis Lehmkuhl, Terry Sejnowski, Lee Smolin y, especialmente, Harvey Brown.

Sin duda soy culpable de omitir y simplificar en exceso las contribuciones de muchos colegas y científicos en aras de la brevedad, al tiempo que intento escribir un relato accesible de un vasto campo científico. Pero, al final, estos fallos son probablemente un síntoma de mis propias carencias como científico y escritor. Pido disculpas de antemano a los científicos cuyo trabajo he omitido o no he acreditado debidamente.

Muchos amigos, colegas y colaboradores leyeron capítulos individuales o me instruyeron en algunos de los temas tratados en este libro. En particular, me gustaría dar las gracias a Judy Buonomano, Chris Colwell, Jack Feldman, Dan Goldreich, Jason Goldsmith, Vishwa Goudar, Sam Harris, Nicholas Hardy, Rodrigo Laje, Michael Long, Hakwan Lau, Helen Motanis, Joe Pieroni, Carlos Portera-Cailliau, Rafael Núñez y Alcino Silva.

Mi propia investigación sobre la forma en que el cerebro mide el tiempo no habría sido posible sin el apoyo del Instituto Nacional de Salud Mental y la Fundación Nacional de la Ciencia, así como de los Departamentos de Neurobiología y Psicología de la UCLA. Agradezco a Annaka Harris y a mi editor en Norton, Tom Mayer, su orientación y experiencia editorial. Por último, me gustaría dar las gracias a mi mujer, Ana, por regalarme tanto de su tiempo.

NOTAS

1:00
SABORES DEL TIEMPO

1. http://oxforddictionaries.com/words/the-oec-facts-about-the-language.
2. Más concretamente, vemos objetos distribuidos en el espacio.
3. La retina de algunas especies contiene células que detectan el movimiento, es decir, si un objeto se «mueve» en el tiempo (y en el espacio). Además, hay que señalar que, en cierto sentido, la cóclea mide el tiempo, porque las células sensoriales de la cóclea (las células ciliadas internas) están sintonizadas con la frecuencia de la vibración de las moléculas de aire, y la frecuencia es una medida del tiempo que tarda una oscilación en completar un ciclo completo. Estas frecuencias son demasiado rápidas para que la mayoría de las neuronas puedan responder a ellas, y para permitir la percepción consciente de estos intervalos.
4. Del *Oxford English Dictionary*.
5. Para un análisis detallado de la historia del péndulo, véase Matthews, 2000.
6. Varios libros de divulgación científica ofrecen una excelente panorámica de los pasos progresivos en la historia de las matemáticas y la física, como Penrose, 1989.
7. Barbour, 1999.
8. Wells, 1860.
9. Aunque estoy simplificando demasiado, a mediados del siglo xx, se publicaron algunos libros y artículos muy influyentes que, en cierta medida, resistieron el paso del tiempo, como las obras de Lashley (1951) y Fraisse (1963).
10. Kandel *et al.*, 2013. No obstante, encontrarás la palabra *temporal*, aunque la mayoría de estas entradas pertenecen al *lóbulo temporal* (*temporal* puede referirse a lo que pertenece al tiempo, lo que ha llevado a más de uno a suponer que nuestra capacidad de medir el tiempo se encuentra en el lóbulo temporal). Nótese que utilizo este ejemplo no para sugerir que hay una omisión en este libro de texto, sino como ejemplo representativo de la relativa negligencia de los problemas del tiempo en la neurociencia en general.
11. Ivry y Schlerf, 2008.
12. Dudai y Carruthers, 2005; Tulving, 2005; Schacter y Addis, 2007; Schacter *et al.*, 2007.

13. La mayoría de los filósofos y físicos estarían de acuerdo en que construir una máquina del tiempo sería un argumento de peso contra el presentismo. En el contexto actual, esencialmente estoy estipulando que los viajes en el tiempo (más concretamente, las curvas temporales cerradas en el espacio-tiempo) son incompatibles con la noción de presentismo tal y como yo utilizo el término. Pero hay casos ambiguos. Por ejemplo, se podría argumentar que el tiempo circular, en el que el presente vuelve sobre sí mismo, es compatible tanto con el presentismo como con una forma de viaje en el tiempo al pasado (en términos generales, esto no es lo que entendemos por viaje en el tiempo). Pero, en general, como afirma el filósofo Michael Lockwood: «El viaje en el tiempo y la visión tensa y de sentido común del tiempo… sencillamente no combinan. El concepto mismo de viaje en el tiempo solo tiene sentido en el contexto de una visión del tiempo sin tensión» (Lockwood, 2005). Obsérvese que Lockwood utiliza los términos tiempo *tenso* y tiempo *no tenso* como yo utilizo los términos *presentismo* y *eternalismo*, respectivamente.
14. Citado en Davies, 1995, 253. Véase también Smart, 1964.
15. Weyl, 1949/2009.
16. Einstein, 1905.

2:00
LA MEJOR MÁQUINA DEL TIEMPO QUE JAMÁS TENDRÁS

1. Al parecer, existen algunos antecedentes reales de viajes en el tiempo de *La máquina del tiempo*, entre ellos el libro *El Anacronópete*, del autor español Enrique Gaspard. Debo subrayar que mi conocimiento literario es muy limitado, y desde luego no he realizado una búsqueda exhaustiva de la historia de los viajes en el tiempo en la ficción. Así que es probable que haya algunas excepciones a la afirmación de que los verdaderos viajes en el tiempo solo surgieron a finales del siglo XIX.
2. Aunque el pasado y el futuro sean tan reales como el presente, y las leyes de la física no prohíban explícitamente el viaje en el tiempo, es muy posible que conspiren para garantizar que sea imposible en la práctica, una noción que Stephen Hawking ha denominado «conjetura de protección de la cronología». Se han escrito muchos libros y artículos excelentes de divulgación científica sobre la posibilidad y la física de los viajes en el tiempo, entre ellos: Davies, 1995; Thorne, 1995; Carroll, 2010; Davies, 2012.
3. Dennett, 1991, 177; Clark, 2013.
4. Henderson *et al.*, 2006.
5. Tulving, 2005.
6. Hume, 1739/2000, 116.
7. Földiák, 1991; Wiskott y Sejnowski, 2002; DiCarlo y Cox, 2007.
8. En el contexto del condicionamiento clásico hay una excepción. Los seres humanos y otros animales desarrollarán una aversión condicionada al sabor entre el momento en que comen un alimento y el momento en que enferman, a pesar de que la demora entre comer y enfermar puede abarcar muchas horas (Buonomano, 2011).
9. Pinker, 2014.
10. Fraps, 2014.

11. En realidad existe una asimetría que juega a favor del cliente. Si obtengo exactamente 21, gano inmediatamente, y es irrelevante si el crupier también obtiene 21. Por supuesto, la probabilidad de que las cartas sumen exactamente 21 es inferior a la de superar 21. También he contado esta historia en Buonomano, 2011.
12. Beaulieu *et al.*, 1992; Shepherd, 1998; Herculano-Houzel, 2009.
13. Estoy simplificando un poco. Hay algunas conexiones y fuerzas sinápticas dentro del cerebro que están regidas directamente por nuestros genes, pero en el córtex es probable que la fuerza de la mayoría de las sinapsis esté determinada por la interacción entre las reglas de aprendizaje sináptico y la experiencia.
14. Los primeros trabajos que describieron la plasticidad dependiente del tiempo de los picos fueron Debanne *et al.*, 1994; Markram *et al.*, 1997; Bi y Poo, 1998, pero trabajos anteriores de los años ochenta habían ofrecido principios similares (Levy y Steward, 1983). En la práctica, existen muchas versiones diferentes de la regla STDP. Pero, en general, el grado de potenciación o depresión en cualquier intervalo dado puede variar drásticamente, y suele haber una asimetría, lo que significa que el grado de potenciación y depresión en el mismo intervalo absoluto es diferente (Abbott y Nelson, 2000; Karmarkar *et al.*, 2002).

3:00
DÍA Y NOCHE

1. Meijer y Robbers, 2014.
2. Pierce *et al.*, 1986.
3. Routtenberg y Kuznesof, 1967; Morrow *et al.*, 1997; Gutiérrez, 2013.
4. Vitaterna *et al.*, 1994.
5. Welsh *et al.*, 1986; Herzog *et al.*, 2004.
6. James, 1890. Para estudios de laboratorio sobre el autodespertarse, véase Moorcroft *et al.*, 1997; Born *et al.*, 1999; Ikeda *et al.*, 2014.
7. http://www.nytimes.com/1989/05/17/us/isolation-researcher-loses-track-of-time-in-cave.html. *San Francisco Chronicle.* «Pasó 111 días sola en una cueva», 1 de diciembre de 1988; http://www.telegraph.co.uk/news/obituaries/science-obituaries/6216073/Maurizio-Montalbini.html.
8. Aschoff, 1985. Véase también Czeisler *et al.*, 1980; Lavie, 2001.
9. Ralph *et al.*, 1990; Weaver, 1998.
10. Johnson *et al.*, 1998; Ouyang *et al.*, 1998. Véase también Summa y Turek, 2015.
11. Nikaido y Johnson, 2000; Sharma, 2003; Rosbash, 2009. Una prueba de que una de las primeras fuerzas que impulsaron la evolución de los relojes circadianos fue optimizar las divisiones celulares para minimizar los efectos nocivos de la radiación UV es que uno de los sensores de luz circadianos de los insectos, el *criptocromo*, tiene un alto grado de homología con una enzima que repara los daños en el ADN inducidos por la radiación UV.
12. Konopka y Benzer, 1971. En Reddy *et al.*, 1984, y Weiner, 1999, se puede encontrar un excelente relato de divulgación científica sobre la búsqueda de la comprensión del reloj circadiano.
13. Reddy *et al.*, 1984. El gen también fue identificado al mismo tiempo por un segundo grupo (Bargiello *et al.*, 1984).
14. Además de la idea de que la compensación de temperatura surge de cambios equilibrados dependientes de la temperatura en las reacciones químicas (Smo-

len *et al.*, 2004), también es posible que aminoácidos específicos dentro de las proteínas conduzcan a la compensación de temperatura mediante la alteración de sus propiedades de unión de una manera dependiente de la temperatura (Hussain *et al.*, 2014).

15. Mientras que en *Drosophila* solo hay un gen *Period*, en los mamíferos existen en realidad tres variantes del gen *Period.*
16. Colwell, 2011.
17. Davidson *et al.*, 2006.
18. Jones *et al.*, 1999; Toh *et al.*, 2001; Jones *et al.*, 2013.
19. Knutsson, 2003; Kivimäki *et al.*, 2011.
20. Summa y Turek, 2015.
21. Sharma, 2003.
22. Aschoff, 1985.
23. Hay muchas líneas de evidencia que apoyan la independencia de la sincronización circadiana y segunda, incluyendo: mutaciones de los genes del reloj para no afectar específicamente a la sincronización de intervalo (Cordes y Gallistel, 2008; Papachristos *et al.*, 2011); observaciones en humanos sugieren que durante periodos circadianos prolongados (que alteran juicios de 1 hora) no se correlacionan con el rendimiento en tareas de segundo cronometraje (Aschoff, 1985); y lesiones del SCN que alteran drásticamente el ritmo circadiano no alteran el cronometraje en el procedimiento de intervalo máximo (Lewis *et al.*, 2003). Hay datos que sugieren que el gen *Period* afecta a la capacidad de las moscas para cronometrar adecuadamente su canto de cortejo (Kyriacou y Hall, 1980), pero estos resultados son controvertidos (Stern, 2014) e inconsistentes con nuestra comprensión de cómo funciona el reloj circadiano. Aunque es poco probable, es posible que los genes del reloj circadiano puedan contribuir directamente a otros aspectos de la función neuronal que son importantes para la sincronización a escalas más cortas. Véase también Golombek *et al.*, 2014.
24. Foster y Wulff, 2005; Loh *et al.*, 2010.
25. Foster y Roenneberg, 2008. Aunque abundan las pruebas que sugieren que la fase de la luna no influye en la fisiología humana, hay algunas excepciones. Por ejemplo, un estudio sugiere que la fase lunar influye en ciertos aspectos de la fisiología del sueño, como el tiempo que tardamos en dormirnos (Cajochen *et al.*, 2013).
26. Hoskins, 1993.
27. Tessmar-Raible *et al.*, 2011; Zantke *et al.*, 2013.

4:00
EL SEXTO SENTIDO

1. Noyes y Kletti, 1972.
2. http://www.worldsciencefestival.com/2014/07/brains-twist-time-watch-deceptive-watchman/ (18/4/15).
3. Loftus *et al.*, 1987; Buckhout *et al.*, 1989; Campbell y Bryant, 2007; Stetson *et al.*, 2007; Buckley, 2014.
4. Matthews y Meck, 2016.
5. Hammond, 2012.
6. James, 1890, 624.

7. La noción de que el número de sucesos en la memoria determina los juicios temporales retrospectivos se conoce como la hipótesis del «tamaño del almacenamiento» (Ornstein, 1969); un punto de vista relacionado es que es el grado de «cambio contextual» durante un periodo de tiempo lo que aumenta las estimaciones retrospectivas (Zakay y Block, 1997). Dado que son los cambios contextuales, como la alteración de los estímulos sensoriales, los entornos o las tareas, los que probablemente también aumenten el grado de recuerdo de los acontecimientos, estas dos hipótesis son muy complementarias.
8. Hicks *et al.*, 1976; Block *et al.*, 2010.
9. Tom *et al.*, 1997; Whiting y Donthu, 2009.
10. Van Wassenhove, 2009. En realidad, se trata de una descripción simplificada de los experimentos; en realidad, los estímulos estándar se presentaron cuatro veces antes del estímulo de comparación.
11. Estímulos auditivos frente a visuales (Wearden *et al.*, 1998; Harrington *et al.*, 2014). Novedad y familiaridad (Tse *et al.*, 2004; Pariyadath y Eagleman, 2007; Matthews, 2015). Intensidad, tamaño y magnitud (Oliveri *et al.*, 2008; Chang *et al.*, 2011; Cai y Wang, 2014).
12. Yarrow *et al.*, 2001; Park *et al.*, 2003; Morrone *et al.*, 2005.
13. James, 1890.
14. Sacks, 2004. Sacks atribuye esta anécdota a L. J. West (*Psychomimetic Drugs*).
15. Wearden *et al.*, 2014; Wearden, 2015.
16. Wearden, 2015.
17. Tinklenberg *et al.*, 1976.
18. En la práctica, la mayoría de los estudios con animales utilizan una variante del procedimiento de intervalo fijo denominado procedimiento de intervalo máximo, en el que algunos ensayos nunca se refuerzan. El estudio con ratas fue realizado por Han y Robinson, 2001. Para más estudios, algunos confirmatorios y otros contradictorios, véase McClure y McMillan, 1997; Lieving *et al.*, 2006; Atakan *et al.*, 2012; Sewell *et al.*, 2013.
19. Meck, 1996; Coull *et al.*, 2011.
20. Rammsayer, 1992; Rammsayer y Vogel, 1992; Rammsayer, 1999; Coull et al., 2011.
21. Loftus *et al.*, 1987; Sacks, 2004; Stetson *et al.*, 2007; Arstila, 2012.
22. Hay varias formas de conseguirlo: (1) despolarizando las neuronas unos milivoltios para que estén más cerca de su umbral de potencial de acción; (2) disminuyendo eficazmente la constante de tiempo de las neuronas cerrando los canales de fuga de potasio; (3) aumentando la cantidad de transmisor liberado por los terminales presinápticos, o (4) reprimiendo las neuronas inhibidoras, que suelen amortiguar y ralentizar la respuesta de las neuronas excitadoras. Se podría argumentar que incluso sería posible aumentar la temperatura local del cerebro incrementando el flujo sanguíneo, lo que potencialmente aceleraría el procesamiento neuronal.
23. Martin y Garfield, 2006; Terry *et al.*, 2008; Swann *et al.*, 2013. Otro problema de la hipótesis del *overclocking* es que, aunque el cerebro dispusiera de un modo de alta velocidad, no está nada claro que pudiera activarse con la rapidez suficiente para utilizarlo en situaciones de riesgo vital. Para que el cerebro entre en un hipotético modo overclocking, primero deben llegar señales sensoriales de los órganos sensoriales que indiquen que las cosas van a peor y el cerebro debe procesarlas antes de que suenen todas las alarmas y el cerebro y

la sangre se inunden de neuromoduladores de lucha o huida, como la norepinefrina y la epinefrina (adrenalina). El mero hecho de entrar en modo sobre calentamiento completo podría llevar un segundo.

24. Buckley, 2014.
25. Citado de Arstila, 2012.
26. Loftus, 1996; Buonomano, 2011.
27. Cahill y McGaugh, 1996; Schacter, 1996.
28. No pretendo restar importancia a la comprensión del síndrome del miembro fantasma, que es una afección clínica muy grave, que puede causar un inmenso sufrimiento a los amputados.
29. Arstila, 2012.
30. Wearden, 2015.
31. Noyes y Kletti, 1976.
32. Un gran número de trabajos han descrito el fenómeno de la repetición, entre ellos: Wilson y McNaughton, 1994; Foster y Kokko, 2009; Karlsson y Frank, 2009.

5:00
PATRONES EN EL TIEMPO

1. El habla es muy redundante, lo que significa que, por lo general, hay muchas pistas diferentes que nos permiten aclarar frases ambiguas. En el habla natural, el tiempo es solo una de esas claves; el contexto y la entonación son otras. Para consultar trabajos que examinan el papel de las señales temporales en el habla, véase: Lehiste, 1960; Lehiste *et al.*, 1976; Aasland y Baum, 2003; Schwab *et al.*, 2008.
2. Breitenstein *et al.*, 2001a; Breitenstein *et al.*, 2001b; Taler *et al.*, 2008.
3. Brownell y Gardner, 1988.
4. Aasland y Baum, 2003.
5. Grieser y Kuhl, 1988; Bryant y Barrett, 2007; Broesch y Bryant, 2015.
6. Bregman, 1990.
7. http://www.washingtonpost.com/national/jeremiah-a-denton-jr-vietnam-pow-and-us-senator-dies/2014/03/28/1a15343e-b500-11e3-b899-20667de76985_story.html.
8. www.arrl.org/files/file/Technology/x9004008.pdf (7/8/15).
9. Wright *et al.*, 1997. Otra condición de este experimento era que los sujetos también mejoraban en una condición «espacial», es decir, mientras se entrenaban en un intervalo de 100 ms delimitado por dos tonos de 1 kHz, también mejoraban en la discriminación de un intervalo de 100 ms con tonos de 4 kHz. Y estudios posteriores han demostrado que los sujetos pueden incluso generalizar el entrenamiento en un intervalo a ese mismo intervalo presentado en una modalidad diferente; por ejemplo, el entrenamiento en la modalidad somatosensorial conduce a una mejora en la modalidad auditiva (Nagarajan *et al.*, 1998). No he discutido estos resultados en detalle aquí porque parece que esta generalización a diferentes canales espaciales puede ser disociable del aprendizaje. Concretamente, en la modalidad auditiva, la generalización a diferentes intervalos solo se produce tras el aprendizaje de los intervalos entrenados (Wright *et al.*, 2010).

10. Para un resumen de los estudios que han informado de que el aprendizaje de la discriminación de intervalos es específico del intervalo, véase Bueti y Buonomano, 2014.
11. Keele *et al.*, 1985.
12. El estudio de 50 y 100 ms fue realizado por Rammsayer *et al.*, 2012. El estudio de la batería fue realizado por Cicchini *et al.*, 2012.
13. https://www.youtube.com/watch?v=utkb1nOJnD4 (14/7/15).
14. Patel *et al.*, 2009.
15. Zarco *et al.*, 2009. Véase también Honing *et al.*, 2012.
16. Patel, 2006; Patel *et al.*, 2014.
17. Meyer, 1961.
18. Doupe y Kuhl, 1999.
19. Hahnloser *et al.*, 2002; Long *et al.*, 2010.
20. Long y Fee, 2008.
21. García y Mauk, 1998; Mauk y Buonomano, 2004; Shuler y Bear, 2006; Livesey *et al.*, 2007; Coull *et al.*, 2011; Bueti *et al.*, 2012; Kim *et al.*, 2013; Merchant *et al.*, 2013; Crowe *et al.*, 2014; Eichenbaum, 2014; Goel y Buonomano, 2014; Mello *et al.*, 2015.
22. Wiener *et al.*, 2010; Coull *et al.*, 2011; Merchant *et al.*, 2013; Coull *et al.*, 2015.
23. Johnson *et al.*, 2010; Goel y Buonomano, 2016.
24. En aras de la precisión, debo señalar que los fotorreceptores del ojo no se activan con la luz; en realidad, se apagan con la luz, ya que normalmente están «encendidos» cuando están en la oscuridad.
25. Chubykin *et al.*, 2013.
26. Richards, 1973.

6:00
TIEMPO, DINÁMICA NEURONAL Y CAOS

1. Einstein e Infeld, 1938/1966, 180.
2. Creelman, 1962; Treisman, 1963. En los años setenta y ochenta se desarrollaron variaciones más sofisticadas del modelo del reloj interno. La más influyente es la denominada *teoría de la expectativa escalar* (SET, por sus siglas en inglés), que además de un mecanismo de marcapasos-acumulador de tiempo incluye componentes que almacenan y comparan duraciones temporales, así como un mecanismo de compuerta destinado a captar los efectos de la atención sobre el tiempo (Gibbon, 1977; Gibbon *et al.*, 1984).
3. Feldman y Del Negro, 2006.
4. Miall, 1989; Matell y Meck, 2004; Buhusi y Meck, 2005.
5. Zucker, 1989; Zucker y Regehr, 2002.
6. Buonomano y Merzenich, 1995; Buonomano, 2000. Véase también Fortune y Rose, 2001.
7. Buonomano, 2000.
8. Carlson, 2009; Rose *et al.*, 2011; Kostarakos y Hedwig, 2012. Para ejemplos de neuronas selectivas al intervalo (o, más exactamente, sensibles al intervalo) en mamíferos, véase Kilgard y Merzenich, 2002; Bray *et al.*, 2008; Sadagopan y Wang, 2009; Zhou *et al.*, 2010.
9. Beaulieu *et al.*, 1992.
10. Buonomano y Merzenich, 1995; Maass *et al.*, 2002; Buonomano y Maass, 2009.

11. Kilgard y Merzenich, 2002; Rennaker *et al.*, 2007; Nikolić *et al.*, 2009; Sadagopan y Wang, 2009; Zhou *et al.*, 2010; Klampfl *et al.*, 2012.
12. Haeusler y Maass, 2007; Buonomano y Maass, 2009; Lee y Buonomano, 2012.
13. Buonomano y Mauk, 1994; Mauk y Donegan, 1997; Medina *et al.*, 2000).
14. Perrett *et al.*, 1993; Raymond *et al.*, 1996; Ohyama *et al.*, 2003.
15. Mello *et al.*, 2015.
16. Pastalkova *et al.*, 2008; MacDonald *et al.*, 2011; Kraus *et al.*, 2013; MacDonald *et al.*, 2013; Modi *et al.*, 2014.
17. Lebedev *et al.*, 2008; Jin *et al.*, 2009; Crowe *et al.*, 2010; Kim *et al.*, 2013; Stokes *et al.*, 2013; Crowe *et al.*, 2014; Carnevale *et al.*, 2015.
18. Muchos investigadores han informado de aumentos aproximadamente lineales en la frecuencia de disparo a lo largo del tiempo durante tareas motoras temporizadas, es decir, tareas en las que un animal responde tras la presentación de un estímulo durante un tiempo determinado (Quintana y Fuster, 1992; Leon y Shadlen, 2003; Mita *et al.*, 2009; Jazayeri y Shadlen, 2015). Pero un estudio dirigido por Michael Shadlen ha sugerido que estos patrones de rampa de actividad podrían considerarse mejor como la preparación para la respuesta motora, en lugar del temporizador *per se* (aunque los dos están a menudo estrechamente correlacionados). Por ejemplo, al principio de una carrera puede haber tres órdenes: *preparado/listo/ya*. En el momento de la orden *listo*, los corredores pueden empezar a crearse una expectativa de cuándo arrancar y, cada momento que pasa, aumenta la probabilidad de que se produzca la señal *ya*. Las neuronas de rampa pueden codificar estas expectativas dependientes del tiempo, que es un poco diferente del seguimiento del tiempo real, porque, si se entrena a los animales para que esperen una señal de *ya* aproximadamente a los 0,15 o 1,8 s, la actividad de las células de rampa sube y baja según la expectativa, no según el tiempo absoluto (Janssen y Shadlen, 2005).
19. Sompolinsky *et al.*, 1988.
20. Mante *et al.*, 2013; Rigotti *et al.*, 2013; Sussillo y Barak, 2013; Carnevale *et al.*, 2015.

7:00
MANTENIENDO EL TIEMPO

1. Bhardwaj *et al.*, 2006; Spalding *et al.*, 2013. Los estudios con métodos alternativos también fueron importantes para demostrar que la neurogénesis adulta puede producirse en humanos (Eriksson *et al.*, 1998).
2. En este caso, la vida media viene dada por $t^{50} = \ln(2) \times 2^{10}$ unidades de tiempo.
3. Duncan, 1999.
4. Matthews, 2000, 53.
5. Mumford, 1934/2010, 4.
6. En inglés, el tercer verso se canta generalmente como *morning bells are ringing*, pero, en el francés original, es *ring the morning bells*. El orden de los versos primero y segundo también es diferente en inglés.
7. Matthews, 2000.
8. Matthews, 2000.
9. Las desviaciones estándar del periodo de los relojes circadianos de los roedores se estiman entre 5 y 15 minutos (Welsh *et al.*, 1986; Herzog *et al.*, 2004).
10. Landes, 1983, 149-157.

11. Galison, 2003.
12. Por ejemplo, el reloj atómico NIST-F2 puede perder un segundo cada 300 millones de años. Pero los relojes atómicos de celosía de última generación pueden funcionar mucho mejor (Hinkley *et al.*, 2013; Bloom *et al.*, 2014).
13. http://www.bipm.org/en/publications/si-brochure/second.html (2/10/2015).
14. Quizá te preguntes: si el receptor GPS tiene que captar retrasos de 30 ns, ¿no necesita también un reloj atómico para comparar el retraso de la señal del satélite? En principio, sí, pero un receptor GPS puede prescindir de un reloj de cuarzo ordinario utilizando las señales horarias precisas de varios satélites para calibrar continuamente su propio reloj.
15. Levine, 1996, 68.
16. Mumford, 1934/2010, 14.
17. http://www.chicagotribune.com/news/chi-yellow-light-standard-change-20141010-story.html (2/17/2015).
18. Lombardi, 2002.

8:00
EL TIEMPO ¿QUÉ NARICES ES?

1. Discuto este ejemplo y otras cuestiones relacionadas en mi anterior libro (Buonomano, 2011).
2. Para un magnífico resumen de muchas de las diferentes perspectivas sobre la naturaleza del tiempo, véase Callender, 2010b.
3. Smolin, 2013.
4. Ellis, 2014.
5. Barbour, 1999, 67.
6. Muller y Nobre, 2014.
7. Callender, 2010a.
8. Penrose, 1989.
9. Para invertir la dirección del cambio en el electromagnetismo y la mecánica cuántica también hay que invertir otros parámetros.
10. Para una excelente presentación de los misterios y teorías relacionados con el origen del universo y la flecha del tiempo, véase Carroll, 2010.
11. George Ellis es uno de los que sostiene que la medición cuántica impone una flecha del tiempo (Ellis, 2008). Para un excelente debate sobre el problema de la medición en mecánica cuántica, y sobre si estas mediciones son reversibles o no, véase Penrose, 1989, y Greene, 2004.
12. Se trata de una descripción muy abreviada del famoso experimento de la doble rendija, que sugiere que el electrón atraviesa ambas rendijas. En concreto, incluso cuando se dispara un electrón cada vez hacia la barrera, se observa un patrón de interferencia en la pantalla del detector. Por ejemplo, cuando solo hay una rendija abierta, habrá un punto P en la pantalla en el que chocarán un porcentaje x de los electrones. Si ahora abrimos ambas rendijas, lo lógico sería que el mismo porcentaje x, o más, de electrones incidiera en ese punto. Curiosamente, se forma un patrón de interferencia, lo que significa que en el punto P podrían detectarse menos de x electrones con ambas rendijas abiertas. Así pues, parece que el electrón se comporta como una onda que interfiere consigo misma, hasta el acto de la medida: el colapso de la función de onda. No obstante, si se hubieran colocado detectores en ambas rendijas, el electrón

se detectaría en una u otra. Hay muchos libros excelentes de divulgación científica que ofrecen magníficas descripciones de las extrañas propiedades del mundo cuántico, como Rae, 1986; Greene, 2004; Carroll, 2010.

13. Peor aún, la ecuación de Wheeler-DeWitt (derivada de la fusión de la mecánica cuántica con la relatividad general) va aún más lejos e insinúa un universo en el que el tiempo no existe en absoluto (Barbour, 1999).

9:00
LA ESPACIALIZACIÓN DEL TIEMPO EN FÍSICA

1. Zeh, 1989/2007, 199.
2. Se trata de un experimento mental, así que es mejor no detenerse en los detalles, como, en relación con lo que estamos definiendo, la velocidad de la nave espacial, el hecho de que la propia Tierra se mueve y que los partidos de baloncesto no suelen jugarse con estadios de techo abierto.
3. Más concretamente, para todos los observadores que se mueven uniformemente con respecto a un marco inercial.
4. A bajas velocidades, esta suma lineal proporciona una excelente correspondencia con la velocidad real teniendo en cuenta la relatividad especial, que arroja la velocidad de 399,999999999989 km/h.
5. Esta ecuación supone que sincronizamos nuestros relojes en $t = 0$ cuando estábamos en el mismo lugar; y que definimos nuestras respectivas posiciones dentro de nuestros propios sistemas de coordenadas como $x^{\text{tuyo}} = x^{\text{mío}} = 0$.
6. Llegados a este punto, puede que estés pensando: «Espera, dado que la velocidad entre ambos es la misma desde cualquier perspectiva, la persona del tren también calculará que un año de mi tiempo corresponderá a veintidós años para la persona del tren». Esta cuestión está en el centro de la llamada paradoja de los gemelos. Comparar relojes en distintos puntos del espacio es un esfuerzo poco aconsejable; es más productivo comparar los relojes (o las edades) después de que ambos observadores vuelvan a estar en el mismo punto del espacio: después de haber regresado al andén. Al volver, veremos que la persona del tren es mucho más joven que la del andén. Una fuente de esta asimetría es que la persona en el tren tuvo que cambiar de marco de referencia mientras que la persona en el andén permaneció en el mismo marco de referencia. La conclusión es que el intervalo de espacio-tiempo recorrido por la persona en el andén es mayor que el intervalo de espacio-tiempo recorrido por la persona en el tren, y este intervalo de espacio-tiempo corresponde al tiempo del reloj (el llamado tiempo propio). Para un análisis de la paradoja de los gemelos, véase Lockwood, 2005; Lasky, 2012.
7. Hafele y Keating, 1972b, a. Por supuesto, la Tierra no es un cuerpo estático: por ejemplo, se mueve en relación con el Sol. Pero, para nuestros propósitos, podemos considerar el centro de la Tierra como un marco de referencia fijo válido. Pero, como la Tierra está girando, la velocidad del avión en dirección este debería sumarse a la velocidad de rotación de la Tierra; así, los relojes en dirección este iban más rápido que sus primos en dirección tierra, lo que provocaba una ralentización de los relojes. Hafele y Keating también colocaron relojes en los vuelos hacia el oeste, y como los vuelos hacia el oeste contrarrestaban efectivamente la velocidad de rotación de la Tierra, estos relojes mostraban el esperado aumento de velocidad cinemática producido por la relatividad

especial. Como los relojes de los aviones también estaban sometidos a campos gravitatorios más débiles, también tuvieron que tener en cuenta las predicciones de la relatividad general, que también se confirmaron en este estudio.

8. Como la relatividad especial establece que el tiempo se dilata y el espacio se contrae a altas velocidades, la longitud del tren será en realidad mayor desde mi perspectiva. He simplificado este experimento mental ignorando este hecho. Pero la contracción del espacio no altera los resultados, porque desde mi marco de referencia seguirás estando de pie en medio del tren, y las balas hacia atrás y hacia delante seguirán partiendo de las mismas distancias desde la parte trasera y delantera del tren, respectivamente.
9. En este ejemplo he colocado a ambos observadores a la misma distancia de la parte trasera y delantera del tren, en un intento de transmitir que los retrasos de transmisión desde la parte delantera y trasera deberían ser los mismos. Pero podemos imaginar que tenemos una serie de relojes sincronizados dispuestos a lo largo del andén que se detendrán al romperse una ventana cercana. Estos relojes nos dirán que la ventanilla delantera y la trasera se rompieron en momentos diferentes.
10. Para un análisis más técnico e histórico de la relatividad de la simultaneidad, véase Brown, 2005.
11. Rietdijk, 1966; Putnam, 1967.
12. Es importante señalar que la pérdida de la simultaneidad absoluta es un argumento que sin duda favorece la noción de un universo de bloques, pero eso es todo lo que es. Se podría argumentar que la verdadera lección que hay que aprender de la relatividad especial no es que vivimos en un universo de bloques, sino que el concepto de simultaneidad es un vestigio de la noción de tiempo absoluto de Newton. Quizá no tenga sentido preguntarse si dos acontecimientos distantes son simultáneos: al fin y al cabo, la única forma de determinar si dos acontecimientos distantes son simultáneos o no es con relojes, y los relojes no son más que aparatos que miden el cambio en un volumen local de espacio.
13. Karl Popper también relata una discusión en la que Einstein confirmó que aceptaba el punto de vista del universo bloque (Popper, 1992), y que en la conversación se refirió a Einstein como Parménides.
14. Citado en Prigogine y Stengers, 1984, 214.
15. Penrose, 1989, 394.
16. Davies, 1995, 283.
17. Barbour, 1999, 267.
18. Greene, 2004.
19. Schuster *et al.*, 2004.
20. Panagiotaropoulos *et al.*, 2012; Kandel *et al.*, 2013; Purdon *et al.*, 2013; Baker *et al.*, 2014; Ishizawa *et al.*, 2016.
21. Muchos procesos físicos, como la vida, la temperatura o la velocidad de una partícula, se definen por cómo cambia un sistema a lo largo del tiempo. Pero es importante entender que ninguno de estos representa argumentos contra el eternalismo porque ¡el eternalismo acepta que el cambio está ocurriendo sobre el eje temporal del espacio-tiempo! Estoy sugiriendo que la conciencia es fundamentalmente diferente porque, según la hipótesis de momentos dentro de un momento de Barbour y Greene, debemos ser conscientes dentro de un único «marco».

22. Cita completa de Pinker: «Es casi imposible imaginar la abolición del tiempo de la propia conciencia, dejando el último pensamiento inmovilizado como si fuera una bocina de coche atascada, mientras se sigue teniendo una mente. Para Descartes, la distinción entre lo físico y lo mental dependía de esta diferencia. La materia se extiende en el espacio, pero la conciencia existe en el tiempo con la misma certeza con la que procede del *pienso* al *soy*» (Pinker, 2007).
23. Lockwood, 2005.
24. La ecuación de la relatividad espacial revela que, si existieran partículas hipotéticas que viajaran más rápido que la velocidad de la luz (taquiones), sería posible enviar señales hacia atrás en el tiempo que alteraran potencialmente el pasado. En sentido estricto, no se trataría de una forma de *viaje* en el tiempo, sino de una comunicación con el pasado y el futuro.
25. Greene, 2004.

10:00 LA ESPACIALIZACIÓN DEL TIEMPO EN NEUROCIENCIA

1. Citado de Papert, 1999. No he podido encontrar una confirmación independiente de esta cita.
2. Citado en Droit-Volet, 2003.
3. Piaget, 1946/1969.
4. Siegler y Richards, 1979. Véase también Matsuda, 1996.
5. Piaget, 1946/1969, 279.
6. Walsh, 2003; Núñez y Cooperrider, 2013; Bender y Beller, 2014.
7. Núñez y Cooperrider, 2013.
8. Lakoff y Johnson, 1980/2003.
9. Núñez y Sweetser, 2006.
10. McGlone y Harding, 1998; Boroditsky y Ramscar, 2002.
11. Lakoff y Johnson, 1980/2003.
12. Price-Williams, 1954.
13. Huang y Jones, 1982. Los efectos kappa y tau se han demostrado en muchos estudios diferentes tanto en la modalidad visual como en la somatosensorial (Helson y King, 1931; Cohen *et al.*, 1953; Sarrazin *et al.*, 2004; Goldreich, 2007; Grondin *et al.*, 2011).
14. Casasanto y Boroditsky, 2008. Para un estudio similar que también estableció una relación asimétrica entre cómo influye la distancia en los juicios temporales, y viceversa, véase Coull *et al.*, 2015.
15. Walsh, 2003; Bueti y Walsh, 2009.
16. Xuan *et al.*, 2007; Hayashi *et al.*, 2013; Cai y Wang, 2014.
17. Ishihara *et al.*, 2008; Kiesel y Vierck, 2009.
18. Saj *et al.*, 2014.
19. Pastalkova *et al.*, 2008; Kraus *et al.*, 2013; Genovesio y Tsujimoto, 2014.
20. Véase Calaprice, 2005.
21. Se ha señalado que el efecto kappa guarda paralelismos con la relatividad especial en el sentido de que, si consideramos que el sujeto de un experimento kappa está observando un objeto que se mueve rápidamente en un marco de referencia diferente, su reloj irá efectivamente más rápido, es decir, habrá medido más tiempo transcurrido, de forma similar al gemelo que permanece en

reposo en la paradoja de los gemelos (Goldreich, 2007). Pero, por otro lado, en la relatividad especial existe un compromiso absoluto entre distancia y tiempo. Localmente, la velocidad y el tiempo transcurrido están inversamente relacionados, mientras que en el efecto kappa la duración percibida y la velocidad son proporcionales entre sí.

22. Por ejemplo, Piaget afirmó: «Por paradójico que parezca, las duraciones relativas y los tiempos propios de la teoría de Einstein se relacionan con el tiempo absoluto como el tiempo absoluto con los tiempos individuales y los tiempos locales de la intuición del niño» (citado de Sauer, 2014). Y también: «En el universo macroscópico, sin embargo, la subordinación del tiempo con respecto a la velocidad sigue siendo fundamental, ya que, a altas velocidades, el tiempo relativo tropieza con las mismas dificultades que la idea de tiempo del niño pequeño, y también presupone una subordinación de las relaciones temporales con respecto a ciertas velocidades» (Piaget, 1972).
23. Nótese que se trata de un punto totalmente distinto del que expuse en el capítulo anterior en relación con la sensación subjetiva del paso del tiempo. Independientemente de las distorsiones impuestas por una miríada de ilusiones temporales, nuestra sensación subjetiva del paso del tiempo necesita ser explicada de una manera compatible tanto con la física como con la neurociencia.
24. La estrategia general de utilizar experiencias previas junto con las mejores estimaciones actuales se conoce como teoría bayesiana de la decisión (Kording, 2007), y se cree que explica muchos aspectos de la percepción y la toma de decisiones, incluida la realización de juicios temporales (Collyer, 1976; Goldreich, 2007; Jazayeri y Shadlen, 2010).
25. Smolin, 2013.
26. Este punto es sutilmente diferente del hecho de que intuitivamente favorecemos el presentismo porque solo el presente parece ser real. En este caso se trata de que, dadas las representaciones abstractas y matemáticas del tiempo como una dimensión muy parecida al espacio, quizá estemos predispuestos hacia el eternalismo porque los humanos parecen conceptualizar el tiempo en términos de espacio.

11:00
VIAJE MENTAL EN EL TIEMPO

1. http://www.nytimes.com/2011/04/21/world/asia/21stones.html (15/5/2015).
2. Suddendorf y Corballis, 1997, 2007.
3. Tulving, 2005.
4. Taylor *et al.*, 1994.
5. Hassabis *et al.*, 2007; Race *et al.*, 2011; Kwan *et al.*, 2012.
6. Tulving, 1985.
7. Gilbert, 2007.
8. Clayton y Dickinson, 1999; Raby *et al.*, 2007; Clayton *et al.*, 2009.
9. Osvath y Persson, 2013; Bourjade *et al.*, 2014; Scarf *et al.*, 2014. En Corballis (2011) y Suddendorf (2013) se pueden consultar dos libros de divulgación sobre los viajes mentales en el tiempo de los animales.
10. http://www.spectator.co.uk/features/5896113/if-we-have-souls-then-so-do-chimps/ (15/5/2015).

11. Gordon, 2004. «Los pirahã no tienen noción de su edad, ni de conceptos temporales como *desde cuándo lo sabes*». Comunicación personal de Daniel Everett (3/4/2009).
12. Everett, 2008, 132.
13. Colapinto, 2007.
14. Los psicólogos han intentado crear una taxonomía de las perspectivas temporales de las personas. El Inventario de Perspectivas Temporales de Zimbardo, por ejemplo, pide a las personas que indiquen en una escala de cinco puntos hasta qué punto están de acuerdo con afirmaciones del tipo: «Realmente no se puede planificar el futuro porque las cosas cambian mucho; Me produce placer pensar en mi pasado; Las cosas rara vez salen como esperaba». En función de las respuestas, a las personas se les asignan perspectivas pasadas-negativas, pasadas-positivas, presentes-fatalistas, presentes-hedonistas o futuras (Zimbardo y Boyd, 2008).
15. http://www.cbsnews.com/news/sea-gypsies-saw-signs-in-the-waves/ (15/5/2015).
16. http://money.usnews.com/money/blogs/the-best-life/2013/06/20/retirement-shortfall may top 14 trillion (12/9/2015).
17. James Surowiecki (2013) ofrece un breve análisis del problema crónico de los fondos de pensiones. La cita de Mark Twain también está tomada de su artículo.
18. Kable y Glimcher, 2007.
19. Critchfield y Kollins, 2001; Wittmann y Paulus, 2007; Seeyave *et al.*, 2009; MacKillop *et al.*, 2011.
20. Frederick *et al.*, 2002.
21. Prelec y Simester, 2001; Raghubir y Srivastava, 2008.
22. Digo esto porque, en última instancia, esas recompensas se pagan con las comisiones de las tarjetas de crédito que pagan los minoristas, y estos deben fijar sus precios teniendo en cuenta esas comisiones.
23. Buonomano, 2011, cap. 4.
24. Peters y Büchel, 2010. Véase también Hakimi y Hare, 2015.
25. Herculano-Houzel, 2009; Fox, 2011.
26. Purves *et al.*, 2008.
27. Jacobs *et al.*, 2001; Wood y Grafman, 2003; Wise, 2008; Fuster y Bressler, 2014.
28. Atance y O'Neill, 2001; Fuster y Bressler, 2014.
29. Sellitto *et al.*, 2010; Peters, 2011). He simplificado un poco, ya que el córtex prefrontal se subdivide en varias regiones distintas, algunas de las cuales se ha postulado que son parciales respecto a las recompensas a corto plazo.
30. McClure *et al.*, 2004.
31. Botzung *et al.*, 2008; Benoit y Schacter, 2015.
32. Hassabis *et al.*, 2007; Race *et al.*, 2011; Kwan *et al.*, 2012.
33. Gilbert, 2007; Killingsworth y Gilbert, 2010.
34. Everett, 2008, 273.

12:00
LA CONCIENCIA: UNIR EL PASADO Y EL FUTURO

1. Burr *et al.*, 1994; Yarrow *et al.*, 2001.
2. Koch, 2004.
3. Kanabus *et al.*, 2002; Alais y Cass, 2010.

4. Van Wassenhove *et al.*, 2007; Mégevand *et al.*, 2013. Hay otro factor en el que no voy a profundizar aquí y que tiene que ver con el tiempo que tardan el oído y el ojo en procesar las señales auditivas y visuales. La visión es bastante lenta en comparación con la audición.
5. He simplificado un poco esta historia; en realidad, el sistema visual tiene un retraso incorporado. La información visual de la retina puede llegar al córtex visual 50 ms después de que la información de la cóclea llegue al córtex auditivo. Este retraso se debe principalmente a que la fototransducción de la retina es mucho más lenta que la transducción mecánica de la cóclea.
6. Fujisaki *et al.*, 2004; Toida *et al.*, 2014; Van der Burg *et al.*, 2015.
7. Geldard y Sherrick, 1972; Kilgard y Merzenich, 1995; Goldreich y Tong, 2013.
8. Dennett, 1991; Buonomano, 2011; Herzog *et al.*, 2016.
9. Véase, por ejemplo, Dehaene y Changeux, 2011; Kandel, 2013.
10. Lamy *et al.*, 2009). Véase también Salti *et al.*, 2015.
11. Dehaene, 2014, 126. Para otro ejemplo de cómo las manipulaciones tardías, 400 ms después de un estímulo, pueden alterar la percepción consciente de los estímulos, véase Scharnowski *et al.*, 2009; Sergent *et al.*, 2013.
12. Hay una larga y venerable historia filosófica sobre el tema del libre albedrío y, más recientemente, sobre la neurociencia del libre albedrío. Como introducción recomiendo los siguientes artículos: Montague, 2008; Haggard, 2011; Nichols, 2011; Smith, 2011; y los libros: Dennett, 2003; Harris, 2012.
13. Definición #2, http://www.oed.com/view/Entry/74438 (30/12/2015).
14. Montague, 2008.
15. Hawking, 1996.
16. Penrose, 1989, 558.
17. Lockwood, 2005.
18. Aunque se ha argumentado que esta sensación de elección es una ilusión que se derrumba tras un análisis más detallado (Harris, 2012).
19. Wegner, 2002.
20. Hume, 1739/2000.
21. Huxley, 1894/1911, 244.
22. Fried *et al.*, 2011.
23. Libet *et al.*, 1983; Lau *et al.*, 2007; Haggard, 2008; Soon *et al.*, 2008; Murakami *et al.*, 2014.
24. Haggard, 2011.
25. Dehaene, 2014, 91. El autor Adam Gopnik ha expresado esta noción utilizando la metáfora del portavoz: «Lo que llamamos conciencia no es más que una ilusión, y guarda la misma relación con el funcionamiento de nuestras mentes reales que el portavoz de prensa de la Casa Blanca guarda con el funcionamiento de la Casa Blanca de Bush: está ahí para encontrar razones sistemáticas para sentimientos y decisiones tomadas por poderes oscuros y ocultos de cuyos propósitos mezquinos e irracionales es consciente solo mucho después de los hechos» (*The New Yorker*, 4 de julio de 2005).
26. Gazzaniga y Steven, 2005; Gazzaniga, 2011.
27. Citado de «Tomorrow Never Was», de Zeeya Merali (*Discover*, junio de 2015).
28. Nichols, 2011; Shariff y Vohs, 2014.
29. En el contexto del Código Penal, estos tres supuestos corresponderían aproximadamente a los siguientes estados mentales: intencionalidad, imprudencia/negligencia y responsabilidad objetiva.

30. Me refiero a la ecuación de Wheeler-DeWitt, cuyo objetivo es fusionar la relatividad general y la mecánica cuántica. Para desconcierto de muchos, este intento dio como resultado una ecuación en la que no hay parámetro temporal, lo que aparentemente lleva a la conclusión de que el tiempo en sí no existe, una opinión defendida por físicos como Julian Barbour y Carlos Rovelli. Para excelentes presentaciones del tiempo en la mecánica cuántica y la ecuación Wheeler-DeWitt, véase Barbour, 1999; Rovelli, 2004; Lockwood, 2005; Callender, 2010a; Smolin, 2013.
31. Koch, 2004; Dehaene, 2014.

BIBLIOGRAFÍA

Aasland, W. A. y Baum, S. R. (2003). «Temporal parameters as cues to phrasal boundaries: A comparison of processing by leftand right-hemisphere brain-damaged individuals», *Brain and Language*, 87, 385-399.

Abbott, L. F. y Nelson, S. B. (2000). «Synaptic plasticity: Taming the beast», *Nature Neuroscience*, 3, 1178-1183.

Alais, D. y Cass, J. (2010). «Multisensory perceptual learning of temporal order: Audiovisual learning transfers to vision but not audition», *PLoS ONE*, *5*, e11283.

Arstila, V. (2012). «Time slows down during accidents», *Frontiers in Psychology*, 3, 196.

Aschoff, J. (1985). «On the perception of time during prolonged temporal isola tion», *Human Neurobiology*, 4, 41-52.

Atakan, Z., Morrison, P., Bossong, M. G., Martin-Santos, R. y Crippa, J. A. (2012). «The effect of cannabis on perception of time: A critical review», *Current Pharmaceutical Design*, 18, 4915-4922.

Atance, C. M. y O'Neill, D. K. (2001). «Episodic future thinking», *Trends in Cognitive Sciences*, 5, 533-539.

Baker, R., Gent, T. C., Yang, Q., Parker, S., Vyssotski, A. L., Wisden, W., Brickley, S. G. y Franks, N. P. (2014). «Altered activity in the central medial thalamus precedes changes in the neocortex during transitions into both sleep and propofol anesthesia», *Journal of Neuroscience*, 34, 13326-13335.

Barbour, J. (1999). *The end of time: The next revolution in physics*, Nueva York: Oxford University Press.

Bargiello, T. A., Jackson, F. R. y Young, M. W. (1984). «Restoration of circadian behavioural rhythms by gene transfer in Drosophila», *Nature*, 312, 752-754.

Beaulieu, C., Kisvarday, Z., Somogyi, P., Cynader, M. y Cowey, A. (1992). «Quantitative distribution of GABA-immunopositive and -immunonegative neurons and synapses in the monkey striate cortex (area 17)», *Cerebral Cortex*, 2, 295-309.

Bender, A. y Beller, S. (2014). «Mapping spatial frames of reference onto time: A review of theoretical accounts and empirical findings», *Cognition*, 132, 342-382.

Benoit, R. G. y Schacter, D. L. (2015). «Specifying the core network supporting episodic simulation and episodic memory by activation likelihood estimation», *Neuropsychologia*, 75, 450-457.

Bhardwaj, R. D., Curtis, M. A., Spalding, K. L., Buchholz, B. A., Fink, D., Björk-Eriksson, T., Nordborg, C., Gage, F. H., Druid, H., Eriksson, P. S. y Frisén, J. (2006). «Neocortical neurogenesis in humans is restricted to development», *Proceedings of the National Academy of Sciences*, 103, 12564-12568.

Bi, G. Q. y Poo, M. M. (1998). «Synaptic modifications in cultured hippocampal neurons: dependence on spike timing, synaptic strength, and postsynaptic cell type», *Journal of Neuroscience*, 18, 10464-10472.

Block, R. A., Hancock, P. A. y Zakay, D. (2010). «How cognitive load affects dura tion judgments: A meta-analytic review», *Acta Psychologica*, 134, 330-343.

Bloom, B. J., Nicholson, T. L., Williams, J. R., Campbell, S. L., Bishof, M., Zhang, X., Zhang, W., Bromley, S. L. y Ye, J. (2014). «An optical lattice clock with accuracy and stability at the 10-18 level», *Nature*, publicación anticipada en línea.

Born, J., Hansen, K., Marshall, L., Molle, M. y Fehm, H. L. (1999). «Timing the end of nocturnal sleep», *Nature*, 397, 29-30.

Boroditsky, L. y Ramscar, M. (2002). «The roles of body and mind in abstract thought», *Psychological Science*, 13, 185-189.

Botzung, A., Denkova, E. y Manning, L. (2008). «Experiencing past and future personal events: Functional neuroimaging evidence on the neural bases of mental time travel», *Brain and Cognition*, 66, 202-212.

Bourjade, M., Call, J., Pele, M., Maumy, M. y Dufour, V. (2014). «Bonobos and orangutans, but not chimpanzees, flexibly plan for the future in a token- exchange task», *Animal Cognition*, 17, 1329-1340.

Bray, S., Rangel, A., Shimojo, S., Balleine, B. y O'Doherty, J. P. (2008). «The neural mechanisms underlying the influence of pavlovian cues on human decision making», *Journal of Neuroscience*, 28, 5861-5866.

Bregman, A. S. (1990). *Auditory scene analysis: The perceptual organization of sound*, Cambridge: MIT Press.

Breitenstein, C., Van Lancker, D. y Daum, I. (2001a). «The contribution of speech rate and pitch variation to the perception of vocal emotions in a German and an American sample», *Cognition and Emotion*, 15, 57-79.

Breitenstein, C., Van Lancker, D., Daum, I. y Waters, C. H. (2001b). «Impaired perception of vocal emotions in Parkinson's disease: influence of speech time processing and executive functioning», *Brain and Cognition*, 45, 277-314.

Brown, H. (2005). *Physical relativity: space-time structure from a dynamical per spective*, Oxford: Oxford University Press.

Brownell, H. H. y Gardner, H. (1988). «Neuropsychological insights into humour», en Durant, J. y Miller, J. (eds): *Laughing matters: A serious look at humour*, Essex: Longman Scientific & Technical.

Buckhout, R., Fox, P. y Rabinowitz, M. (1989). «Estimating the duration of an earthquake: Some shaky field observations», *Bulletin of the Psychonomic Society*, 27, 375-378.

Buckley, R. (2014). «Slow time perception can be learned», *Frontiers in Psychology*, 5.

Bueti, D. y Walsh, V. (2009). «The parietal cortex and the representation of time, space, number and other magnitudes», *Philosophical Transactions of the Royal Society of London B: Biological Sciences*, 364, 1831-1840.

Bueti, D. y Buonomano, D. V. (2014). «Temporal perceptual learning», *Timing and Time Perception*, 2, 261-289.

Bueti, D., Lasaponara, S., Cercignani, M. y Macaluso, E. (2012). «Learning about time: Plastic changes and interindividual brain differences», *Neuron*, 75, 725-737.

Buhusi, C. V. y Meck, W. H. (2005). «What makes us tick? Functional and neural mechanisms of interval timing», *Nature Reviews Neuroscience*, 6, 755-765.

Buhusi, C. V. y Meck, W. H. (2000). «Decoding temporal information: a model based on short-term synaptic plasticity», *Journal of Neuroscience*, 20, 1129-1141.

Buonomano, D. V. (2011). *Brain bugs: How the brain's flaws shape our lives*, Nueva York: W. W. Norton.

Buonomano, D. V. y Mauk, M. D. (1994). «Neural network model of the cerebellum: temporal discrimination and the timing of motor responses», *Neural Computation*, 6, 38-55.

Buonomano, D. V. y Merzenic, M. M. (1995). «Temporal information transformed into a spatial code by a neural network with realistic properties», *Science*, 267, 1028-1030.

Buonomano, D. V. y Maass, W. (2009). «State-dependent computations: Spatio temporal processing in cortical networks», *Nature Reviews Neuroscience*, 10, 113-125.

Burr, D. C., Morrone, M. C. y Ross, J. (1994). «Selective suppression of the magno cellular visual pathway during saccadic eye movements», *Nature*, 371, 511-513. Cahill, L. y McGaugh, J. L. (1996). «Modulation of memory storage», *Current Opinion in Neurobiology*, 6, 237-242.

Cai, Z. G. y Wang, R. (2014). «Numerical magnitude affects temporal memories but not time encoding», *PLoS ONE*, 9, e83159.

Cajochen, C., Altanay-Ekici, S., Münch, M., Frey, S., Knoblauch, V. y WirzJustice, A. (2013). «Evidence that the lunar cycle influences human sleep», *Current Biology*, 23, 1485-1488.

Calaprice, A. (2005). *The new quotable Einstein*, Princeton: Princeton University Press.

Callender, C. (2010a). «Is time an illusion?», *Scientific American*, junio, 59-65. Callender, C. y Edney, R. (2010b). *Introducing time: A graphic guide*, Londres: Icon Books.

Campbell, L. A. y Bryant, R. A. (2007). «How time flies: A study of novice skydivers», *Behaviour Research and Therapy*, 45, 1389-1392.

Carlson, B. A. (2009). «Temporal-pattern recognition by single neurons in a sen sory pathway devoted to social communication behavior». *Journal of Neuroscience*, 29, 9417-9428.

Carnevale, F., De Lafuente, V., Romo, R., Barak, O. y Parga, N. (2015). «Dynamic control of response criterion in premotor cortex during perceptual detection under temporal uncertainty», *Neuron*, 86, 1067-1077.

Carroll, S. (2010). *From eternity to here: The quest for the ultimate theory of time*, Nueva York: Penguin.

Chang, A. Y.-C., Tzeng, O. J. L., Hung, D. L. y Wu, D. H. (2011). «Big time is not always long: Numerical magnitude automatically affects time reproduction», *Psychological Science*, 22, 1567-1573.

Chubykin, Alexander A., Roach, Emma B., Bear, Mark F., Shuler y Marshall G. H. (2013). «A cholinergic mechanism for reward timing within primary visual cortex», *Neuron*, 77, 723-735.

Cicchini, G. M., Arrighi, R., Cecchetti, L., Giusti, M. y Burr, D. C. (2012). «Optimal encoding of interval timing in expert percussionists», *Journal of Neuroscience*, 32, 1056-1060.

Clark, A. (2013). «Whatever next? Predictive brains, situated agents, and the future of cognitive science», *Behavioral and Brain Sciences*, 36, 181-204.

Clayton, N. S. y Dickinson, A. (1999). «Scrub jays (Aphelocoma coerulescens) remember the relative time of caching as well as the location and content of their caches», *Journal of Comparative Psychology*, 113, 403-416.

Clayton, N. S., Russell, J. y Dickinson, A. (2009). «Are animals stuck in time or are they chronesthetic creatures?» *Topics in Cognitive Science*, 1, 59-71.

Cohen, J., Hansel, C. E. y Sylvester, J. D. (1953). «A new phenomenon in time judg ment», *Nature*, *172*, 901.

Colapinto, J. (2007). «The interpreter», *The New Yorker*, 16 de abril, 118-137.

Collyer, C. E. (1976). «The induced asynchrony effect: Its role in visual judgments of temporal order and its relation to other dynamic perceptual phenomena», *Perception & Psychophysics*, 19, 47-54.

Colwell, C. S. (2011). «Linking neural activity and molecular oscillations in the SCN», *Nature Reviews Neuroscience*, 12, 553-569.

Corballis, M. C. (2011). *The recursive mind: the origins of human language thought and civilization*. Princeton, NJ: Princeton University Press.

Cordes, S. y Gallistel, C. R. (2008). «Intact interval timing in circadian CLOCK mutants», *Brain Research*, 1227, 120-127.

Coull, J. T., Cheng, R.-K. y Meck, W. H. (2011). «Neuroanatomical and neuro chemical substrates of timing», *Neuropsychopharmacology*, 36, 3-25.

Coull, J. T., Charras, P., Donadieu, M., Droit-Volet, S. y Vidal, F. (2015). «SMA selectively codes the active accumulation of temporal, not spatial, magnitude», *Journal of Cognitive Neuroscience*, 27, 2281-2298.

Creelman, C. D. (1962). «Human discrimination of auditory duration», *Journal of the Acoustical Society of America*, 34, 582-593.

Critchfield, T. S. y Kollins, S. H. (2001). «Temporal discounting: basic research and the analysis of socially important behavior», *Journal of Applied Behavior Analysis*, 34, 101-122.

Crowe, D. A., Averbeck, B. B. y Chafee, M. V. (2010). «Rapid sequences of population activity patterns dynamically encode task-critical spatial information in parietal cortex», *Journal of Neuroscience*, 30, 11640-11653.

Crowe, D. A., Zarco, W., Bartolo, R. y Merchant, H. (2014). «Dynamic representation of the temporal and sequential structure of rhythmic movements in the primate medial premotor cortex», *Journal of Neuroscience*, 34, 11972-11983.

Czeisler, C., Weitzman, E., Moore-Ede, M., Zimmerman, J. y Knauer, R. (1980). «Human sleep: its duration and organization depend on its circadian phase», *Science*, 210, 1264-1267.

Davidson, A. J., Sellix, M. T., Daniel, J., Yamazaki, S., Menaker, M. y Block, G. D. (2006). «Chronic jet-lag increases mortality in aged mice», *Current Biology*, 16, R914-916.

Davies, P. (1995). *About time: Einstein's unfinished revolution,* Nueva York: Simon & Schuster.

Davies, P. (2012). «That mysterious Flow», *Scientific American*, 21, 8-13.

Debanne, D., Gahwiler, B. H. y Thompson, S. M. (1994). «Asynchronous preand postsynaptic activity induces associative long-term depression in area CA1 of the rat hippocampus in vitro», *Proceedings of the National Academy of Science USA*, *91*, 1148-1152.

Dehaene, S. (2014). *Consciousness and the brain: Deciphering how the brain codes our thoughts*, Nueva York: Viking.

Dehaene, S. y Changeux, J.-P. (2011). Experimental and theoretical approaches to conscious processing, *Neuron*, 70, 200-227.

Dennett, D. C. (1991). *Consciousness explained.* Nueva York: Little, Brown and Company.

Dennett, D. C. (2003). *Freedom evolves*, Nueva York: Penguin Books.

DiCarlo, J. J. y Cox, D. D. (2007). «Untangling invariant object recognition», *Trends in Cognitive Sciences, 11*, 333-341.

Doupe, A. J. y Kuhl, P. K. (1999). «Birdsong and human speech: common themes and mechanisms», *Annual Review of Neuroscience*, 22, 567-631.

Droit-Volet, S. (2003). «Temporal experience and timing in children», en Meck, W. H. (ed.): *Functional and neural mechanisms of interval timing*, 183-288. Boca Ratón: CRC Press.

Dudai, Y. y Carruthers, M. (2005). «The Janus face of Mnemosyne», *Nature, 434*, 567.

Duncan, D. E. (1999). *Calendar: humanity's epic struggle to determine a true and accurate year,* Nueva York: Avon Books.

Eichenbaum, H. (2014). «Time cells in the hippocampus: a new dimension for mapping memories», *National Review of Neuroscience*, 15, 732-744.

Einstein, A. (1905). «Sobre la electrodinámica de los cuerpos en movimiento», *Annalen der Physik*, 17, 891-921.

Einstein, A. e Infeld, L. (1938/1994). *La evolución de la física*, Barcelona: Salvat.

Ellis, G. F. R. (2008). «On the flow of time», *FXQi Essay*. http://fqxiorg/data/essay-contest-files/Ellis_Fqxi_essay_contest Epdf.

Ellis, G. F. R. (2014). «The evolving block universe and the meshing together of times», *Annals of the New York Academy of Sciences*, 1326, 26-41.

Eriksson, P. S., Perfilieva, E., Bjork-Eriksson, T., Alborn, A. M., Nordborg, C., Peterson, D. A. y Gage, F. H. (1998). Neurogenesis in the adult human hippocampus, *Nature Medicine*, 4, 1313-1317.

Everett, D. (2008). *Don't sleep, there are snakes*, Nueva York: Pantheon.

Feldman, J. L. y Del Negro, C. A. (2006) «Looking for inspiration: new perspectives on respiratory rhythm», *National Review of Neuroscience*, 7, 232-241.

Feldmeyer, D., Lubke, J., Silver, R. A. y Sakmann, B. (2002). «Synaptic connections between layer 4 spiny neurone-layer 2/3 pyramidal cell pairs in juvenile rat barrel cortex: physiology and anatomy of interlaminar signalling within a cortical column», *Journal of Physiology*, 538, 803-822.

Földiák, P. (1991). «Learning invariance from transformation sequences», *Neural Computation*, 3, 194-200.

Fortune, E. S. y Rose, G. J. (2001). «Short-term synaptic plasticity as a temporal filter», *Trends in Neurosciences*, 24, 381-385.

Foster, K. R. y Kokko, H. (2009). «The evolution of superstitious and supersti tion-like behaviour», *Proceedings of the Royal Society B: Biological Sciences*, 276, 31-37.

Foster, R. G. y Wulff, K. (2005). «The rhythm of rest and excess», *National Review of Neuroscience*, 6, 407-414.

Foster, R. G. y Roenneberg, T. (2008). «Human responses to the geophysical daily, annual and lunar cycles», *Current Biology*, 18, R784-R794.

Fox, D. (2011). «The limits of intelligence», *Scientific American*, julio, 36-43.

Fraisse, P. (1963). *The psychology of time*, Nueva York: Harper & Row.

Fraps, T. (2014). «Time and magic-manipulating subjective temporality», en Arstila, V. y Lloyd, D. (eds.): *Subjective time: the philosophy, psychology, and neuroscience of temporality*, 263-285. Cambridge, MA: MIT Press.

Frederick, S., Loewenstein, G. y O'Donoghue, T. (2002). «Time discounting and time preference: a critical review», *Journal of Economic Literature*, 45, 351-401.

Fried, I., Mukamel, R. y Kreiman G. (2011). «Internally generated preactivation of single neurons in human medial frontal cortex predicts volition», *Neuron*, *69*, 548-562.

Fujisaki, W., Shimojo, S., Kashino, M. y Nishida S. (2004). «Recalibration of audiovisual simultaneity», *Nature Neuroscience*, *7*, 773-778.

Fuster, J. M. y Bressler, S. L. (2014). «Past makes future: Role of pFC in prediction», *Journal of Cognitive Neuroscience*, 27 639-654.

Galison, P. (2003). *Einstein's clocks and Poincaré's maps: Empires of time*. Nueva York: W. W. Norton.

García, K. S. y Mauk, M. D. (1998). «Pharmacological analysis of cerebellar contributions to the timing and expression of conditioned eyelid responses», *Neuropharmacology*, *37*, 471-480.

Gazzaniga, M. S. (2011). «Neuroscience in the courtroom», *Scientific American*, abril, 54-59.

Gazzaniga, M. S. y Steven, M. S. (2005). «Neuroscience and the law», *Scientific American Mind, 16*, 42-49.

Geldard, F. A. y Sherrick, C. E. (1972). «The cutaneous "rabbit": A perceptual illusion», *Science, 178*, 178-179.

Genovesio, A. y Tsujimoto, S. (2014). «From duration and distance comparisons to goal encoding in prefrontal cortex», en Merchant, H. y De Lafuente, V. (eds.): *Neurobiology of Interval Timing*, 167-186. Nueva York: Springer.

Gibbon, J. (1977). «Scalar expectancy theory and Weber's law in animal timing», *Psychological Review, 84*, 279-325.

Gibbon, J., Church, R. M. y Meck, W. H. (1984). «Scalar timing in memory», *Annals of the New York Academy of Science, 423*, 52-77.

Gilbert, D. (2007). *Stumbling on happiness*. Nueva York: Vintage Books.

Goel, A. y Buonomano, D. V. (2014). «Timing as an intrinsic property of neural networks: evidence from in vivo and in vitro experiments», *Philosophical Transactions of the Royal Society of London B: Biological Science, 369*, 20120460.

Goel, A. y Buonomano, D. V. (2016). «Timing as an intrinsic property of neural networks: evidence from in vivo and in vitro experiments», *Neuron, 91*, 320-327.

Goldreich, D. (2007). «A Bayesian perceptual model replicates the cutaneous rabbit and other tactile spatiotemporal illusions», *PLoS ONE, 2*, e333.

Goldreich, D. y Tong, J. (2013). «Prediction, postdiction, and perceptual length contraction: a Bayesian low-speed prior captures the cutaneous rabbit and related illusions», *Frontiers in Psychology, 4*, 579.

Golombek, D. A., Bussi, I. L., Agostino, P. V. (2014). «Minutes, days and years: molecular interactions among different scales of biological timing», *Philosophical Transactions of the Royal Society B: Biological Sciences, 369*, 20120465.

Gordon, P. (2004). «Numerical cognition without words: evidence from Amazonia», *Science, 306*, 496-499.

Greene, B. (2004). *The fabric of the cosmos: Space, time, and the texture of reality*, Nueva York: Vintage Books.

Grondin, S., Kuroda, T. y Mitsudo, T. (2011). «Spatial effects on tactile duration categorization», *Canadian Journal of Experimental Psychology/ Revue canadienne de psychologie expérimentale*, *65*, 163-167.

Gutiérrez, E. (2013). «A rat in the labyrinth of anorexia nervosa: Contributions of the activity-based anorexia rodent model to the understanding of anorexia nervosa». *International Journal of Eating Disorders*, *46*, 289-301.

Haeusler, S. y Maass, W. (2007). «A statistical analysis of information-processing properties of lamina-specific cortical microcircuit models», *Cerebral Cortex*, *17*, 149-162.

Hafele, J. C. y Keating, R. E. (1972a). «Around-the-world atomic clocks: Observed relativistic time gains», *Science*, *177*, 168-170.

Hafele, J. C. y Keating, R. E. (1972b). «Around-the-world atomic clocks: Predicted relativistic time gains», *Science*, *177*, 166-168.

Haggard, P. (2008). «Human volition: towards a neuroscience of will», *National Review of Neuroscience*, *9*, 934-946.

Haggard, P. (2011). «Decision time for free will», *Neuron*, *69*, 404-406.

Hahnloser, R. H. R., Kozhevnikov, A. A. y Fee M. S. (2002). «An ultra-sparse code underlies the generation of neural sequence in a songbird», *Nature*, *419*, 65-70.

Hakimi, S. y Hare, T. A. (2015). «Enhanced neural responses to imagined primary rewards predict reduced monetary temporal discounting», *Journal of Neuroscience*, *35*, 13103-13109.

Hammond, C. (2012). *Time warped: Unlocking the mysteries of time perception*, Nueva York: Harper-Perennial.

Han, C. J. y Robinson, J. K. (2001). «Cannabinoid modulation of time estimation in the rat», *Behavioral Neuroscience 115*, 243-246.

Harrington, D. L., Castillo, G. N., Reed J. D., Song, D. D., Litvan I. y Lee, R. R. (2014). «Dissociation of neural mechanisms for intersensory timing deficits in Parkinson's disease», *Timing & Time Perception*, *2*, 145-168.

Harris, S. (2012). *Free will*, Nueva York: Free Press.

Hassabis, D., Kumaran, D., Vann, S. D. y Maguire, E. A. (2007). «Patients with hippocampal amnesia cannot imagine new experiences», *Proceedings of the National Academy of Sciences USA, 104*, 1726-1731.

Hawking, S. (1996). *A brief history of time,* Nueva York: Bantam Books.

Hayashi, M. J., Kanai, R., Tanabe, H. C., Yoshida, Y., Carlson, S., Walsh, V. y Sadato, N. (2013). «Interaction of numerosity and time in prefrontal and parietal cortex», *Journal of Neuroscience, 33*, 883-893.

Helson, H. y King, S. M. (1931). «The tau effect: an example of psychological relativity», *Journal of Experimental Psychology, 14*, 202-217.

Henderson, J., Hurly, T. A., Bateson, M. y Healy, S. D. (2006). «Timing in free-living rufous hummingbirds, Selasphorus rufus», *Current Biology, 16*, 512-515.

Herculano-Houzel, S. (2009). «The human brain in numbers: a linearly scaled-up primate brain», *Frontiers in Human Neuroscience, 3.*

Herzog, E. D., Aton, S. J., Numano, R., Sakaki, Y. y Tei H. (2004). Temporal precision in the mammalian circadian system: A reliable clock from less reliable neurons. *Journal of Biological Rhythms, 19*, 35-46.

Herzog, M. H., Kammer, T. y Scharnowski, F. (2016). «Time slices: What is the duration of a percept?» *PLoS Biol, 14*, e1002433.

Hicks, R. E., Miller, G. W. y Kinsbourne, M. (1976). «Prospective and retrospective judgments of time as a function of amount of information processed», *American Journal of Psychology, 89*, 719-730.

Hinkley, N., Sherman, J. A., Phillips, N. B., Schioppo, M., Lemke, N. D., Beloy, K., Pizzocaro, M., Oates, C. W. y Ludlow, A. D. (2013). «An atomic clock with 10–18 instability», *Science, 341*, 1215-1218.

Honing, H., Merchant, H., Háden, G. P., Prado, L. y Bartolo, R. (2012). «Rhesus monkeys (Macaca mulatta) detect rhythmic groups in music, but not the beat», *PLoS ONE, 7*, e51369.

Hoskins, J. (1993). *The play of time: Kodi perspectives on calendars, history, and exchange.* Berkeley: University of California Press.

Huang, Y. y Jones, B. (1982). «On the interdependence of temporal and spatial judgments». *Perception & Psychophysics, 32*, 7-14.

Hume, D. (1739/2000). *Tratado de la naturaleza humana,* Tecnos.

Hussain, F., Gupta, C., Hirning, A. J., Ott, W., Matthews, K. S., Josić K. y Bennett, M. R. (2014). «Engineered temperature compensation in a synthetic reloj genético», *Proceedings of the National Academy of Sciences, 111*, 972-977.

Huxley, T. H. (1894/1911). *Collected essays: Method and results*, Nueva York: D. Appleton.

Ikeda, H., Kubo, T., Kuriyama, K. y Takahashi, M. (2014). «Self-awakening improves alertness in the morning and during the day after partial sleep deprivation», *Journal of Sleep Research, 23*, 673-680.

Ishihara, M., Keller, P. E., Rossetti, Y. y Prinz, W. (2008). «Horizontal spatial representations of time: Evidence for the STEARC effect», *Cortex, 44*, 454-461.

Ishizawa, Y., Ahmed, O. J., Patel, S. R., Gale, J. T., Sierra-Mercado, D., Brown, E. N. y Eskandar, E. N. (2016). «Dynamics of propofol-induced loss of consciousness across primate neocortex», *Journal of Neuroscience, 36*, 7718-7726.

Ivry, R. B. y Schlerf, J. E. (2008). «Dedicated and intrinsic models of time perception», *Trends in Cognitive Sciences, 12*, 273-280.

Jacobs, B., Schall, M., Prather, M., Kapler, E., Driscoll, L., Baca, S., Jacobs, J., Ford, K., Wainwright, M. y Treml, M. (2001). «Regional dendritic and spine variation in human cerebral cortex: A quantitative golgi study», *Cerebral Cortex, 11*, 558-571.

James, W. (1890). *Principios de la psicología*, Fondo de Cultura Económica.

Janssen, P., Shadlen, M. N. (2005). «Regional dendritic and spine variation in human cerebral cortex: A quantitative golgi study», *Nature Neuroscience, 8*, 234-241.

Jazayeri, M. y Shadlen, M. N. (2010). «Temporal context calibrates interval timing», *Nature Neuroscience, 13*, 1020-1026.

Jazayeri, M. y Shadlen, M. N. (2015). «A neural mechanism for sensing and reproducing a time interval», *Current Biology, 25*, 2599-2609.

Jin, D. Z., Fujii, N. y Graybiel, A. M. (2009). «Neural representation of time in cortico-basal ganglia circuits», *AProceedings of the National Academy of Science USA, 106*, 19156-19161.

Johnson, C. H., Golden, S. S. y Kondo, T. (1998). «Adaptive significance of circadian programs in cyanobacteria», *Trends in Microbiology, 6*, 407-410.

Johnson, H. A., Goel, A. y Buonomano, D. V. (2010). «Neural dynamics of in vitro cortical networks reflects experienced temporal patterns», *Nature Neuroscience, 13*, 917-919.

Jones, C. R., Campbell, S. S., Zone, S. E., Cooper, F., DeSano, A., Murphy, P. J., Jones, B., Czajkowski, L. y Ptáček, L. J. (1999). «Familial advanced sleepphase syndrome: A short-period circadian rhythm variant in humans», *Nature Medicine, 5*, 1062-1065.

Jones, C. R., Huang, A. L., Ptáček, L. J. y Fu, Y.-H. (2013). «Genetic basis of human circadian rhythm disorders», *Experimental Neurology, 243*, 28-33.

Kable, J. W. y Glimcher, P. W. (2007). «The neural correlates of subjective value during intertemporal choice», *Nature Neuroscience*, 10, 1625-1633.

Kanabus, M., Szelag, E., Rojek, E. y Poppel, E. (2002). «Temporal order judgment for auditory and visual stimuli», *Acta Neurobiologiae Experimentalis*, 62, 263-270.

Kandel, E. (2013). «The new science of mind and the future of knowledge», *Neuron*, 80, 546–560.

Kandel, E. R., Schartz, J., Jessel, T., Siegelbaum, S. A. y Hudspeth, A. J. (2013). *Principles of neural science*, Nueva York: McGraw-Hill Medical.

Karlsson, M. P., Frank, L. M. (2009). «Awake replay of remote experiences in the hippocampus», *Nature Neuroscience, 12*, 913-918.

Karmarkar, U. R., Najarian, M. T., Buonomano, D. V. (2002). «Mechanisms and significance of spike-timing dependent plasticity», *Biological Cybernetics, 87*, 373-382.

Keele, S. W., Pokorny, R. A., Corcos, D. M. e Ivry, R. (1985). «Do perception and motor production share common timing mechanisms: a correctional analysis», *Acta Psychologica (Amst.), 60*, 173-191.

Kiesel, A. y Vierck, E. (2009). «SNARC-like congruency based on number magnitude and response duration», *Journal of Experimental Psychology: Aprendizaje, Memoria y Cognición, 35*, 275-279.

Kilgard, M. P. y Merzenich, M. M. (1995). «Anticipated stimuli across skin», *Nature, 373*, 663.

Kilgard, M. P. y Merzenich, M. M. (2002). «Order-sensitive plasticity in adult primary auditory cortex», *Proceedings of the National Academy of Science USA*, *99*, 3205-3209.

Killingsworth, M. A. y Gilbert ,D. T. (2010). «A wandering mind is an unhappy mind». *Science*, *330*, 932.

Kim, J., Ghim, J.-W., Lee, J. H. y Jung, M. W. (2013). «Neural correlates of interval timing in rodent prefrontal cortex», *Journal of Neuroscience*, *33*, 13834-13847.

Kivimäki, M., Batty, G. D., Hublin, C. (2011). «Shift work as a risk factor for future type 2 diabetes: evidence, mechanisms, implications, and future research directions». *PLoS Med*, *8*, e1001138.

Klampfl, S., David, S. V., Yin, P., Shamma, S. A. y Maass, W. (2012). «A quantitative analysis of information about past and present stimuli encoded by spikes of A1 neurons». *Journal of Neurophysiology*, *108*, 1366-1380.

Knutsson, A. (2003). «Health disorders of shift workers», *Occupational Medicine*, *53*, 103-108.

Koch, C. (2004). *The quest for consciousness: A neurobiological approach*, Englewood, CO: Robers & Company.

Konopka, R. J. y Benzer, S. (1971). «Clock mutants of Drosophila melanogaster», *Proceedings of the National Academy of Science USA*, *68*, 2112-2116.

Kording, K. (2007). «Decision theory: What "should" the nervous system do?», *Science*, *318*, 606-610.

Kostarakos, K. y Hedwig, B. (2012). «Calling song recognition in female crickets: Temporal tuning of identified brain neurons matches behavior», *Journal of Neuroscience*, *32*, 9601-9612.

Kraus, B. J., Robinson, R. J., White, J. A., Eichenbaum, H. y Hasselmo, M. E. (2013). «Hippocampal "time cells": Time versus path integration», *Neuron*, *78*, 1090-1101.

Kwan, D., Craver, C. F., Green, L., Myerson, J., Boyer P. y Rosenbaum, R. S. (2012). «Future decision-making without episodic mental time travel», *Hippocampus*, *22*, 1215-1219.

Kyriacou, C. P. y Hall, J. C. (1980). «Circadian rhythm mutations in Drosophila melanogaster affect short-term fluctuations in the male's courtship song», *Proceedings of the National Academy of Sciences of the USA, 77*, 6729-6733.

Laje, R. y Buonomano, D. V. (2013). «Robust timing and motor patterns by taming chaos in recurrent neural networks», *Nature Neuroscience 16*, 925-933.

Lakoff, G. y Johnson, M. (1980/2003). *Metaphors we live by*. Chicago: University of Chicago Press.

Lamy, D., Salti, M. y Bar-Haim, Y. (2009). «Neural correlates of subjective awareness and unconscious processing: an ERP study», *Journal of Cognitive Neuroscience, 21*, 1435-1446.

Landes, D. S. (1983). *Revolution in time: Clocks and the making of the modern world*. Nueva York: Barnes & Noble.

Lashley, K. S. (ed.) (1951). *The problem of serial order in behavior.* Nueva York: Wiley.

Lasky, R. (2012). «Time and the twin paradox», *Scientific American, 21*, 30-33.

Lau, H. C., Rogers, R. D. y Passingham R. E. (2007). «Manipulating the experienced onset of intention after action execution», *Journal of Cognitive Neuroscience, 19*, 81-90.

Lavie, P. (2001). «Sleep-wake as a biological rhythm», *Annual Review of Psychology, 52*, 277-303.

Lebedev, M. A., O'Doherty, J. E. y Nicolelis, M. A. L. (2008). «Decoding of temporal intervals from cortical ensemble activity», *Journal of Neurophysiology, 99*, 166-186.

Lee, T. P. y Buonomano, D. V. (2012). «Unsupervised formation of vocalizationsensitive neurons: a cortical model based on short-term and homeostatic plasticity», *Neural Computation, 24*, 2579-2603.

Lehiste, I. (1960). «An acoustic–phonetic study of internal open juncture», *Phonetica, 5 (suppl. 1)*, 5-54.

Lehiste, I., Olive, J. P., Streeter, L. A. (1976). «Role of duration in disambiguating syntactically ambiguous sentences», *Journal of the Acoustical Society of America, 60*, 1199-1202.

Leon, M. I., Shadlen, M. N. (2003). «Representation of time by neurons in the posterior parietal cortex of the macaque», *Neuron, 38*, 317-327.

Levine, R. (1996). *The geography of time*, Nueva York: Basic Books.

Levy, W. B. y Steward, O. (1983). «Temporal contiguity requirements for longterm associative potentiation/depression in the hippocampus», *Neuroscience*, *8*, 791-797.

Lewis, P. A., Miall, R. C., Daan, S. y Kacelnik, A. (2003). «Interval timing in mice does not rely upon the circadian pacemaker», *Neuroscience Letters*, *348*, 131-134.

Libet, B., Gleason, C. A., Wright, E. W. y Pearl, D. K. (1983). «Time of conscious intention to act in relation to onset of cerebral activity (readiness-potential)», *Brain*, *106 (Pt. 3)*, 623-642.

Lieving, L. M., Lane, S. D., Cherek, D. R. y Tcheremissine, O. V. (2006). «Effects of marijuana on temporal discriminations in humans», *Behavioral Pharmacology*, *17*, 173-183.

Livesey, A. C., Wall, M. B. y Smith, A. T. (2007). «Time perception: Manipulation of task difficulty dissociates clock functions from other cognitive demands». *Neuropsychologia*, *45*, 321-331.

Lockwood, M. (2005). *The labyrinth of time: Introducing the universe*, Oxford: Oxford University Press.

Loftus, E. F. (1996). *Eyewitness testimony*. Cambridge, MA: Harvard University Press.

Loftus, E. F., Schooler, J. W., Boone, S. M., Kline, D. (1987). «Time went by so slowly: overestimation of event duration by males and females», *Applied Cognitive Psychology*, *1*, 3-13.

Loh, D. H., Navarro, J., Hagopian, A., Wang, L. M., Deboer, T., Colwell, C. S. (2010). «Rapid changes in the light/dark cycle disrupt memory of conditioned fear in mice», *PLoS ONE*, *5*, e12546.

Lombardi, M. A. (2002). «Fundamentals of time and frequency», en Bishop, R. H. (ed.): *Mechanotronics handbook*, Nueva York: CRC Press.

Long, M. A. y Fee, M. S. (2008). «Using temperature to analyse temporal dynamics in the songbird motor pathway». *Nature*, *456*, 189-194.

Long, M. A., Jin, D. Z. y Fee, M. S. (2010). «Support for a synaptic chain model of neuronal sequence generation», *Nature*, *468*, 394-399.

Maass, W., Natschläger, T. y Markram, H. (2002). «Computación en tiempo real sin estados estables: A new framework for neural computation based on perturbations», *Neural Computation*, *14*, 2531-2560.

MacDonald, C. J., Lepage, K. Q., Eden, U. T. y Eichenbaum, H. (2011). «Hippocampal "time cells" bridge the gap in memory for discontiguous events», *Neuron, 71*, 737-749.

MacDonald, C. J., Carrow, S., Place, R. y Eichenbaum, H. (2013). «Distinct hippocampal time cell sequences represent odor memories in immobilized rats», *Journal of Neuroscience, 33*, 14607-14616.

MacKillop, J., Amlung, M. T., Few, L. R., Ray, L. A., Sweet, L. H. y Munafo, M. R. (2011). «Delayed reward discounting and addictive behavior: a meta-analysis», *Psychopharmacology (Berl.), 216*, 305-321.

Mante, V., Sussillo, D., Shenoy, K. V. y Newsome, W. T. (2013). «Context-dependent computation by recurrent dynamics in prefrontal cortex», *Nature, 503*, 78-84.

Markram, H., Lubke, J., Frotscher, M. y Sakmann, B. (1997). «Regulation of synaptic efficacy by coincidence of postsynaptic APs and EPSPs», *Science, 275*, 213-215.

Martin, F. H. y Garfield, J. (2006). «Combined effects of alcohol and caffeine on the late components of the event-related potential and on reaction time», *Biological Psychology, 71*, 63-73.

Matell, M. S. y Meck, W. H. (2004). «Cortico-striatal circuits and interval timing: coincidence detection of oscillatory processes», *Cognitive Brain Research 21*, 139-170.

Matsuda, F. (1996). «Duration, distance, and speed judgments of two moving objects by 4to 11-year olds», *Journal of Experimental Child* Psychology, *63*, 286-311.

Matthews, M. R. (2000). *Time for science education: how teaching the history and philosophy of pendulum motion can contribute to science literacy*, Nueva York: Kluwer Academic.

Matthews, W. J. (2015). «Time perception: The surprising effects of surprising stimuli», *Journal of Experimental Psychology: General, 144*, 172-197.

Matthews, W. J. y Meck, W. H. (2016). «Temporal cognition: Connecting subjective time to perception, attention, and memory», *Psychological Bulletin, 142*, 865-890.

Mauk, M. D. y Donegan, N. H. (1997). «A model of Pavlovian eyelid conditioning based on the synaptic organization of the cerebellum», *Learning & Memory, 3*, 130-158.

Mauk, M. D. y Buonomano, D. V. (2004). «The neural basis of temporal processing». *Annual Review of Neuroscience, 27*, 307-340.

McClure, G. Y. y McMillan, D. E. (1997). «Effects of drugs on response duration differentiation. VI: differential effects under differential reinforcement of low rates of responding schedules», *Journal of Pharmacology and Experimental Therapeutics, 281*, 1368-1380.

McClure, S. M., Laibson, D. I., Loewenstein, G. y Cohen, J. D. (2004). «Separate neural systems value immediate and delayed monetary rewards», *Science, 306*, 503-507.

McGlone, M. S. y Harding, J. L. (1998). «Back (or forward?) to the future: The role of perspective in temporal language comprehension». *Journal of Experimental Psychology: Learning, Memory, and Cognition, 24*, 1211-1223.

Meck, W. H. (1996). «Neuropharmacology of timing and time perception», *Cognitive Brain Research, 3*, 227-242.

Medina, J. F., Garcia, K. S., Nores, W. L., Taylor, N. M. y Mauk, M. D. (2000). «Timing mechanisms in the cerebellum: testing predictions of a large-scale computer simulation», *Journal of Neuroscience, 20*, 5516-5525.

Mégevand, P., Molholm, S., Nayak, A. y Foxe, J. J. (2013). «Recalibration of the multisensory temporal window of integration results from changing task demands», *PLoS ONE, 8*, e71608.

Meijer, J. H. y Robbers ,Y. (2014). «Wheel running in the wild». *Proceedings of the Royal Society of London B: Biological Sciences, 281*, 20140210.

Mello, G. B. M., Soares, S. y Paton, J. J. (2015). «A scalable population code for time in the striatum». *Current Biology, 9*, 1113-1122.

Merchant, H., Harrington, D. L. y Meck, W. H. (2013). «Neural basis of the perception and estimation of time», *Annual Review of Neuroscience, 36*, 313-336.

Meyer, L. (1961). *Emotion and meaning in music*, Chicago: University of Chicago Press.

Miall, C. (1989). «The storage of time intervals using oscillating neurons», *Neural Computation, 1*, 359-371.

Milham, W. I. (1941) *Time & timekeepers: Including the history, construction, care, and accuracy of clocks and watches*, Londres: Macmillan, 37

Mita, A., Mushiake, H., Shima, K., Matsuzaka e Y., Tanji, J. (2009). «Interval time coding by neurons in the presupplementary and supplementary motor areas», *Nature Neuroscience, 12*, 502-507.

Modi, M. N., Dhawale, A. K. y Bhalla, U. S. (2014). «CA1 cell activity sequences emerge after reorganization of network correlation structure during associative learning», *Elife, 3*, e01982.

Montague, P. R. (2008). «Free will», *Current Biology, 18*, R584-R585.

Moorcroft, W. H., Kayser, K. H. y Griggs, A. J. (1997). «Subjective and objective confirmation of the ability to self-awaken at a self-predetermined time without using external means», *Sleep, 20*, 40-45.

Morrone, M. C., Ross, J. y Burr, D. (2005). «Saccadic eye movements cause compression of time as well as space», *Nature Neuroscience, 8*, 950-954.

Morrow, N. S., Schall, M., Grijalva, C. V., Geiselman, P. J., Garrick, T., Nuccion, S. y Novin, D. (1997). «Body temperature and wheel running predict survival times in rats exposed to activity-stress», *Physiology & Behavior, 62*, 815-825.

Muller, T. y Nobre, A. C. (2014). «Perceiving the passage of time: neural possibilities», *Annals of the New York Academy of Sciences, 1326*, 60-71.

Mumford, L. (2010/1934). *Technics & civilization*. Chicago: University of Chicago Press.

Murakami, M., Vicente, M. I., Costa, G. M. y Mainen, Z. F. (2014). «Neural antecedents of self-initiated actions in secondary motor cortex», *Nature Neuroscience, 17*, 1574-1582.

Nagarajan, S. S., Blake, D. T., Wright, B. A., Byl, N. y Merzenich, M. M. (1998). «Practice-related improvements in somatosensory interval discrimination are temporally specific but generalize across skin location, hemisphelre, and modality». *Journal of Neuroscience, 18*, 1559-1570.

Nichols, S. (2011). «Experimental philosophy and the problem of free will», *Science, 331*, 1401-1403.

Nikolić, D., Häusler, S., Singer, W. y Maass, W. (2009). «Distributed fading memory for stimulus properties in the primary visual cortex». *PLoS Biol, 7*, e1000260.

Noyes, R. y Kletti, R. (1972). «The experience of dying from falls», *Omega*, *3*, 45-52.

Noyes, R. y Kletti, R. (1976). «Depoersonalization in face of life-threatening danger», *Psychiatry-Interpersonal and Biological Processes*, *39*, 19-27.

Núñez, R. y Cooperrider, K. (2013). «The tangle of space and time in human cognition», *Trends in Cognitive Science*, *17*, 220-229.

Núñez, R. E. y Sweetser, E. (2006). «With the future behind them: convergent evidence from Aymara language and gesture in the crosslinguistic comparison of spatial construals of time», *Cognitive Science*, *30*, 401-450.

Ohyama, T., Nores, W. L., Murphy, M. y Mauk, M. D. (2003). «What the cerebellum computes», *Trends in Neurosciences*, *26*, 222-227.

Oliveri, M., Vicario, C. M., Salerno, S., Koch, G., Turriziani, P., Mangano, R., Chillemi, G. y Caltagirone, C. (2008). «Perceiving numbers alters time perception», *Neuroscience Letters*, *438*, 308-311.

Ornstein, R. E. (1969). *On the experience of time,* Harmondsworth: Penguin.

Osvath, M. y Persson, T. (2013). «Great apes can defer exchange: a replication with different results suggesting future oriented behavior», *Frontiers in Psychology*, *4*, 698.

Ouyang, Y., Andersson, C. R., Kondo, T., Golden, S. S., Johnson, C. H. (1998). «Resonating circadian clocks enhance fitness in cyanobacteria», *Proceedings of the National Academy of Sciences*, *95*, 8660-8664.

Panagiotaropoulos, T. I., Deco, G., Kapoor, V. y Logothetis, N. K. (2012). «Neuronal discharges and gamma oscillations explicitly reflect visual consciousness in the lateral prefrontal cortex», *Neuron*, *74*, 924-935.

Papachristos, E. B., Jacobs, E. H., Elgersma, Y. (2011). «Interval timing is intact in arrhythmic Cry1/Cry2-deficient mice», *Journal of Biological Rhythms*, *26*, 305-313.

Papert, S. (1999). «Child psychologist Jean Piaget», *Time*, 29 de marzo.

Pariyadath, V. y Eagleman, D. M. (2007). «The effect of predictability on subjective duration», *PLoS ONE*, *2*, e1264.

Park, J., Schlag-Rey, M., Schlag, J. (2003). «Voluntary action expands perceived duration of its sensory consequence». *Experimental Brain Research*, *149*, 527-529.

Pastalkova, E., Itskov, V., Amarasingham, A. y Buzsaki, G. (2008). «Internally generated cell assembly sequences in the rat hippocampus», *Science, 321*, 1322-1327.

Patel, A. B., Loerwald, K. W., Huber, K. M. y Gibson, J. R. (2014). «Postsynaptic FMRP promotes the pruning of cell-to-cell connections among pyramidal neurons in the L5A neocortical network», *Journal of Neuroscience, 34*, 3413-3418.

Patel, A. D. (2006). «Musical rhythm, linguistic rhythm, and human evolution», *Music Perception, 24*, 99-104.

Patel, A. D., Iversen, J. R., Bregman, M. R. y Schulz, I. (2009). «Studying synchronization to a musical beat in nonhuman animals», *Annals of the New York Academy of Sciences, 1169*, 459-469.

Penrose, R. (1989/1999). *The emperor's new mind,* Oxford: Oxford University Press.

Perrett, S. P., Ruiz, B. P. y Mauk, M. D. (1993). «Cerebellar cortex lesions disrupt learning-dependent timing of conditioned eyelid responses», *Journal of Neuroscience, 13*, 1708-1718.

Peters, J. (2011). «The role of the medial orbitofrontal cortex in intertemporal choice: Prospection or valuation?», *Journal of Neuroscience, 31*, 5889-5890.

Peters, J., Büchel, C. (2010). «Episodic future thinking reduces reward delay discounting through an enhancement of prefrontal-mediotemporal interactions», *Neuron, 66*, 138-148.

Piaget, J. (1946/1969). *The child's conception of time,* Nueva York: Basic Books.

Piaget, J. (1972). *Psychology and epistemology: towards a theory of knowledge,* Londres: Penguin Press.

Pierce, W. D., Epling, W. F., Boer, D. P. (1986). «Deprivation and satiation: The interrelations between food and wheel running», *Journal of the Experimental Analysis of Behavior, 46*, 199-210.

Pinker, S. (2007). *The stuff of thought: Language as a window into human nature,* Nueva York: Penguin Books.

Pinker, S. (2014). *The sense of style: The thinking person's guide to writing in the 21st century,* Nueva York: Penguin.

Popper, K. (1992). *Unended quest: Una autobiografía intelectual,* Londres: Routledge.

Prelec, D. y Simester, D. (2001). «Always leave home without it: A further investigation of the credit-card effect on willingness to pay», *Marketing Letters, 12*, 5-12.

Price-Williams, D. R. (1954). «The kappa effect», *Nature, 173*, 363-364.

Prigogine, I. y Stengers, I. (1984). *Order out of chaos: man's new dialogue with nature*. Toronto: Bantam.

Purdon, P. L. *et al.* (2013). «Electroencephalogram signatures of loss and recovery of consciousness from propofol», *Proceedings of the National Academy of Sciences, 110*, E1142-E1151.

Purves, D. *et al.* (2008). *Principles of Cognitive Neuroscience*, Sunderland, MA: Sinauer.

Putnam, H. (1967). «Time and physical geometry», *Journal of Philosophy, 64*, 240-247.

Quintana, J. y Fuster, J. M. (1992). «Mnemonic and predictive functions of cortical neurons in a memory task», *Neuroreport, 3*, 721-724.

Raby, C. R., Alexis, D. M., Dickinson, A. y Clayton, N. S. (2007). «Planning for the future by western scrub-jays», *Nature, 445*, 919-921.

Race, E., Keane, M. M. y Verfaellie, M. (2011). «Medial temporal lobe damage causes deficits in episodic memory and episodic future thinking not attributable to deficits in narrative construction», *Journal of Neuroscience, 31*, 10262-10269.

Rae, A. (1986). *Quantum physics: illusion or reality?,* Cambridge: Cambridge University Press.

Raghubir, P. y Srivastava, J. (2008). «Monopoly money: the effect of payment coupling and form on spending behavior», *Journal of Experimental Psychology Applied, 14*, 213-225.

Ralph, M. R., Foster, R. G., Davis, F. C. y Menaker, M. (1990). «Transplanted suprachiasmatic nucleus determines circadian period», *Science, 247*, 975-978.

Rammsayer, T. (1992). «Effects of benzodiazepine-induced sedation on temporal processing», *Human Psychopharmacology, 7*, 311-318.

Rammsayer, T. H. (1999). «Neuropharmacological evidence for different timing mechanisms in humans», *Quarterly Journal of Experimental Psychology B, 52*, 273-286.

Rammsayer, T. H. y Vogel, W. H. (1992). «Pharmacological properties of the internal clock underlying time perception in humans», *Neuropsychobiology, 26*, 71-80.

Rammsayer, T. H., Buttkus, F. y Altenmuller, E. (2012). «Musicians do better than nonmusicians in both auditory and visual timing tasks». *Music Perception, 30*, 85-96.

Raymond, J., Lisberger, S. G., Mauk, M. D. (1996). «The cerebellum: a neuronal learning machine?», *Science, 272*, 1126-1132.

Reddy, P. *et al.* (1984). «Molecular analysis of the period locus in Drosophila melanogaster and identification of a transcript involved in biological rhythms», *Cell, 38*, 701-710.

Rennaker, R. L., Carey, H. L., Anderson, S. E., Sloan, A. M. y Kilgard, M. P. (2007). «Anesthesia suppresses nonsynchronous responses to repetitive broadband stimuli», *Neuroscience, 145*, 357-369.

Reyes, A., Sakmann, B. (1999). «Developmental switch in the short-term modification of unitary EPSPs evoked in layer 2/3/ and layer 5 pyramidal neurons of rat neocortex», *Journal of Neuroscience 19*, 3827-3835.

Richards, W. (1973). «Time reproductions by H.M.», *Acta Psychologica, 37*, 279-282.

Rietdijk, C. W. (1966). «A rigorous proof of determinism derived from the special theory of relativity», *Philosophy of Science, 33*, 341-344.

Rigotti, M. *et al.* (2013). «The importance of mixed selectivity in complex cognitive tasks», *Nature, 497*, 585-590.

Rose, G., Leary, C. y Edwards, C. (2011). «Interval-counting neurons in the anuran auditory midbrain: factors underlying diversity of interval tuning». *Journal of Comparative Physiology A: Neuroethology, Sensory, Neural, and Behavioral Physiology, 197*, 97-108.

Routtenberg, A. y Kuznesof, A. W. (1967). «Self-starvation of rats living in activity wheels on a restricted feeding schedule», *Journal of Comparative and Physiological* Psychology, *64*, 414-421.

Rovelli, C. (2004). *Quantum gravity*. Cambridge: Cambridge University Press.

Sacks, O. (2004). «Speed», *The New Yorker*, 23 de agosto, 60-69.

Sadagopan, S. y Wang, X. (2009). «Nonlinear spectrotemporal interactions underlying selectivity for complex sounds in auditory cortex», *Journal of Neuroscience*, *29*, 11192-11202.

Saj, A., Fuhrman, O., Vuilleumier, P. y Boroditsky, L. (2014). «Patients with left spatial neglect also neglect the "left side" of time», *Psychological Science*, *25*, 207-214.

Salti, M. *et al.* (2015). «Distinct cortical codes and temporal dynamics for conscious and unconscious percepts», *eLife*, *4*, e05652.

Sarrazin, J. C., Giraudo, M. D., Pailhous, J. y Bootsma, R. J. (2004). «Dynamics of balancing space and time in memory: tau and kappa effects revisited», *Journal of Experimental Psychology Human Perception and Performance*, *30*, 411-430.

Sauer, T. (ed.) (2014). *Piaget, Einstein, and the concept of time*, Berlín: Edition Open Access.

Scarf, D., Smith, C. y Stuart, M. (2014). «A spoon full of studies helps the comparison go down: a comparative analysis of Tulving's spoon test», *Frontiers in Psychology*, *5*, 893.

Schacter, D. L. (1996). *Searching for memory*, Nueva York: Basic Books.

Schacter, D. L. y Addis, D. R. (2007). «Constructive memory: The ghosts of past and future», *Nature*, *445*, 27.

Schacter, D. L., Addis D. R. y Buckner R. L. (2007). «Remembering the past to imagine the future: the prospective brain», *Nature Reviews Neuroscience*, *8*, 657-661.

Scharnowski, F. *et al.*(2009). «Long-lasting modulation of feature integration by transcranial magnetic stimulation». *Journal of Vision*, *9*, 1-10.

Schuster, S., Rossel, S., Schmidtmann, A., Jäger, I. y Poralla, J. (2004). «Archer fish learn to compensate for complex optical distortions to determine the absolute size of their aerial prey», *Current Biology*, *14*, 1565-1568.

Schwab, S., Miller, J. L., Grosjean, F. y Mondini, M. (2008). «Effect of speaking rate on the identification of word boundaries», *Phonetica*, *65*, 173-186.

Seeyave, D. M. *et al.* (2009). «Ability to delay gratification at age 4 years and risk of overweight at age 11 years», *Archives of Pediatric & Adolescent Medicine*, *163*, 303-308.

Sellitto, M., Ciaramelli, E. y Di Pellegrino, G. (2010). «Myopic discounting of future rewards after medial orbitofrontal damage in humans», *Journal of Neuroscience*, *30*, 16429-16436.

Sergent, C. *et al.* (2013). «Cueing attention after the stimulus is gone can retrospectively trigger conscious perception», *Current Biology*, *23*, 150-155.

Sewell, R. A. *et al.* (2013). «Acute effects of THC on time perception in frequent and infrequent cannabis users», *Psychopharmacology*, *226*, 401-413.

Shariff, A. F. y Vohs, K. D. (2014). «The world without free will», *Scientific American*, junio, 77-79.

Sharma, V. K. (2003). «Adaptive significance of circadian clocks», *Chronobiology International*, *20*, 901-919.

Shepherd, G. M. (1998). *The synaptic organization of the brain*, Nueva York: Oxford University.

Shuler, M. G. y Bear, M. F. (2006). «Reward timing in the primary visual cortex», *Science*, *311*, 1606-1609.

Siegler, R. S. y Richards, D. D. (1979). «Development of time, speed, and distance concepts», *Developmental Psychology*, *15*, 288-298.

Smart, J. J. C. (ed.) (1964). *Problems of space and time*, Nueva York: Macmillan.

Smith, K. (2011). «Neuroscience vs philosophy: taking aim at free will», *Nature*, *477*, 23-25.

Smolen, P., Hardin, P. E., Lo, B. S., Baxter, D. A. y Byrne, J. H. (2004). «Simulation of Drosophila circadian oscillations, mutations, and light responses by a model with VRI, PDP-1, and CLK», *Biophysical Journal*, *86*, 2786-2802.

Smolin, L. (2013). *Time reborn: from the crises in physics to the future of the universe*. Nueva York: Houghton Mifflin Harcourt.

Sompolinsky, H., Crisanti, A. y Sommers, H. J. (1988). «Chaos in random neural networks», *Physical Review Letters*, *61*, 259-262.

Soon, C. S., Brass, M., Heinze, H.-J. y Haynes, J.-D. (2008). «Unconscious determinants of free decisions in the human brain», *Nature Neuroscience*, *11*, 543-545.

Spalding, Kirsty L. *et al.* (2013). «Dynamics of hippocampal neurogenesis in adult humans», *Cell*, *153*, 1219-1227.

Stern, D. L. (2014). «Reported Drosophila courtship song rhythms are artifacts of data analysis», *BMC Biology*, *12*, 38.

Stetson, C., Fiesta, M. P. y Eagleman, D. M. (2007). «Does time really slow down during a frightening event?», *PLoS ONE*, *2*, e1295.

Stokes, Mark G. *et al.* (2013). «Dynamic coding for cognitive control in prefrontal cortex», *Neuron*, *78*, 364-375.

Suddendorf, T. (2013). *The gap: the science of what separates us from other animals.* Nueva York: Basic Books.

Suddendorf, T. y Corballis, M. C. (1997). «Mental time travel and the evolution of the human mind», *Genetic, Social, and General Psychology Monographs,* 123, 133-167.

Suddendorf, T. y Corballis, M. C. (2007). «The evolution of foresight: What is mental time travel, and is it unique to humans?», *Behavior and Brain Sciences*, *30*, 299-313; discussion 313-351.

Summa, K. C. y Turek, F. W. (2015). «The clocks within us», *Scientific American*, enero, 50-55.

Surowiecki, J. (2013). «Deadbeat governments», *The New Yorker*, 23 de diciembre, 46.

Sussillo, D. y Barak, O. (2013). «Opening the black box: Low-dimensional dynamics in high-dimensional recurrent neural networks», *Neural Computation*, *25*, 626-649.

Swann, A. C. *et al.* (2013). «Norepinephrine and impulsivity: effects of acute yohimbine», *Psychopharmacology*, *229*, 83-94.

Taler, V., Baum, S. R., Chertkow, H. y Saumier, D. (2008). «Comprehension of grammatical and emotional prosody is impaired in Alzheimer's disease», *Neuropsychology*, *22*, 188-195.

Taylor, M., Esbensen, B. M. y Bennett, R. T. (1994). «Children's understanding of knowledge acquisition: the tendency for children to report that they have always known what they have just learned», *Child Development*, *65*, 1581-1604.

Terry, P., Doumas, M., Desai, R. I. y Wing, A. M. (2008). «Disociations between motor timing, motor coordination, and time perception after the administration of alcohol or caffeine», *Psychopharmacology (Berl.).*

Tessmar-Raible, K., Raible, F., Arboleda, E. (2011). «Another place, another timer: Marine species and the rhythms of life», *BioEssays*, *33*, 165-172.

Thorne, K. S. (1995). *Black holes and time warps: Einstein's outrageus legacy*, Nueva York: W. W. Norton.

Tinklenberg, J. R., Roth, W. T. y Kopell, B. S. (1976). «Marijuana and ethanol: Differential effects on time perception, heart rate, and subjective response», *Psychopharmacology*, *49*, 275-279.

Toh, K. L. *et al.* (2001). «An hPer2 phosphorylation site mutation in familial advanced sleep phase syndrome», *Science*, *291*, 1040-1043.

Toida, K., Ueno, K. y Shimada, S. (2014). «Recalibration of subjective simultaneity between self-generated movement and delayed auditory feedback», *Neuroreport*, *25*, 284-288.

Tom, G., Burns, M. y Zeng, Y. (1997). «Your life on hold: The effect of telephone waiting time on customer perception», *Journal of Interactive* Marketing, *11*, 25-31.

Treisman, M. (1963). «Temporal discrimination and the indifference interval: implications for a model of the 'internal clock'», *Psychological Monographs*, *77*, 1-31.

Tse, P. U., Intriligator, J., Rivest, J. y Cavanagh, P. (2004). «Attention and the subjective expansion of time», *Perception & Psychophysics*, *66*, 1171-1189.

Tulving, E. (1985). «Memory and consciousness», *Canadian Psychologist*, *26*, 1-12.

Tulving, E. (ed.) (2005). *Episodic memory and autonoesis: Uniquely human?*, Nueva York: Oxford University Press.

Van der Burg, E., Alais, D. y Cass, J. (2015). «Audiovisual temporal recalibration occurs independently at two different time scales», *Scientific Reports*, *5*, 14526.

Van Wassenhove, V. (2009). «Minding time in an amodal representational space», *Philosophical Transactions of the Royal Society of London B Biological Science*, *364*, 1815-1830.

Van Wassenhove, V., Grant, K. W. y Poeppel, D. (2007). «Temporal window of integration in auditory-visual speech perception», *Neuropsychologia*, *45*, 598-607.

Vitaterna, M. H. *et al.* (1994). «Mutagenesis and mapping of a mouse gene, clock, essential for circadian behavior», *Science* (Nueva York), *264*, 719-725.

Walsh, V. (2003). «A theory of magnitude: common cortical metrics of time, space and quantity», *Trends in Cognitive Sciences*, *7*, 483-488.

Wearden, J. H. (2015). «Passage of time judgments», *Consciousness and Cognition*, *38*, 165-171.

Wearden, J. H., Edwards, H., Fakhri, M. y Percival, A. (1998). «Why "sounds are judged longer than lights": Application of a model of the internal clock in humans», *Quarterly Journal of Experimental Psychology Section B*, *51*, 97-120.

Wearden, J. H., O'Donoghue, A., Ogden, R. y Montgomery, C. (2014). «Subjective duration in the laboratory and the world outside», en Arstila, V. y Lloyd, D. (eds.): *Subjective time: The philosophy, psychology, and neuroscience of temporality*, 287-306. Cambridge, MA: MIT Press.

Weaver, D. R. (1998). «The suprachiasmatic nucleus: A 25-year retrospective», *Journal of Biological Rhythms*, *13*, 100-112.

Wegner, D. M. (2002). *The illusion of conscious will*, Cambridge, MA: MIT Press.

Weiner, J. (1999). *Time, love, memory: A great biologist and his quest for the origins of behavior*, Nueva York: Vintage Books.

Wells, R. B. D. (1860). *Illustrated hand-book of phrenology, physiology, and physiognomy*, Londres: H. Vickers.

Welsh, D., Engle, E. R. A., Richardson, G., Dement, W. (1986). «Precision of circadian wake and activity onset timing in the mouse», *Journal of Comparative Physiology A*, *158*, 827-834.

Weyl, H. (1949/2009). *Philosophy of mathematics and natural science*, Princeton: Princeton University Press.

Whiting, A. y Donthu N. (2009). «Closing the gap between perceived and actual waiting times in a call center: Results from a field study», *Journal of Services Marketing*, *23*, 279-288.

Wiener, M., Turkeltaub, P. y Coslett, H. B. (2010). «The image of time: A voxelwise meta-analysis», *Neuroimage*, *49*, 1728-1740.

Wilson, M. A. y McNaughton, B. L. (1994). «Reactivation of hippocampal ensemble memories during sleep», *Science, 265*, 676-679.

Wise, S. P. (2008). «Forward frontal fields: phylogeny and fundamental function», *Trends in Neurosciences, 31*, 599-608.

Wiskott, L. y Sejnowski, T. J. (2002). «Slow feature analysis: unsupervised learning of invariances», *Neural Computation, 14*, 715-770.

Wittmann, M. y Paulus, M. P. (2007). «Decision making, impulsivity and time perception», *Trends Cognitive Sciences, 12*, 7-12.

Wood, J. N. y Grafman, J. (2003). «Human prefrontal cortex: processing and representational perspectives», *Nature Reviews Neuroscience, 4*, 139-147.

Wright, B. A., Buonomano, D. V., Mahncke, H. W. y Merzenich, M. M. (1997). «Learning and generalization of auditory temporal-interval discrimination in humans», *Journal of Neuroscience, 17*, 3956-3963.

Wright, B. A., Wilson, R. M. y Sabin, A. T. (2010). «Generalization lags behind learning on an auditory perceptual task», *Journal of Neuroscience, 30*, 11635-11639.

Xuan, B., Zhang, D., He, S., Chen, X. (2007). «Larger stimuli are judged to last longer», *Journal of Vision, 7*, 1-5.

Yang, Y. *et al.* (2012). «Regulation of behavioral circadian rhythms and clock protein PER1 by the deubiquitinating enzyme USP2», *Biology Open 1*:789-801.

Yarrow, K., Haggard, P., Heal, R., Brown, P. y Rothwell, J. C. (2001). «Illusory perceptions of space and time preserve cross-saccadic perceptual continuity». *Nature, 414*, 302-305.

Zakay, D. y Block, R. A. (1997). «Temporal cognition», *Current Directions in Psychological Science, 6*, 12-16.

Zantke, J. *et al.* (2013). «Circadian and circalunar clock interactions in a marine annelid», *Cell Reports*.

Zarco, W., Mercader, H., Prado, L. y Méndez, J. C. (2009). «Subsecond timing in primates: comparison of interval production between human subjects and rhesus monkeys». *Journal of Neurophysiology, 102*, 3191-3202.

Zeh, H. D. (1989/2007). *The physical basis of the direction of time*, Berlín: Springer.

Zhou, X., de Villers-Sidani, É., Panizzutti, R. y Merzenich, M. M. (2010). «Successive-signal biasing for a learned sound sequence». *Proceedings of the National Academy of Sciences, 107*, 14839-14844.

Zimbardo, P. y Boyd, J. (2008). *The time paradox*, Nueva York: Free Press.

Zucker, R. S. (1989). «Short-term synaptic plasticity», *Annual Review of Neuroscience, 12*, 13-31.

Zucker, R. S. y Regehr, W. G. (2002). «Short-term synaptic plasticity», *Annual Review of Physiology, 64*, 355-405.

Este libro terminó de imprimirse en el mes de
febrero de 2025 en Liberdúplex, S.L. (Barcelona).